NEURONAS EN MARCHA

JOSÉ LUIS TREJO

NEURONAS EN MARCHA

NEUROCIENCIA DEL EJERCICIO PARA UNA MENTE SANA

geoPlaneta

NEURONAS EN MARCHA
Neurociencia del ejercicio para una mente sana

1.ª edición: febrero del 2026
2.ª edición: marzo del 2026
geoPlaneta
Diagonal 662-664. 08034 Barcelona
geoplaneta@planeta.es - www.geoplaneta.com

Realización: Planeta

ISBN: 978-84-08-31449-3
Depósito legal: B. 21.251-2025
Impresión y encuadernación: Arcangel Maggio
Printed in Spain — Impreso en España

A mi esposa, mi compañera de vida y amor,
que ha empleado su vida en la mía

SUMARIO

PRÓLOGO DE DAVID DEL ROSARIO

El gol, si llega, lo hace precedido de una fe que nadie aplaude. Y es que un delantero tira una docena de veces a puerta antes de anotar en el luminoso. Lo más probable es que mi madre, según mis cálculos, soltara siete improperios por cada vez que Chicho Capote batía a un guardameta. Entre sus reprimendas favoritas, se encuentran las delicias al juez de línea por levantar el banderín; a los defensores por procurar que Chicho Capote no se salga con la suya; a los rivales por exagerar el mínimo contacto; o al colegiado por no pitar los penaltis que solo ella veía. Tras colgar las botas, Chicho Capote decidió dedicarse a otros menesteres más arduos que marcar goles: ser mi padre. Y mi madre... mi madre decidió seguir con sus improperios en el sofá de casa.

El deporte ha formado parte de mi vida desde niño. Tengo el recuerdo de una cicatriz en el hombro, algunas medallas, un hermano cinturón marrón y un testimonio en primera persona sobre la influencia del diálogo interno en el rendimiento deportivo. Y sí, lo admito. Sería pretencioso tratar de revelar los secretos de agitar esta maraca de carne y hueso en lo que da un prólogo, sobre todo cuando José Luis está a punto de hacerlo con inimitable maestría. Si me lo permiten, en su lugar, me gustaría abrir las puertas del laboratorio para tomar conciencia juntos de cómo las cosas que nos decimos en el terreno de juego, o, mejor aún, de cómo nuestra relación con las cosas que nos decimos durante la práctica deportiva, afecta a las neuronas motoras.

Hablarse a uno mismo es todo un arte. Bautizado en el mundo de la bata blanca como *self-talk,* el habla interna influye en lo deportivo y en lo cognitivo, sobre todo cuando aprendemos una nueva actividad o durante el desempeño de tareas motoras finas en las que el control y la coordinación marcan la diferencia. Repetirse «soy un inútil» a lo Homer Simpson se asocia con niveles deficientes de atención y control ejecutivo, impactando en la memoria de trabajo y disparando la probabilidad de que la fatiga, las distracciones y el estrés asomen el morro. Es aquí cuando el pensamiento positivo toma la palabra y, sin pestañear, nos apuntamos al curso «Positive Self-Talk 360º» o «Háblate Bien en 7 Días (el octavo ya no importa)». Pero si seguimos leyendo, la evidencia científica sugiere que el *self-talk* negativo puede tener efectos favorables en determinados contextos, al activar las redes neuronales implicadas en el control cognitivo y el esfuerzo, aumentando la motivación.

Más allá del fervor humano por la positividad o la negatividad, siempre me ha intrigado cómo la forma de relacionarnos con las cosas que piensa nuestro cerebro condiciona la experiencia humana. Permítanme llevar esta idea a tierra antes de acabar.

El cerebro de Bridget Jones lanza el pensamiento «soy un desastre» en plena clase de aeróbic. Salvo en el caso de tu cuñado, es razonable pensar que dicha propuesta neuronal tendrá efectos perjudiciales en el desempeño deportivo. Sin embargo, en la hipótesis que barajamos, un pensamiento negativo no tiene por qué acarrear efectos adversos: todo dependerá de cómo nuestra querida Bridget decida relacionarse con él, es decir, de cómo administre sus recursos atencionales. ¿No es fascinante?

El cuerpo y la mente humanos resultan tan extraordinarios que solo la vida pudo haberlos inventado. Hasta donde alcanzo a ver —que no es mucho—, la cognición parece hallarse a medio camino entre el encéfalo, el cuerpo y la acción, haciendo del movimiento y de las sensaciones corporales una forma embrionaria de pensamiento. Desde este nimio rincón, mientras mi madre continúa con sus improperios en el sofá de casa, queda claro que para comprender a las neuronas en movimiento hay que mirar al cuerpo con otros ojos. Les dejo en las mejores manos.

DR. DAVID DEL ROSARIO
Director del Instituto de Neurociencia
Avanzada de Barcelona (INAB)

PRÓLOGO DE MANUEL SEARA

Santiago Ramón y Cajal (1852-1934), padre de la neurociencia moderna, nos regaló una de las frases más inspiradoras y científicamente precisas que jamás se hayan pronunciado sobre el potencial humano: «Todo hombre puede ser, si se lo propone, escultor de su propio cerebro». Esta declaración es la tesis central del libro que tienes en tus manos, escrito por José Luis Trejo, neurocientífico que investiga en el Instituto Cajal del CSIC los efectos del ejercicio sobre el cerebro y la cognición y cómo se transmiten a las siguientes generaciones. Pero, además, es un excelente divulgador que ha plasmado en esta obra los resultados de sus propias investigaciones y los últimos avances en este campo.

Si echamos la vista atrás, con la aparición de los primeros *Homo* se inició un aumento vertiginoso del tamaño del cerebro. En su obra *The Descent of Man* (1871), Charles Darwin presentó la caza como un catalizador del comportamiento que encauzó la selección natural hacia el agrandamiento del cerebro, el empleo de utensilios de piedra, la reducción de los caninos y el bipedalismo, separando así el linaje humano de los antropoides.

La capacidad de recorrer largas distancias, cazar, recolectar y escapar del peligro fue lo que seleccionó y expandió nuestra corteza cerebral, creando esa maravillosa complejidad que nos define.

Sin embargo, el mundo moderno es una trampa de confort. La revolución tecnológica nos ha liberado de la necesidad de desplazarnos, llevándonos a la «crónica de una vida sin movimiento». El sedentarismo no es simplemente un estado de pereza; es un profundo engaño evolutivo que confunde a nuestro cerebro. La quietud es interpretada como una señal de escasez o de hibernación y activa rutas de deterioro en lugar de crecimiento.

Trejo nos invita a redescubrir la esencia del ejercicio, no por una simple cuestión estética sino por la salud y la vitalidad de nuestra materia gris. Como dirían los clásicos, *mens sana in corpore sano.*

¿Cómo se convierte la práctica del deporte en una herramienta para esculpir el cerebro? La respuesta yace en la deslumbrante neurobiología del ejercicio, la ciencia que mapea la cascada molecular que ocurre cada vez que nos movemos. La conexión entre el músculo que se contrae y el lóbulo frontal que piensa no es un puente metafórico; es una sólida conexión bioquímica. El ejercicio regular actúa como una señal de crecimiento y reparación a nivel celular, y constituye un verdadero «superalimento» para nuestras neuronas.

Protagonistas indiscutibles de este proceso son los factores tróficos, hormonas y exerquinas implicados en la neurogénesis (crecimiento de nuevas neuronas, especialmente en el hipocampo) y en la neuroplasticidad (fortalecimiento, ramificación y creación de nuevas conexiones o sinapsis entre las neuronas existentes). Cuando Cajal habló de ser escultores de nuestro propio cerebro, estaba intuyendo lo que la ciencia ha confirmado: el ejercicio hace que nuestra red cerebral sea más robusta, eficiente y resistente al paso del tiempo.

Pero siempre hay un pero. Paracelso, en el siglo XVI, llegó a la siguiente conclusión: «Todo es veneno y nada es veneno, sólo la dosis hace el veneno». Y lo mismo podemos decir del ejercicio. El esculpido del cerebro depende de la actividad y su intensidad. Es lo que se conoce con el término hormesis, uno de los fenómenos más fascinantes de la adaptación. Se define como un proceso en el que la exposición a dosis bajas de un agente estresante (que sería tóxico a elevadas concentraciones), como el calor, el ayuno o el ejercicio intenso y temporal, induce una respuesta adaptativa beneficiosa en el organismo. Es la «virtud de la moderación», el arte de encontrar el punto justo donde el esfuerzo nos estimula a mejorar sin llegar a lesionarnos o agotarnos. El ejercicio no solo nos entrena para la carrera o el esfuerzo, sino también para los desafíos de la vida, regulando neurotransmisores clave como la serotonina y la dopamina. Pero en exceso, puede resultar muy perjudicial. Recientes estudios han comprobado que los corredores de maratón pierden hasta un tercio de la mielina que recubre los axones y permite que los impulsos eléctricos se transmitan de manera rápida y eficiente entre las neuronas. La pérdida dura hasta dos semanas, aunque afortunadamente remite pasados dos meses. El problema puede ser para quienes practiquen estas pruebas de forma continuada o corran ultramaratones, todavía más exigentes.

Pero lo más novedoso de este libro es la idea que introduce Trejo de que somos «escultores del cerebro... de otros». El autor ha demostrado que los beneficios del ejercicio no terminan en quien los practica, sino que dejan una huella que viaja a través de las generaciones. Su equipo demostró que los hijos de ratones que realizaban ejercicio físico moderado tenían una mejor capacidad de aprendizaje y memoria que los hijos de padres sedentarios. Lo más sorprendente es que estos beneficios se observaron incluso en aquellos hijos que nunca hacían ejercicio; es decir, la ventaja cognitiva era puramente hereditaria. Su investigación ha identificado los mecanismos biológicos específicos que se transmiten: una mayor tasa de generación de neuronas en el hipocampo (el centro de la memoria), mayor eficacia en las mitocondrias (las centrales energéticas de las células), y sinapsis más plásticas y eficientes (mejor comunicación neuronal).

La clave de este proceso está en un mecanismo epigenético. El ejercicio cambia la firma química de unas pequeñas moléculas llamadas micro-ARN presentes en los espermatozoides. Estas moléculas no alteran la secuencia del ADN, pero actúan como «interruptores» que le dicen al embrión qué genes debe activar para potenciar el desarrollo cerebral.

Más sorprendente todavía es que los beneficios pueden saltar incluso a los nietos, sugiriendo que el estilo de vida de un abuelo puede condicionar la salud cerebral de su descendencia dos generaciones después.

Cajal intuyó que, lejos de ser una estructura fija, nuestras experiencias, pensamientos y hábitos moldean activamente las conexiones neuronales, permitiendo que el cerebro cambie y se adapte a lo largo de la vida. Trejo nos explica en este libro cómo el ejercicio moderado mejora la capacidad cognitiva. Un movimiento que no solo nos informa, sino que nos despierta a una realidad de la que no todo el mundo parece ser consciente, como si moverse fuese pensar con el cuerpo.

MANUEL SEARA
Biólogo y divulgador científico

Capítulo I

UNA INTRODUCCIÓN

Todo el mundo sabe que el ejercicio es bueno. Pero en ciencia los porcentajes son un arma de doble filo. *Todo* significa 'todo', pero, en realidad, solemos hablar de *todo* más bien como 'casi todo' o 'un alto porcentaje'. Así pues, ¿*todo* el mundo sabe que el ejercicio es bueno? Y, aún más importante, puede parecer también que todo el mundo sabe por qué el ejercicio es bueno. ¿*Todo* el mundo? Uno de los peligros, pues, de los porcentajes es desdeñar la porción más pequeña, como si no existiera o fuera «casi inexistente». Y la peor consecuencia de ello es que, a veces, los porcentajes pequeños revelan medias verdades o puntos de vista sesgados. Así, por ejemplo, el ejercicio físico tiene muchos y grandes beneficios para los seres vivos y, por supuesto, para los humanos; por tanto, un gran porcentaje de la población suele estar cómodo con la idea de que todo el ejercicio es bueno, está acostumbrado a la idea. O sea, *casi todo*. Pero, curiosamente, *casi nadie* sabe que no todo el ejercicio es bueno ni por qué.

Un ejemplo relevante de esto es la frase «cuanto más, mejor», referida al ejercicio. Esto no es baladí; de hecho, es un reflejo de la idea (muy humana) según la cual todo cuesta mucho esfuerzo. Otra faceta de esa idea es que, sin sufrimiento, no hay beneficio. *No pain, no gain*. Algunos gimnasios exhiben este lema con gran tipografía en sus paredes. Para redondear dicho principio, existe también una creencia sobre las bondades de llegar al límite de nuestras capacidades, de que justo ahí reside el secreto de obtener beneficios del ejercicio (y, por extensión, de todo en la vida). De ello deriva, además, la idea de que es bueno poner a prueba nuestros límites, para poder abrir la puerta a dichos beneficios y porque así, de paso, nos conoceremos mejor. Hay una expresión que verbaliza esto de lo que estamos hablando: «salir de nuestra zona de confort»; parece que la zona de confort es mala y que salir de ella nos aproxima a nuestros límites, donde residen los beneficios del ejercicio y de todo lo demás.

En este sentido, hay tanta literatura científica que describe, enumera y explica los beneficios del ejercicio en todas sus facetas y en todas sus variables y detalles que suele pensarse que *toda* la literatura científica apunta a que *todo* ejercicio es bueno. Siempre. Todo. Pero no toda la literatura científica. No todo el ejercicio. No siempre. De hecho, hay muchísima bibliografía que describe, enumera y explica en qué situaciones el ejercicio no produce beneficios y por qué. Describiré toda esa literatura más adelante, pero valga aquí un pequeño ejemplo extraído del trabajo de mi propio laboratorio: cuando ratones sedentarios comienzan a hacer un ejercicio moderado, empiezan a obtener beneficios netos para su cerebro casi de inmediato, incrementando su capacidad cognitiva y su resistencia a ciertos daños sobrevenidos y al deterioro cognitivo por la edad, entre otros muchos. Ahora bien, cuando esos ratones entrenan demasiado tiempo o demasiado intensamente, no obtienen ninguno de estos beneficios, o al menos se reducen considerablemente. (Más adelante veremos a qué llamamos ejercicio «moderado» o entrenar «demasiado tiempo» o «demasiado intensamente».)

Así que, si analizamos la percepción social del ejercicio físico y sus efectos para la salud y estas evidencias científicas recién descritas, todo apunta a que la sociedad actual no sabe tanto del ejercicio como parecería tras una aproximación superficial. De hecho, e independientemente de si se conocen estos pormenores en concreto, hay muchos aspectos que son desconocidos por el gran público, como, por ejemplo, cuál es el sentido biológico de que el ejercicio sea tan bueno para nosotros comparado con el sedentarismo. Con este *leitmotiv*, me propongo abordar el ejercicio físico partiendo de que *casi* todo el mundo tiene una idea *casi* definitiva acerca de sus efectos *casi* universalmente buenos. Y voy a intentar definir, explicar y detallar todos sus efectos, sean cuales sean, desde el punto de vista mencionado, a saber: que hay aspectos del ejercicio muy desconocidos y, sin embargo, muy relevantes.

La otra gran idea que el lector debe tener en cuenta es que me voy a centrar en los efectos del ejercicio en el cerebro, que, como no podía ser de otra manera, presenta numerosas diferencias respecto al resto del organismo en cómo responde al ejercicio y al sedentarismo. Por tanto, este libro no pretende ser una enciclopedia exhaustiva sobre el ejercicio, sino que nos vamos a centrar en las cuestiones más desconocidas (aunque también abordaremos los lugares comunes del efecto del ejercicio en el organismo y en la salud) y, especialmente, en todo aquello que afecta al cerebro. Comenzaré, primero, por aclarar algunos conceptos y definiciones.

Definiciones

En las próximas páginas nos vamos a mover dentro del ámbito de lo que colectivamente se conoce como *conductas del movimiento*[1]. Este concepto engloba toda actividad o falta de ella a lo largo de las veinticuatro horas del día, tanto durante la vigilia como durante el sueño. Durante la vigilia, las dos conductas del movimiento más obvias son la conducta sedentaria y la actividad física. No es mi intención entrar en las polémicas definitorias que, sin embargo, embarran habitualmente las discusiones académicas, pero, a pesar de ello, es importante dejar claras las definiciones de los conceptos tal como se usan en este libro, sin excluir que otros autores puedan tener definiciones ligeramente distintas. Así, la conducta sedentaria será considerada aquí como cualquier comportamiento de vigilia caracterizado por un gasto de energía de 1,5 MET o menos mientras se está sentado, reclinado o acostado. Los MET (del inglés *metabolic equivalent of task*) son la forma científica más común de medir la actividad de un sujeto de manera sencilla[2], y, aunque su análisis se puede complicar tanto como se desee, aquí se conciben como la medida múltiplo de la tasa metabólica en descanso. Es decir, si estando sentado en reposo absoluto el cuerpo humano gasta una cierta cantidad de energía (generalmente se consideran 3,5 mililitros de oxígeno por kilogramo de peso corporal por minuto = MET) y le concedemos un valor de 1, esto significa que el sujeto sentado en reposo absoluto gasta 1 MET, o, lo que es más común, decimos que la actividad de estar sentado en reposo absoluto emplea 1 MET; entonces, 1,5 MET es un gasto realmente bajo y es el umbral de la conducta sedentaria. También se puede definir en función de otros parámetros equivalentes, por ejemplo, estableciendo que 1 MET es 1 kilocaloría de gasto energético por kilogramo de peso corporal por hora. Ambas fórmulas suponen exactamente la misma cantidad de gasto energético. Para que nos entendamos, caminar lentamente (a una velocidad de 3 kilómetros por hora) gasta 2 MET, jugar al tenis gasta 5 MET, pero jugar al fútbol gasta 10 MET, etc. A pesar de su utilidad, estas formulaciones matemáticas tan del gusto de los científicos plantean no pocos problemas conceptuales, especialmente en lo que se refiere al sedentarismo, como veremos en el capítulo 4.

Sin olvidar esto último, la *actividad física*, la otra conducta del movimiento, parece ahora sencilla de definir: es toda actividad corporal y de nuestros músculos que gasta más de 1,5 MET. Lamentablemente, esto solo es útil (y no poco) para determinar el gasto asociado a una actividad. Pero, a lo largo de las veinticuatro horas del día, los sujetos se implican en actividades de muy diversa índole (con MET muy diferentes), a distintas horas y con una duración muy variable. Parece obvio que lo importante serán los MET acumulados a lo largo del día o, incluso, a lo largo de una semana estándar. En próximos capítulos veremos que esto es así; de hecho, la investigación científica suele hacerse considerando los MET acumulados por semana. Es importante recalcar también que la actividad física así definida se refiere a cualquier actividad que gaste más de 1,5 MET, ya sea de ocio u ocupacional. Y ahora llega el momento que más quebraderos de cabeza proporciona a los que trabajamos en este campo del conocimiento. ¿Cuánta actividad física se considera ligera, moderada o vigorosa? Voy a citar aquí la definición de rangos más comúnmente utilizada, pero es obvio que no es ni la primera que apareció en la literatura ni será la última, ni tiene por qué ser la mejor. Consideramos los siguientes rangos

1) actividad física de intensidad muy ligera = 1,5-2 ME
2) intensidad ligera = 2-2,9 ME
3) intensidad moderada = 3-5,9 ME
4) intensidad vigorosa = 6-8,7 ME
5) intensidad muy vigorosa o extenuante => 8,7 MET

A esta definición de rangos, hay que añadir el problema de los términos empleados, pues no todo el mundo utiliza «muy vigorosa», sino solo «exhaustiva» o «extenuante», confundiendo aún más si cabe las categorías. Al menos estas definiciones coinciden con las empleadas en el ámbito científico en inglés: *light*, *moderate*, *vigorous*, *strenuous*.

Por último, queda por definir a qué llamamos *ejercicio físico*. El ejercicio es una de las actividades físicas en las que podemos involucrarnos, concretamente aquella que está planeada y estructurada (se compone de una serie definida de movimientos o acciones, por ejemplo), y es repetitiva (se compone de la misma serie de movimientos que se ejecutan una y otra vez siempre que hacemos ese ejercicio)[3]. A diferencia de la actividad física, el ejercicio sí se hace intencionadamente con el objetivo de mejorar nuestra forma física y mental. Por todo ello, aquí me referiré constantemente tanto a la actividad física como al ejercicio de cara a sus efectos sobre el cerebro, y en numerosas ocasiones el lector comprobará que ambos términos parecen usarse indistintamente (cuando, efectivamente, los efectos son los mismos). Relacionado con el ejercicio, el *deporte* se definirá como el juego o competición que requiere esfuerzo y habilidad físicos, y que se articula en torno a unas reglas preestablecidas. La palabra clave aquí es *competición*, ya que esta condiciona la actividad y la distingue de la mera actividad física o del ejercicio.

Capítulos

Iniciaremos esta andadura profundizando en el sustrato que permite que suceda todo lo que aquí voy a contar, la plasticidad del cerebro. La neuroplasticidad es la capacidad del cerebro para cambiar su estructura y su funcionamiento en respuesta a las circunstancias de su entorno. Y dedicaré un detallado análisis en el capítulo 2 no solo a cómo cambia el cerebro según las circunstancias lo demanden, sino también a cuáles son los mecanismos de ese cambio y por qué el cerebro lo hace así. Esta extraordinaria capacidad de todos los animales es la que permite que podamos entender cómo cambia nuestro cerebro según nuestro estilo de vida y, especialmente, cuando hacemos ejercicio físico.

En el capítulo 3 consideraremos el sentido biológico que tiene el ejercicio físico para el ser humano. ¿Qué importancia ha tenido el ejercicio a lo largo de la evolución del género humano? Estamos tan acostumbrados a pensar que el ser humano moderno tiene una dieta inadecuada y es sedentario en comparación con tiempos pretéritos que se nos olvida que no sabemos casi nada acerca de cuánto caminaba o corría hace diez mil, cincuenta mil o cien mil años. ¿Qué sabe la ciencia actualmente de ello? ¿Qué ideas podemos extraer de lo que se conoce acerca de sus modos de vida y sus estilos de caza? Quizá podamos concluir sin confundirnos demasiado que el ser humano es actualmente más sedentario que hace uno, dos o diez siglos, pero más allá de cinco o diez mil años poco sabemos sobre nuestro ancestral modo de vida (en lo que a ejercicio se refiere). Y algo que desde un punto de vista científico y social es muy trascendente: ¿por qué el ejercicio sería importante, evolutivamente hablando, para el ser humano? O, lo que es lo mismo: ¿estamos evolutivamente determinados para hacer ejercicio? ¿Qué sucede, bajo este prisma, si no lo hacemos? ¿Qué mecanismos biológicos se inician que son negativos para nosotros?

Continuaremos en el capítulo 4 abordando un mito muy extendido: la idea de que, entendido el sedentarismo como lo opuesto al ejercicio, solo existen dos posibilidades, hacer actividad física o no hacerla. Pero la evidencia científica demuestra que es mucho más que todo esto. No solo no hay un binomio, sino que hay una escala lineal de actividad física y ejercicio más allá del sedentarismo y, a lo largo de esa línea de cantidad de ejercicio, los beneficios van cambiando en función tanto de la duración como de la intensidad y el tipo de ejercicio que hagamos. Pero, aún más importante, abordaremos cómo el sedentarismo es perjudicial para la salud independientemente de si hacemos ejercicio. Esta es una idea que muy poca gente conoce y que determina de manera directa cómo deberíamos comportarnos en cuanto a la actividad física en nuestro día a día. No basta con ir al gimnasio cierto tiempo varias veces a la semana. Explicaremos por qué y qué literatura científica lo demuestra.

Por supuesto, se analizarán en profundidad los beneficios del ejercicio, aquello que la inmensa mayoría del público ya sabe, pero cuyos detalles ignora. En los siguientes capítulos (5 a 7) describiré los aspectos más relevantes de qué es lo bueno del ejercicio cuando el ejercicio es bueno. En el capítulo 5 estudiaremos sus efectos desde el punto de vista de lo «macro» o los procesos observables en el cerebro a grandes rasgos (tanto psicológico como conductual y fisiológico). Así, se discutirá sobre la activación del cerebro, sus efectos antidepresivos y ansiolíticos, los efectos procognitivos (que facilitan la capacidad cognitiva), la vascularización e irrigación sanguínea, la neuroprotección, la reserva cognitiva y la protección ante la neurodegeneración y el envejecimiento patológico, entre otros aspectos. La razón fundamental es que, aunque se conozcan mayoritariamente los beneficios del ejercicio, no hay un conocimiento general amplio sobre qué hace el ejercicio y en qué parte del cerebro. Repasaremos las evidencias que demuestran que el ejercicio físico es un antidepresivo y ansiolítico más potente que cualquier fármaco comercializado por la industria farmacéutica, y veremos cómo los modelos biológicos examinados indican que con el ejercicio físico la población humana incrementa su capacidad cognitiva.

El capítulo 6 profundizará en los mecanismos por los que el ejercicio produce todos esos efectos descritos en el capítulo anterior. Nos familiarizaremos con el papel de las hormonas, los factores tróficos, unas moléculas llamadas exerquinas (definiré todos estos conceptos más adelante) y otros mecanismos biológicos que se despiertan por acción del ejercicio físico y que inducen toda la serie de cambios en nuestro organismo que hemos descrito; analizaremos detalladamente no poca información acerca de cómo estas moléculas pueden condicionar que el ejercicio produzca más, menos o ningún beneficio, enfocándonos fundamentalmente en el cerebro. Por supuesto, la ciencia jamás descansa en su afán por descubrir cómo suceden las cosas y cómo funciona la vida. Continuamente se están revelando nuevos datos acerca de cómo el ejercicio actúa sobre el cerebro y, aparte de los mecanismos descritos en este capítulo, hay muchos otros menos conocidos que, por su relevancia y amplitud de detalles, merecen uno aparte.

En el capítulo 7, nos centraremos en la neurogénesis hipocampal adulta. El dogma biológico que ha imperado durante casi un siglo, según el cual en el cerebro adulto ya no se forman nuevas neuronas, debe ser matizado. Y se hará contando cómo un debate larvado durante décadas ha eclosionado en nuevos conocimientos y qué piensa la ciencia al respecto a fecha de hoy. ¿Para qué formamos nuevas neuronas en la zona del cerebro llamada hipocampo? ¿Para qué sirve el hipocampo? ¿Cómo funcionan esas nuevas neuronas? Estos datos nos servirán para comprender dos conceptos fundamentales hoy en neurociencia: la *metaplasticidad* y la *reserva cognitiva*. Expuesto todo ello, analizaremos qué papel ha reservado la evolución biológica al efecto del ejercicio sobre la formación de neuronas nuevas en el cerebro del individuo adulto. Para abordar todos estos macrocambios y microcambios, expondré las polémicas y los consensos de la comunidad científica, durante décadas y los que persisten hoy, para acercar el debate científico y facilitar la comprensión del proceso o método científico al público, que a menudo manifiesta una idea errónea de lo que hacen y dicen los «expertos científicos».

En el capítulo 8 llega el momento de tratar uno de los temas centrales de este libro: ¿cuánto ejercicio es bueno? Presentaré el concepto de *hormesis* para explicar cómo el efecto del ejercicio sobre el cerebro es tan malo cuando es poco como cuando es demasiado. ¿Qué es *poco* y qué es *demasiado*? ¿Qué se esconde, fisiológicamente, detrás del «ejercicio moderado»? Se discutirá en profundidad toda la evidencia científica que apunta a que el perfil de respuesta de los efectos del ejercicio sobre el cerebro es hormético, que presenta tantos inconvenientes la inactividad física como el ejercicio extenuante o muy vigoroso, y que solo el ejercicio moderado o vigoroso es beneficioso. Para ello, se introducirán y discutirán conceptos tan interesantes como sorprendentes, tales como que el ejercicio es en sí mismo un factor de estrés, que demasiado ejercicio —o demasiado intenso, o durante demasiado tiempo, o demasiado competitivo— es nocivo y se pierden todos los beneficios del moderado, etc. Volveremos sobre la idea de «cuanto más, mejor», que se analizará a la luz de las evidencias científicas, y pondremos cara fisiológica y molecular a conceptos como «testar nuestros límites», «sin sufrimiento no hay beneficio» o «zona de confort». Se trata de una de las ideas centrales de este libro, el equilibrio entre el movimiento y el reposo.

Puestos a tratar cuestiones poco conocidas, se expondrá en el capítulo 9 que los efectos beneficiosos del ejercicio se heredan. ¿Cómo es esto posible? Recientes descubrimientos han puesto de manifiesto que la mejora de la capacidad cognitiva inducida por el ejercicio físico en un sujeto (ratones de laboratorio) puede transmitirse a la siguiente generación, aun cuando estos sujetos «hijos» no hayan hecho jamás ejercicio. De hecho, los últimos datos sugieren que esta transmisión salta también a la tercera generación, o, dicho en otras palabras, que el ejercicio realizado por los abuelos pasa a hijos y nietos, aunque todo parece indicar que el efecto se va debilitando, como sería de esperar, si tanto hijos como nietos no han hecho nunca ejercicio.

¿Por qué mecanismos se produce esta transmisión? ¿Se conoce qué relevancia tiene? ¿Es esta noticia única en el mundo de la biología y la neurociencia? Pensemos que se trata de la transmisión entre generaciones de caracteres adquiridos durante la vida, que no están registrados en nuestros genes; entonces, ¿cómo pueden heredarse? ¿No es esto de lo que trataba aquella polémica entre Lamarck y Darwin? ¿Qué hay de cierto en todo ello?

Dejaré para el final tres capítulos muy relevantes, ahora que ya se habrán explicado los pormenores de la acción del ejercicio sobre el cerebro y sus mecanismos. En el capítulo 10 hablaremos de filosofía: concretamente, de cómo se ha entendido a lo largo de la historia de la filosofía el esfuerzo (físico y mental), cómo ha influido a generaciones y cómo afecta hoy a la manera en la que el ser humano se aproxima al ejercicio físico (incluyendo el deporte de competición). En el capítulo 11 abordaremos las diferencias en la práctica del ejercicio físico en los diferentes países del mundo y cómo estas derivan o no de diferencias culturales en la percepción social del ejercicio en cada país, cultura, religión, etc. En el capítulo 12, se repasarán las tendencias actuales más aceptadas, a la luz de todo lo dicho, acerca de la protocolización y personalización de rutinas de ejercicio. Se aportará abundante discusión de evidencia clínica y médica especializada, sin perder de vista el objetivo del volumen y la intención de hacer una obra de divulgación, no estrictamente académica. Considero que, aunque esta no es propiamente mi labor (que debe recaer en especialistas) y las recomendaciones individuales deben provenir del ámbito médico, está dentro del espíritu de esta obra analizar los criterios actuales que se manejan en el terreno especializado y clínico para diseñar dicha protocolización. Nos servirá para comprender cómo todo lo aprendido hasta el momento se traduce en protocolos individualizados de intervención sobre la actividad física.

Concluiré en el capítulo 13 repasando todo lo que ahora sabemos en el campo del ejercicio y el cerebro, con especial énfasis en lo nuevo, y se completará el volumen con bibliografía actualizada sobre el tema. En este contexto, el libro puede leerse de dos maneras: una lectura continua del texto principal, autoexplicativa y que transmite el mensaje general de la obra sin necesidad de consultar las notas finales; o bien una lectura más completa y técnica, que incluye dichas notas, que aportan información especializada y complementaria para quienes quieran profundizar más. Estas quizá exigen un conocimiento científico básico que no está al alcance de todos (ni es del interés de la mayoría), pero tratan de hacer la lectura más interesante si cabe. Es la primera vez que se compila en un volumen de estas características toda esta información, en especial la evidencia científica más reciente, y desde luego la primera vez que se expone en lengua española.

Espero que disfruten.

Capítulo 2

TODO SER HUMANO PUEDE SER ESCULTOR DE SU PROPIO CEREBRO

Plasticidad cerebral

Cajal, nuestro ilustre premio nobel de fisiología y medicina en 1906 y padre de la neurociencia, dijo que «todo hombre puede ser escultor de su propio cerebro»[4]. Esta afirmación se ha prestado a varias interpretaciones, pero la idea central común a todas es que se refería a que la actividad del cerebro, consciente y voluntaria, devota de conocimientos y aprendizaje, produce cambios estructurales y también funcionales en dicho órgano. Esto se debe a una cualidad intrínseca de los seres vivos, de sus órganos y células, y especialmente del cerebro: la plasticidad, es decir, la capacidad de cambio de nuestro organismo ante las transformaciones del entorno. Sin embargo, y aunque Cajal se refería a eso, hay no poca controversia acerca de cómo se generó este concepto y cuándo se usó por primera vez[5]. Lo que nos importa ahora es la propiedad en sí del cerebro, sus características y su trascendencia.

La plasticidad neural (o cerebral) es la propiedad del sistema nervioso que le permite cambiar drásticamente sus características (estructura y función) en respuesta a las necesidades del sujeto en función de los cambios de su entorno externo o interno. Más coloquial: la capacidad del cerebro para adaptarse a lo que se le demanda hacer. Pero esto, dicho así, es connatural a los seres vivos: todo cambia en todas las células y los órganos de todos los seres vivos si es necesario adaptarse. La cuestión es determinar cuál es el rango de esa plasticidad. Pongamos los casos del hueso, el hígado y el músculo. El hueso es un buen ejemplo de una capacidad mínima de cambio y adaptación. Si lo forzamos, se partirá y, si los extremos se unen, se soldará (que ya es bastante), pero hasta ahí llega su capacidad de cambio (nos referimos, por supuesto, a la parte mineral del hueso[6]). Comparémoslo con el hígado, cuya labor consiste en filtrar toxinas, producir bilis, almacenar nutrientes, regular parte del metabolismo y participar en el proceso de coagulación y detoxificación de la sangre, y que puede regenerar tejido perdido como resultado del desgaste propio de su función o por lesiones o cirugías. Sin duda, puede adaptarse a las circunstancias, aunque dentro de un rango ciertamente limitado. A continuación, observemos el músculo esquelético. Su capacidad plástica es muchísimo mayor; basta pensar en las notables diferencias en la forma, capacidad y funcionamiento de los músculos de un atleta de larga distancia en comparación con los de uno de velocidad. La diferencia elemental entre uno y otro es consecuencia de su diferente entrenamiento[7]. Mientras que los músculos del atleta de larga distancia son alargados, el deportista de velocidad suele presentar músculos más redondeados y voluminosos. El músculo ha respondido al entrenamiento cambiando su forma y su función. Del mismo modo, el cerebro cambia en función de tal cantidad de estímulos externos e internos al organismo y con tal variedad de respuestas diferentes en su estructura interna y su función que su capacidad plástica podría considerarse, comparativamente hablando, varios órdenes de magnitud superior a la de cualquier otro órgano. ¿Qué cambios son esos? Se describirán a continuación y, para ello, veremos cómo viaja la información dentro de nuestro cerebro, iniciando el camino dentro de las células del sistema nervioso.

El sistema nervioso —y, por ende, el cerebro— posee diversos tipos de células que cumplen funciones muy diferentes. Se compone de neuronas (las usuales protagonistas de toda historia sobre el cerebro), células gliales (un grupo formado por astrocitos —los coprotagonistas—, oligodendrocitos, células ependimarias y microglía), células de los plexos coroideos y células relacionadas con los vasos sanguíneos. La información que viaja por nuestro cerebro (valga decir por nuestros pensamientos) lo hace a través de las neuronas, entrando por las dendritas, circulando hacia el soma y saliendo finamente por el axón (Figura 1).

Figura 1: Neurona (© Created in BioRender) y Neurona de Purkinje (Legado Cajal)

Podemos decir que las dendritas son las ramas por las que entra la información a una neurona, el soma es la estación central donde se encuentra toda la maquinaria celular de la neurona y el axón es la rama por la que sale dicha información una vez procesada por la célula. La distancia que dicha información recorre es tanta que no podría llevarse a cabo mediante difusión de moléculas (tardaríamos un tiempo del que no disponemos, pensemos en la velocidad de reacción de depredador y presa en una escena de caza en un entorno natural). Por ello, la transmisión de la información dentro de la neurona se produce en un impulso eléctrico que viaja a través de la membrana de la neurona. Además, en el axón, y con objeto de que la velocidad del impulso (eléctrico) nervioso sea la mayor posible, la información eléctrica salta gracias a las vainas de mielina[8]. Cuando el axón llega a su extremo final, se encuentra muy cerca (extremadamente cerca) de la membrana de la siguiente neurona, concretamente de sus dendritas, pero sin llegar a tocarlas físicamente. Es el único punto del circuito de transmisión de la información nerviosa en el que el impulso eléctrico se interrumpe durante un espacio y un tiempo ínfimos. Ese punto es un espacio minúsculo entre las membranas de las neuronas que se llama *sinapsis*.

La transmisión en este espacio es química, compuesta por moléculas llamadas *neurotransmisores* (serotonina, dopamina, acetilcolina y otros muchos), y se produce cuando el impulso eléctrico llega al extremo del axón, forzando a que los neurotransmisores salgan de sus vesículas sinápticas hacia el espacio sináptico y alcancen sus receptores específicos en la membrana de la siguiente neurona. Esa unión entre neurotransmisor (de la neurona que «habla») y receptor (en la membrana de la dendrita de la neurona que «escucha») desencadena una respuesta rapidísima que genera un nuevo impulso eléctrico en la neurona receptora, y este impulso repite el ciclo hasta la siguiente neurona. Todo el proceso a través de la sinapsis puede durar menos de un milisegundo[9]. Además, la transmisión de información tiene lugar también entre el segundo de los tipos celulares, los astrocitos[10], y las propias neuronas, de manera que la circulación de esta información resulta un proceso extremadamente complejo[11].

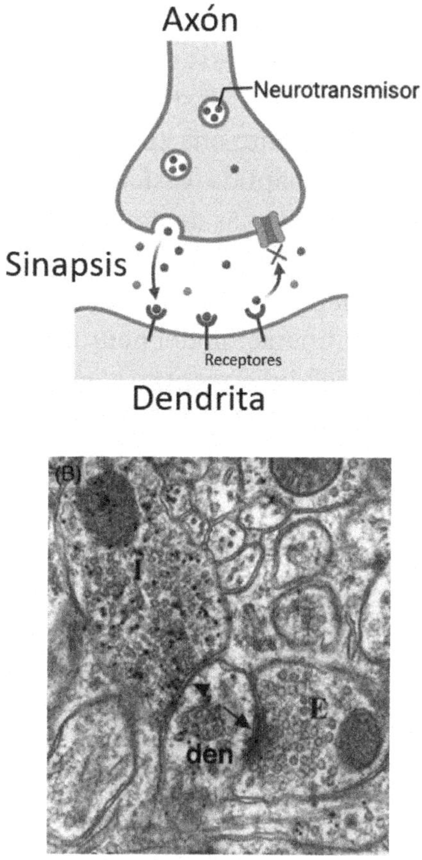

Figura 2: Esquema de sinapsis adaptado (© Created in BioRender) y foto de microscopio electrónico de Constantino Sotelo (© 2020 American Association for Anatomy)

La sinapsis es, precisamente, el primero de los protagonistas de la plasticidad neural. Las características que definen el funcionamiento de una sinapsis son innumerables y varían para cada tipo de sinapsis. Pero, fundamentalmente, son aspectos clave: 1) la cantidad de neurotransmisor que el terminal del axón puede liberar a la brecha sináptica; 2) el número de receptores que hay en la membrana de la dendrita de la neurona receptora; 3) la eficiente dinámica de cada sinapsis para trasladar el mensaje del axón a la dendrita, y 4) la estructura anatómica de la sinapsis (el tamaño de los dos terminales, pre- y postsináptico). Pues bien, cualquiera de estas cuatro características puede variar notablemente en una sinapsis dependiendo de si dicha sinapsis se usa poco o mucho. Baste decir que, por el simple hecho de usar frecuentemente una sinapsis, la cantidad de vesículas del terminal presináptico (vesículas que contienen alrededor de 8000-10 000 moléculas de neurotransmisor cada una) puede incrementarse, pero también la cantidad de receptores en el terminal postsináptico puede aumentar en un 70 %[12], así como la frecuencia de liberación del neurotransmisor a la brecha sináptica, que puede incrementarse entre 10 y 100 veces[13], o el tamaño de la espina dendrítica (pequeñas protuberancias de las dendritas, en cuyo extremo se encuentran las sinapsis), que puede crecer hasta un 150 % de su tamaño[14] tras un evento de potenciación sináptica.

Y todo esto es lo que puede pasarle a una única sinapsis. Consideremos que el cerebro humano tiene aproximadamente 86 000 millones de neuronas y en total hay unos 100 billones de sinapsis[15]. Toda la descripción anterior hace referencia a los cambios que tienen lugar cuando se incrementa la fuerza de las sinapsis que ya existen y se están usando en un determinado circuito nervioso, y recibe el nombre de *remodelación sináptica*. Pero es que, además, con el uso reiterado de un circuito nervioso, el número total de sinapsis se incrementa mediante un proceso conocido como *sinaptogénesis*[16]. Todos estos cambios, que son inapreciables a simple vista (a diferencia de lo que sucedía en el músculo), suponen una capacidad para modificar tanto la estructura como la función de procesamiento de la información de muchos órdenes de magnitud superior a la de cualquier otro órgano del cuerpo, debido únicamente al uso reiterado y la potenciación del circuito neural. En una frase: un aumento en el uso del cerebro se ve reflejado exponencialmente en cambios en su estructura microscópica y su capacidad de procesamiento de información en una escala inimaginable al compararla con cualquier otro órgano del cuerpo.

Y hasta ahora solo hemos hablado de las sinapsis individualmente consideradas. Pero una sola neurona está recubierta por numerosísimas sinapsis que cubren la superficie de la membrana de la célula (se calcula que una neurona piramidal del hipocampo está cubierta por al menos unas 50 000 sinapsis[17]). Dicha densidad de sinapsis por unidad de membrana de la célula, aun cuando es variable, es relevante, ya que la superficie de la célula dedicada a recibir información de los axones de otras neuronas puede aumentar notablemente en determinadas circunstancias. El conjunto de prolongaciones celulares que salen del soma y denominamos dendritas se conoce como *árbol dendrítico* (precisamente por la forma que adopta, como se aprecia en la figura 1, en página 29, de la neurona de Purkinje hecha por Cajal), y su número y ramificación se multiplican si las condiciones del estilo de vida (a las que me referiré en próximos capítulos) son las adecuadas.

Por supuesto, cada una de estas neuronas consume con cada activación una notable cantidad de energía, que, si aumentan las dimensiones del árbol dendrítico, del número de sinapsis y de su fuerza, se multiplica consecuentemente. Pensemos que el cerebro gasta, en condiciones basales, el 20 % de toda la energía del organismo, aun cuando supone solo un 2 % de su peso[18]. Por tanto, en condiciones en las que se aumenta el gasto cerebral por un mayor uso, también se incrementa en paralelo la irrigación sanguínea o vascularización del órgano para llevar mayor cantidad de combustible energético a cada célula a través de la sangre. Una vez en las células, este combustible debe ser transformado en energía a una velocidad mayor, por lo que la eficiencia de trabajo de las mitocondrias (orgánulos subcelulares donde el combustible se transforma en energía para el trabajo de la célula) también aumenta y la tasa metabólica del tejido en su conjunto se multiplica.

¿Pueden anticiparlo ya? Pues sí, aún hay más. Todos estos cambios del tejido nervioso tienen lugar en las neuronas que ya existen en nuestros cerebros. Pero es que, además, con la activación y uso continuado de este, se incrementa el número de neuronas que tenemos, es decir, nacen nuevas neuronas (al menos en ciertas regiones como el hipocampo). Esto tan relevante se conoce como *neurogénesis hipocampal adulta* y es una bella página de la historia de la neurociencia que trataremos más adelante (en el capítulo 7). Por tanto, al modificarse de forma tan sustancial todas las características que afectan a la sinapsis (plasticidad sináptica), todas las características que afectan a las células nerviosas y, en particular, a las neuronas —su forma, su tamaño, su vascularización y su metabolismo— (plasticidad neural), y todo ello dentro de un órgano que puede aumentar el número de sus neuronas (neurogénesis adulta) formando neuronas nuevas que a su vez son susceptibles de sufrir todos los cambios anteriores, lo que está cambiando es no solo la capacidad de funcionamiento del cerebro entre un mínimo y un máximo, sino que dichos márgenes inferior y superior se pueden, asimismo, modificar y ampliar. Es como si la capacidad de cambio del cerebro pudiera igualmente cambiar. El cambio del cambio. Por eso recibe el nombre de *metaplasticidad*[19]. Puede definirse como la capacidad de cambio del rango de plasticidad que tiene un sistema. Es fácil entender su importancia si lo consideramos como la referencia histórica del cerebro. Si el cerebro ha experimentado una tasa de cambio determinada en el pasado, eso condiciona cuánto de plástico será en el presente; por lo tanto, su rango de plasticidad, de posibilidad de cambio, a su vez puede cambiar. Plasticidad de la plasticidad, o metaplasticidad. Si nuestro cerebro pudiera contener un mínimo de un 4 % y un máximo de un 8 % de nuevas neuronas en cada momento dependiendo de cuánto lo usemos (por tanto, el porcentaje es plástico porque tiene un rango de respuesta, es decir, no es fijo), si usamos el cerebro adecuada y frecuentemente y/o si hacemos ejercicio moderado de manera regular, ese rango se ampliará a uno de entre el 4 % y el 10-12 %, es decir, la capacidad de cambio ha cambiado, metaplasticidad. Por el contrario, con el estrés, ese rango puede reducirse a uno entre el 2 % y el 4 % (esto también es metaplasticidad, desgraciadamente).

¿Y qué supone que todas las células del cerebro, y en especial las neuronas, se comporten de forma tan plástica y puedan cambiar tanto? En pocas palabras, significa que las neuronas se expresarán de manera diferente unas con otras. El mensaje que se transmite a través del circuito neural cambiará: se puede hacer más intenso, o más rápido, o por el contrario puede hacerse más tenue o más lento. Pensemos que, en el cerebro, como en muchos otros órdenes de la vida, no siempre «más es mejor». El cerebro alberga pensamientos y funcionalidades tanto necesarios como indeseables (como los pensamientos y recuerdos asociados a eventos traumáticos y cuya recurrencia puede producir patologías como el síndrome de estrés postraumático). Por ello, estimular y potenciar un circuito puede ser circunstancialmente bueno, tanto como deseable en otras circunstancias coartar y frenar otro. Y este es precisamente uno de los mensajes que resulta fundamental comprender, porque será crucial en el desarrollo de la tesis central de este libro: el cambio potencialmente realizable en el sistema nervioso va en las dos direcciones, puede ser para bien o para mal. Así está diseñado el sistema (veremos por qué ha resultado así al abordar su significado biológico evolutivo en el capítulo en que tratemos del estrés).

Dicho nivel de funcionamiento diferencial significa, en pocas palabras, que el cerebro en su conjunto funciona de modo distinto y, sobre todo, que el organismo que alberga ese cerebro se comporta de forma diferente. Que nosotros nos comportamos de forma diferente. Y todo esto, recordemos, procede de la necesidad de cambiar en función de las circunstancias de nuestro ambiente externo o interno. Es decir, si la temperatura exterior, la disponibilidad o ausencia de alimento o de pareja reproductora, o la presión de los depredadores cambia para bien o para mal, nuestra conducta tiene que cambiar también para sobrevivir (entiéndase para contribuir a que la especie sobreviva), y habrá que tiritar o buscar refugio cálido, o caminar distancias más largas para encontrar comida o pareja, o habrá que extremar la atención que se presta al entorno para detectar cuanto antes a un posible depredador. Nuestro cerebro debe funcionar de modo diferente. Si no cambia, nos comportaremos igual y sucumbiremos (y haremos una muesca más en contra del destino de nuestra especie).

Lamentablemente, nuestro tejido nervioso puede cambiar tanto positiva como negativamente (en términos de transmisión del impulso nervioso, de eficacia y fuerza sináptica, de capacidad de aprendizaje y de memoria, etc.) y, por lo tanto, cabe preguntarse en qué casos cambia para minimizar nuestras capacidades. El ejemplo estelar es el estrés. El estrés cambia plásticamente nuestras capacidades reduciéndolas (veremos qué sentido biológico tiene en próximos capítulos). Por ello, es fundamental conocer qué circunstancias hacen cambiar plásticamente nuestro cerebro en ambas direcciones, positiva y negativa. La estructura y el funcionamiento básico de nuestro cerebro vienen determinados genéticamente. Lo relevante es comprender la diferencia entre la genética (la composición de nuestros genes, que nos hace ser, por ejemplo, morenos o rubios, más altos o bajos) y el grado en que se expresan esos genes. Los genes son la secuencia de ADN y sirven para formar proteínas (o controlar la expresión de otros genes). Por lo tanto, nuestros genes determinan el rango máximo y mínimo en los que nuestras proteínas (formadas a partir de nuestros genes) se expresan. Pero la cantidad exacta dentro de ese rango no la determinan nuestros genes, sino los factores que controlan cuánto se expresan. Eso es la epigenética. Así, en el caso que nos ocupa, en nuestros genes está escrito a fuego cómo funciona una neurona: 1) tiene dendritas, soma y axón; 2) la información fluye en una única dirección (de dendritas a axón); 3) se transmite la información por sinapsis compuestas por vesículas sinápticas que tienen neurotransmisores; 4) estos se unen a receptores en la membrana de la neurona siguiente del circuito, y 5) esta vuelve a generar un impulso eléctrico y así continuamente. Todo ello está fijado por los genes. La plasticidad neural reside en cuánto se expresa, poco o mucho, un gen. El cerebro existe y funciona según las instrucciones de nuestros genes. Pero cuánto funciona, en qué grado lo hace (recordemos, tanto para aumentar como para disminuir su funcionamiento) es el resultado de cuántos neurotransmisores, cuántos receptores, cuántas sinapsis, cuántas dendritas y cuántas neuronas, etc., tiene nuestro cerebro. Esto no varía cambiando la secuencia genética de los genes, sino cambiando cuánto se expresan y cuánto trabajan esos genes. Hablamos de genes, sí, pero no de su secuencia genética escrita en el ADN, sino de cuánto se expresan las proteínas que los genes fabrican. Hablamos de genes, sí, pero no de los genes en sí mismos, sino de algo que sucede por encima de su estructura interna. Por eso lo llamamos *epigenética*, es decir, el estudio de los cambios que afectan a cómo funcionan nuestros genes sin alterar la secuencia genética misma[20]. Si cambiara la secuencia genética de los genes, estaríamos hablando de una mutación, como las que tienen lugar por radiaciones u otros procesos que alteran dramáticamente la estructura interna de nuestros genes y que mayoritariamente son perjudiciales —pues generan enfermedades; muy típicamente, cáncer—, pero también pueden ser el motor de la evolución biológica cuando el cambio producido en los genes tiene consecuencias positivas para una especie. La epigenética estudia los cambios en la expresión de un gen, cuya secuencia no ha cambiado, pero sí cuánto se expresa para generar más o menos cantidad de proteína o para regular más o menos a otros genes cuya expresión controla este primer gen.

Y la epigenética es un ámbito en el que vamos a movernos constantemente en las próximas páginas, con el objetivo de conocer cuáles son los factores que más directamente afectan a la plasticidad de nuestro cerebro: son aquellos cuyo mecanismo de acción es epigenético y todos ellos caen dentro del campo de lo que conocemos como «estilo de vida». Los expertos en neurobiología del estilo de vida coinciden en hablar de los «cinco grandes»: el ejercicio físico, la dieta, el estrés, el sueño y los tóxicos medioambientales. Estos cinco factores del estilo de vida inciden sobre el organismo epigenéticamente (modificando cuánto se expresan los genes) y cambiando aspectos fundamentales de nuestra vida y, por supuesto, de nuestro cerebro, su estructura y su función. Por ello, este libro trata de si las circunstancias que vivimos esculpen —y si también nosotros mismos podemos esculpir— nuestro propio cerebro. Y, afortunadamente o desafortunadamente, la respuesta es sí, sí que podemos hacer algo para cambiar nuestra plasticidad: podemos mejorarla con un adecuado y saludable estilo de vida o podemos empeorarla. Si la plasticidad cerebral es el proceso que tiene lugar en nuestro cerebro, el estilo de vida es el motor del proceso y la epigenética es el mecanismo a través del cual el estilo de vida incide en la plasticidad cerebral.

Estilos de vida y epigenética

Una definición consensuada del concepto de *estilo de vida* es «el conjunto de pautas de conducta y hábitos cotidianos de una persona»[21], o, más sencillamente, «la forma de vivir de una persona»[22]. La relevancia de cómo vive cada persona o el conjunto de una población estriba obviamente en el impacto que esto tiene sobre su salud, relación demostrada científicamente tras décadas de investigación[23], que la Organización Mundial de la Salud (OMS) ha reconocido hace años[24] y que ha generado una prometedora disciplina clínica conocida como *medicina del estilo de vida* (aún no demasiado explotada, ni siquiera en el llamado primer mundo). Para el propósito de este libro, y desde el punto de vista de la neurobiología, entenderemos por estilo de vida todas aquellas circunstancias externas al sujeto, así como los factores implícitos en sus patrones de conducta (ejercicio, dieta, sueño, etc.), que determinan cambios epigenéticos en la plasticidad neural y que, por tanto, generan cambios en el cerebro que pueden ser tanto beneficiosos como perjudiciales para su bienestar y su salud. Animales y seres humanos nos enfrentamos al reto de un hábitat cambiante (las condiciones físicas de nuestro entorno, la mayor o menor densidad de población, la escasez o abundancia de alimentos, etc.), y la única manera de responder a ello es nuestra capacidad para adaptar nuestra conducta a dichos cambios, con el objetivo de sobrevivir como individuos y como especie. Solo hay una herramienta con la que nuestro cerebro cuenta para adaptarse (o sea, para ejecutar esa plasticidad neural) que es nuestro estilo de vida, como hemos mencionado anteriormente. Por supuesto, también juega un papel fundamental la genética. Los genes de cada uno pueden condicionar netamente su capacidad de adaptación al cambio y ante los retos: algunos polimorfismos de ciertos genes se relacionan directamente con una mayor o menor plasticidad en respuesta a lesiones o daños cerebrales, como, por ejemplo, tras un infarto[25]. Pero eso es como nuestro color de ojos o nuestra predisposición a algunas enfermedades: está en los genes y no podemos cambiarlo. No es, por tanto, una herramienta *sensu stricto*. Por ello, podemos decir que nuestro estilo de vida nos prepara para afrontar los cambios y los retos que la vida nos depara, seamos animales o seres humanos, dentro de los límites de nuestra genética.

Los cinco grandes factores del estilo de vida (ejercicio, estrés, nutrición, sueño y tóxicos) han sido sobradamente investigados en las últimas décadas, sin que ello signifique que conozcamos ni siquiera una mínima parte de toda su importancia e impacto en nuestras vidas. Por su relevancia para este libro, y puesto que el resto de este volumen se centra en el ejercicio físico, me referiré solo al estrés. Entre la población general, el estrés se entiende como algo malo, aunque en neurobiología no lo es necesariamente. Ciertamente, nos topamos aquí con un concepto fundamental en biología que adolece de un exceso de definiciones, acepciones distintas y significados no siempre claros ni consensuados. Así que merece la pena adentrarnos en una aclaración del concepto de estrés, pues no es tan complejo como podría parecer. Llamamos *estrés* a la respuesta de nuestro organismo a un agente estresor. Esto nos dice muy poco, así que lo detallaré mejor a través de un poco de historia. En física de materiales el estrés es la fuerza que puede producir deformación de los objetos, en paralelo a otro concepto que es el de *tensión*. Una fuerza externa aplicada sobre la superficie de un objeto es un estrés y produce un cambio en su forma debido a la tensión que genera en el material. Piense en el libro que tiene en sus manos. Si toma en su mano izquierda la cubierta del libro y tira de ella en una dirección (¡no lo haga!), al tiempo que con la mano derecha toma la contraportada y tira de ella en la dirección contraria, el estrés es tangencial a la superficie del objeto y la tensión se llama *de corte* (ya se imagina por qué: el libro se acabaría rompiendo). Si pensamos en un submarino bajo la presión de la profundidad en que se encuentre, estará sometido a un estrés en todas direcciones hacia el interior del submarino y sufrirá tensión de compresibilidad[26]. Estos ejemplos son muy útiles para hacer comparaciones. En la década de 1920, tanto biólogos como psicólogos comenzaron a aplicar los mismos conceptos a los seres vivos, refiriéndose al estrés como una fuerza que producía una deformación fisiológica o mental, y la razón es que se alteraba nuestro equilibrio. Cuando ninguna fuerza actúa sobre el sujeto, todas sus constantes vitales se mantienen estables, controladas y fijadas en un nivel específico óptimo —la temperatura corporal a 37 grados centígrados es un ejemplo perfecto—, y a ese nivel óptimo lo denominamos *homeostasis*; cuando un agente estresante altera la homeostasis, el sujeto sufre estrés en ese aspecto concreto de su fisiología, esa constante vital se ha alterado (una infección puede alterar nuestra temperatura corporal —fiebre— y el cuerpo necesitaría volver a esa temperatura óptima cuanto antes, porque es a la que todos los procesos bioquímicos y metabólicos del organismo funcionan adecuadamente). El problema es que la respuesta del organismo para retornar las constantes vitales alteradas por el agente estresor a su nivel óptimo es un proceso que consume tanto energía como recursos de diferentes clases, y esto desgasta al organismo, que, en su intento por recuperar la homeostasis, también está estresado. De aquí viene toda la confusión: el agente que produce la alteración se llama *estresante*. A la desviación del equilibrio del organismo la llamamos estrés y decimos que el organismo está estresado. Pero el intento del organismo de volver al equilibrio es también un estrés. Lamentablemente, esta ambigüedad no ha sido resuelta para el gran público a lo largo del último siglo, pero científicamente sí lo está, así que llega el momento de verbalizar lo que la ciencia sabe de manera que sea ampliamente comprendido.

El concepto de homeostasis (el equilibrio perfecto de nuestras constantes vitales) ha sido mejorado con el concepto de *alostasis*: el ajuste de los valores de nuestra fisiología —nuestras constantes vitales— lo más cerca posible del equilibrio, pero sin que dicho valor sea fijo e inmutable, y, por lo tanto, *adaptándose* (esta es la palabra clave) a las circunstancias. Esto es, en lugar de volver al punto de equilibrio óptimo, el cuerpo se puede adaptar al cambio reajustando su constante vital cerca del equilibrio. Así, por ejemplo, si en nuestro entorno empieza a faltar el alimento progresivamente, el cuerpo, en lugar de intentar volver constantemente al nivel óptimo de glucemia, tratará (dentro de un rango estrecho, naturalmente) de adaptarse a la nueva situación de falta de alimento ajustando el metabolismo para que nuestra fisiología pueda seguir funcionando con una glucemia menor. Obviamente, si la falta de alimento es extrema, se rompe el juego y se desencadenarán todo tipo de consecuencias dramáticas. Este ejemplo, considerablemente simplista, sirve para ilustrar que hay dos tipos de estrés: aquel que distorsiona nuestra fisiología hasta el límite en que nuestro organismo puede reajustarlo todo (este sería un estrés «bueno», ahora veremos por qué) y otro que nos lleva más allá de dicho límite, donde el ajuste es inalcanzable (este sería el estrés «malo» que todos conocemos). Dicho en términos simples: si el agente estresante nos estresa poco, el cuerpo se adaptará (y, para un número enorme de parámetros de nuestra fisiología, esto puede incluso ser beneficioso, más aún que permanecer en el equilibrio, como veremos); pero, si el agente estresante nos estresa mucho, más allá de nuestra capacidad de adaptación, el cuerpo no se adaptará, sino que seguirá intentando volver al equilibrio, gastando energía y recursos constantemente, y lo que obtendremos será un desgaste inútil.

Pero aún falta lo mejor: si el agente estresante nos estresa ligeramente y el cuerpo se adapta, y las circunstancias vuelven a cambiar y nos estresan de manera más acusada, el cuerpo se vuelve a adaptar y así sucesivamente (hasta un límite máximo tras el cual solo se generará el desgaste), lo que supone una dinámica útil para el organismo (dentro de un rango limitado, claro está). Esta dinámica es fundamental para comprender la importancia de la cantidad de estrés, pero esta palidece frente a la importancia de su duración en el tiempo. La causa es la razón biológica del estrés, en la que nos detendremos brevemente. Los organismos vivos en la naturaleza están sometidos a la implacable ley de la supervivencia, pues el medio ambiente no permite demasiadas alegrías para la homeostasis, ya que cambia constantemente; por ello, solo han sobrevivido aquellas especies capaces de llevar a cabo la alostasis, la adaptación al ambiente cambiante. Y la naturaleza solo ha conseguido resolver este problema de la adaptación mediante unas respuestas fisiológicas dramáticas, porque lo que está en juego es la supervivencia. Lo explicaremos con el ejemplo de un herbívoro que campa a sus anchas en la sabana. El herbívoro tiene hambre y busca su alimento. Cerca merodea un depredador. Él también tiene hambre y busca cazar al herbívoro. Llegado el momento, todas las constantes vitales del depredador se ponen al servicio de la caza (frecuencia cardiaca, pupilas dilatadas, presión sanguínea, músculos en tensión...) y la razón es que tiene que capturar a la presa para sobrevivir. Pero esto es porque, a su vez, el herbívoro, una vez detecta la presencia del depredador, pondrá todas sus constantes vitales al servicio de la huida (frecuencia cardiaca, pupilas, presión, músculos...) porque necesita huir para sobrevivir. Es el principio de lucha-huida (*fight-flight*). Todos esos cambios —que son esencialmente los mismos tanto en el depredador como en la presa— suponen un desequilibrio dramático en la fisiología del organismo (se agotan las reservas de glucosa, los músculos se cansan), pero aún es más grave el hecho de que todas aquellas funciones fisiológicas que no se consideran cruciales para cazar o huir se paralizan. Se detienen funciones como la digestión, se reduce el gasto de glucosa en determinadas regiones del cerebro (que no se necesitan en ese preciso instante) y se frenan todas aquellas funciones fisiológicas que pueden ser útiles en el futuro, pero no justo en el momento de la persecución (el organismo no está para «inversiones»). Cuando está en juego la supervivencia, todo el organismo se pone a su servicio. A fin de cuentas, el sujeto puede permitírselo: el herbívoro escapará del depredador (en cuyo caso, puede volver a campar a sus anchas en la sabana) o será cazado (y fin de su problema para siempre), y el depredador dará caza a la presa (y se la comerá, fin del problema de momento) o esta se le escabullirá y dejará de perseguirla hasta que encuentre otra situación más propicia. Ciertamente, en el caso del herbívoro, el problema cesa hasta que aparece el depredador de nuevo, mientras que, en el caso del depredador, si la caza resulta fallida, aunque cese la persecución, el hambre continúa (que es un estrés)[27]. Dicho en pocas palabras, el sujeto puede permitirse poner todo el organismo al servicio de la supervivencia porque, por muy severos y dramáticos que sean los cambios, estos solo duran un período de tiempo corto (hasta la siguiente ocasión).

Y aquí es donde las cosas cambian para el ser humano. El ser humano es el único animal (que sepamos) que anticipa la respuesta de estrés a un supuesto e hipotético futuro agente estresante que aún no percibe (ni lo ve, ni lo huele, ni lo oye, ni lo siente de ninguna manera), solo puede imaginarlo (un despido, problemas familiares, dificultades económicas, el futuro de los hijos, una posible enfermedad o el agravamiento de la que padece, etc.). Aquí no está en juego la supervivencia inmediata del sujeto, pero sí la supervivencia futura, y, a diferencia del herbívoro (que no se estresa por que pueda venir otro depredador dentro de dos días, ya se ocupará del asunto cuando lo perciba), el ser humano sí reacciona a esas anticipaciones de los problemas como si el problema estuviera ya delante. Por lo tanto, su cuerpo reacciona poniendo todas sus constantes vitales al servicio de atender el problema, de ocuparse de él (aunque no está allí delante, por eso se ocupa de él por anticipado, se *pre-ocupa*). Y, por supuesto, frena todas aquellas funciones vitales que no serían necesarias para resolver el problema. Se alteran funciones digestivas, funciones cerebrales, funciones inmunitarias, entre otras, con el único objeto de ahorrar energía y recursos para un momento tan decisivo. Pero el problema no está ahí delante; de hecho, puede que tarde mucho en llegar (o que nunca llegue), por lo que la reacción de estrés se hace crónica, no aguda, y esas funciones frenadas o detenidas, y esos recursos y energía gastados (malgastados) generan un desgaste de consecuencias desastrosas para el organismo: úlceras, deterioro cognitivo, vulnerabilidad a infecciones u otras enfermedades. La lista es interminable. Por ello, todos los seres vivos o se adaptan al estrés que fisiológicamente está dentro del límite accesible a dicha adaptación o sufren solo de estrés agudo. El estrés de alta intensidad, y especialmente el estrés crónico, es terroríficamente perjudicial. Es el problema de salud que más mata, porque agrava cualquier otra enfermedad e incrementa la probabilidad de muerte por cualquier causa. Pero el estrés crónico no es algo que la naturaleza haya previsto (al menos como algo usual). Parece que solo los seres humanos padecemos estrés crónico. Por supuesto, en la naturaleza se dan circunstancias de estrés crónico, como, por ejemplo, la hambruna que se puede generar en un entorno devastado por un fuego. La alimentación (entre otros factores) escaseará tanto que los animales intentarán adaptarse (migraciones, reducción de la reproducción, etc.), pero, si la situación es muy grave, se producirá la extinción de la especie en ese entorno, generándose una cadena de problemas de dramáticas consecuencias en el nicho ecológico en cuestión. No en vano, hay especies que, a lo largo de los miles de millones de años de evolución, han desaparecido de la superficie del planeta porque las circunstancias cambiaron mucho más allá de su capacidad de adaptación a los cambios. Y, como es lógico, durante el período en el que los cambios tenían lugar y la adaptación era imposible, esos sujetos sufrieron, sin la menor duda, el peor de los estreses crónicos, pero esta excepcionalidad no está prevista por la naturaleza como algo habitual. Lo que la naturaleza ha previsto es que el estrés de gran magnitud dure poco y, si es de baja intensidad, que los organismos se adapten. No nos ha preparado para un estrés muy intenso que dure mucho. En todo caso, comprenderemos mejor la enorme trascendencia del estrés cuando, en próximos capítulos, aprendamos que el ejercicio físico es un cierto tipo de estrés.

Está más allá del propósito de este libro hablar en profundidad de otros factores del estilo de vida (salvo el ejercicio, nuestro objetivo). Huelga decir que, de una manera parecida al estrés, estos pueden modificar nuestra fisiología y nuestra plasticidad para bien o para mal. Así, una buena o mala dieta, una buena o mala calidad del sueño, el consumo de sustancias o la presencia de tóxicos en el medio ambiente (ya sea el aire que respiramos o el agua que consumimos) determinan enormemente cómo nuestro organismo se adapta a los cambios... o sucumbe a ellos. Sí mencionaremos, no obstante, algo muy relevante. Las interacciones entre estos factores son un objeto de estudio científico muy prolífico en lo que va de siglo. El estrés puede alterar drásticamente nuestro sueño, y dormir poco o mal alterará nuestro comportamiento, nuestro equilibrio emocional, nuestra capacidad cognitiva e incluso puede modificar nuestra ingesta[28]. Por su parte, el sueño por sí solo puede condicionar nuestra capacidad cognitiva, incluso en ausencia de estrés, así como la ingesta y nuestra forma física[29]. Nuestra dieta tiene, por razones obvias, un alto impacto en todo nuestro organismo, afectando a nuestra capacidad física, nuestra cognición, la calidad del sueño y, en última instancia, nuestro nivel de estrés y nuestro estado emocional[30]. Además, como veremos más adelante, afectará a nuestra microbiota, que tiene a su vez un impacto enorme sobre el cerebro[31].

A modo de resumen, diremos que podemos esculpir nuestro cerebro, sí, y la manera más rápida, directa y eficaz de hacerlo es a través de nuestro estilo de vida. Los límites superior e inferior de lo que nuestro cerebro puede llegar a ser los determina nuestra genética. Estar cerca del máximo o del mínimo es cosa nuestra. En los capítulos siguientes, nos centraremos en el ejercicio físico como intervención directa que genera cambios epigenéticos en nuestro cerebro y nuestra plasticidad neural.

CAPÍTULO 3

DESDE UN PRINCIPIO, TODO FUE MOVIMIENTO. EVOLUCIÓN

«Los humanos están hechos para moverse.»

DANIEL E. LIEBERMAN, 2021[32]

A las plantas, una parte del alimento les «cae» del cielo, literalmente (sol y CO_2), y el resto lo captan del suelo por las raíces. El motor de su evolución, la reproducción, también se resuelve en el aire: simplemente sueltan las células germinales y ya se encargan ellas de encontrar un lugar donde crecer. La revolución animal supuso moverse, desplazarse para conseguirlo todo. Desplazarse para buscar comida, refugio y pareja reproductiva. Todos los animales (casi todos) se mueven. Algunos lo hacen de forma aleatoria (piénsese en una medusa), hasta que llega la cefalización y a partir de ese momento se mueven en una dirección con la cabeza, la boca y los sentidos con los que perciben el mundo por delante, en la dirección hacia donde se dirigen. Tanto plantas como animales son como son por sus genes, evolutivamente seleccionados a lo largo de miles de millones de años. La misma presión selectiva ha determinado que unos seres vivos estén fijos y otros móviles.

El rango de desplazamiento de las especies de animales es enormemente diverso. Y no depende, necesariamente, de rasgos físicos o funcionales específicos. Ya se trate de un animal grande o pequeño, corredor, volador o nadador, nada anticipa cuánto se moverá esa especie. El elefante africano, que habita determinadas subregiones de Kenia, Tanzania, Sudáfrica o

Zimbabue, puede vivir en rangos de hábitat de 100-300 kilómetros cuadrados[33] (aunque es muy frecuente que el rango de hábitat sea mucho mayor, y eso sin contar las migraciones puntuales, dependiendo de si es época seca o húmeda, la presión humana, etc.). Nada haría predecir que un animal de siete toneladas vaya a moverse tanto. Dentro de los animales grandes, también encontramos a las ballenas, que se desplazan varios miles de kilómetros al año, atravesando distintos océanos (y pesan 150 toneladas). Pero ni siquiera esto es prerrogativa de los animales grandes. Las mariposas monarca se desplazan 5000 kilómetros en su migración anual[34] a pesar de que su peso ronda el medio gramo[35] y tienen una envergadura de 10 centímetros. Mientras tanto, escarabajos terrestres mediterráneos que pesan alrededor de 10 o 12 decigramos y tienen 15 milímetros de longitud, prácticamente no se mueven más allá de un área de aproximadamente un metro cuadrado[36]. Pero lo relevante de todo ello es que, de nuevo, son sus genes, seleccionados por la evolución, los que determinan el rango de hábitat de la especie. Y los genes son los que determinan que el género *Homo* haya tenido un rango de hábitat tan diverso a lo largo de su evolución.

¿Cómo reacciona un organismo cuyos genes determinan que la especie a la que pertenece se mueva poco o mucho (condicionando con ello su metabolismo energético y su neurobiología) si se mueve *contra natura*? Si a la mariposa monarca se la encierra en un mariposario y solo se desplaza unos metros, o al escarabajo mediterráneo terrestre se le obliga a desplazarse 200 metros, ¿qué les sucede a sus neuronas y a su metabolismo? ¿Qué le sucede al ser humano cuya evolución durante un millón de años ha tenido un historial de movimiento continuo (con rangos de hábitat diversos) si se vuelve sedentario?

Empecemos por valorar lo que se conoce acerca de la relevancia que tienen las características genéticamente determinadas por la evolución en relación con el movimiento. Toda especie animal que se desplace (casi todas) lo hace en función del rango de hábitat que determinan sus genes (lo que en inglés se denomina *home range*). Es decir, el sujeto se desplaza a diario más o menos en función de lo que determinan los genes de su especie. Pero siempre hay una variabilidad interindividual. Hay sujetos que se mueven más o menos que otros. Esta variabilidad, como estudiaremos en profundidad más adelante, determina que siempre exista la posibilidad de que los sujetos de una población concreta de una especie determinada se expandan a una zona aledaña a su nicho ecológico habitual. Y lo hacen porque es lo que han hecho los genes que dan lugar a la vida desde que se crearon hace cuatro mil millones de años. Este cálculo sobre cuándo se creó la vida se lleva a cabo de manera harto compleja, y, de hecho, es muy probable que tardemos en conocer la datación más exacta posible de la existencia del primer gen. Pero sí se ha calculado la datación de la existencia del primer ser (una célula anaeróbica —que no necesitaba oxígeno para sobrevivir—) que pudo habitar el planeta Tierra. Este ser se llama LUCA (*last universal common ancestor*, el ancestro común universal más antiguo). Y LUCA existió hace cuatro mil millones de años[37].

Los investigadores han determinado que LUCA vivía, muy probablemente, rodeado de materiales de los que se nutría y también de materiales de desecho que él mismo producía, lo que pudo ser aprovechado por otros seres vivos. ¿Qué seres vivos si LUCA, por definición, era la primera y única célula que existía? La respuesta es que algunos especímenes de LUCA experimentarían mutaciones o cambios en sus genes que determinarían que pudieran vivir en condiciones ligeramente distintas a las que tenía LUCA al principio. Y, de esa manera, se inició, por primera vez en la historia de la Tierra, la variación biológica intraespecie. A la postre, si esas nuevas células ligeramente distintas conseguían adaptarse a nuevos ambientes (más fríos o cálidos, más ácidos o alcalinos, etc.), acababan convirtiéndose en nuevas «especies» cuya evolución y dispersión por todos los ecosistemas del planeta generaron los seres vivos que han vivido en la Tierra desde entonces. En definitiva, desde que existió el primer ser vivo de la Tierra, empezaron a formarse «ecosistemas»[38] y, por tanto, hubo una tendencia genéticamente determinada a expandirse por ellos, así como a colonizar otros ligeramente distintos gracias a la variabilidad interindividual de algunos sujetos de la especie. Para conseguirlo, había que desplazarse, moverse desde un ecosistema al de al lado. Y, una vez allí, o la célula se adaptaba o se moría. Si se adaptaba, pasaba sus genes a sus células hijas. Si no, ese ecosistema no se colonizaba por esa especie. Cuatro mil quinientos millones de años después, el modelo sigue siendo esencialmente el mismo.

Hagamos hincapié en que es la diferencia de movimiento y capacidad de adaptación de algunos sujetos con respecto al resto de sujetos de su especie la que ejerce como motor evolutivo en lo que a la dinámica de ecosistemas y *home range* se refiere. En el ámbito del rango de hábitat y su relación con el ecosistema, si el sujeto se mueve fuera de su nicho ecológico y sobrevive es porque sus genes se lo permiten hasta cierto punto (el resto puede ser gracias a adaptaciones epigenéticas); por lo tanto, se adaptará al nuevo ecosistema y pasará esos genes y las adaptaciones epigenéticas a la siguiente generación. Y todo gracias a que esos sujetos se mueven más que la media de su especie. Es decir, hay una impronta genética en todo el ADN que existe sobre el planeta de aventurarse a colonizar nuevos ecosistemas, y el motor de ello son sujetos en cada especie que se mueven más o menos que la media. Pero estos conceptos solo nos informan de cómo evolucionó a grandes rasgos la vida sobre la Tierra, pero no de cuánto y por qué se movían los sujetos de una especie.

En cada momento de la historia de la vida sobre la Tierra, cada especie adaptada a vivir en su ecosistema (y mientras este no se modificase) se movía de media tanto como su genética y la presión de la selección natural determinaran que era necesario para vivir, desarrollarse y reproducirse. Es decir, mientras el ecosistema no cambiara, y exceptuando a los sujetos que se desplazaran más lejos de lo habitual para atreverse a colonizar nuevos ecosistemas, todos los sujetos de la especie, de media, se movían lo mismo y todo su organismo estaba, por definición, adaptado a moverse así. Tanto su metabolismo energético como sus capacidades neurocognitivas, fisiológicas y de locomoción estarán adaptados a moverse y a una actividad física concreta dentro de un rango de variabilidad natural. La relación entre ambos grupos de variables es bidireccional. Así, el metabolismo energético podría verse alterado por una dieta que varíe notablemente respecto de la habitual (entendemos como habitual la que ha contribuido a seleccionar esa especie y adaptarla a ese ecosistema). O sus capacidades cognitivas pueden verse alteradas, por ejemplo, si un súbito cambio en el rango de hábitat de menor tamaño hace que el sujeto empiece a moverse menos porque la comida es abundante y no necesita buscarla, lo cual, a su vez, conlleva que la población crezca y también sea más fácil encontrar pareja reproductiva; todo ello hace que, cada vez, el sujeto se mueva menos. Por último, sus capacidades fisiológicas y de locomoción podrían reajustarse al menor gasto posible, ya que no ha de moverse tanto como antes. El resultado es que toda la vivencia diaria del sujeto cambia, aunque sus capacidades fisiológicas innatas siguen siendo las que eran. Consecuencia: el funcionamiento del organismo se separa de la media. El ejemplo paradigmático es el consumo de una dieta muy rica en calorías cuando es ingerida por una especie cuyo metabolismo energético se ha seleccionado durante cientos de miles de años para consumir pocas calorías. El metabolismo acabará desarrollando diabetes, resistencia a la insulina y otros problemas endocrinos diversos. Esto es lo que le sucede, por ejemplo, a la especie humana.

Pero antes, sepamos qué evidencias hay de cuánto se ha movido o se ha dejado de mover nuestra especie a lo largo de la evolución. Estas son de tres tipos. Las primeras son las derivadas del análisis de los restos fósiles, que nos permiten averiguar la capacidad de movimiento que tenían los sucesivos géneros de *Homo* a partir de notables hallazgos de cambios en la longitud, resistencia y capacidad de carga de los huesos, así como las inferencias acerca de la potencia de los músculos que seguramente se insertaban en estos huesos. Para ello se analizan las *entesis* (puntos de inserción de músculos y tendones en los huesos), ya que, sin saber hasta qué punto los sujetos de aquellas especies podían moverse, no podemos elucubrar acerca de cuánto se movían. Pero estos análisis solo nos indican si estos individuos *podían* moverse más o menos, no cuánto se movían realmente. Que sus organismos, sus huesos y sus músculos fueran capaces de moverse, no nos informa de cuánto se movían a diario o al cabo de un año.

Un segundo tipo de evidencias nos informa de las grandes migraciones que las especies llevaron a cabo, que las condujeron a colonizar áreas, regiones y hasta continentes enteros con el paso de muchos miles de años. Esto es importante, pues permite conocer la presión evolutiva de estos grupos migratorios a lo largo de miles y miles de kilómetros y de cientos de generaciones. Aquellos sujetos que no fueran capaces de adaptarse a una vida en la que cada cierto tiempo había que emprender grandes migraciones no sobrevivirían, no pasarían sus genes a la descendencia y, de este modo, el resto de la especie iría adaptándose cada vez más y más a moverse. Aun así, hemos de convenir en que las migraciones kilométricas de las especies como *Homo erectus*, *Homo neanderthalensis* u *Homo sapiens* son generalmente descritas como movimientos transgeneracionales que requirieron miles o al menos cientos de años. No las llevó a cabo un individuo ni un grupo de ellos. En todo caso, si cada grupo se desplaza en busca de nuevos ecosistemas a lo largo de su vida, se traslada por necesidad hasta que encuentra un nuevo hábitat. No parece que la práctica habitual fuera desplazarse a diario una distancia media enorme para cambiar de ubicación o de campamento. Estos grupos se movilizaban cuando se agotaba o escaseaba la caza o los diferentes frutos en una zona, pero no a diario.

Respecto al tercer tipo de evidencias, la comunidad científica está intentando averiguar actualmente cuánto se movía, en su vida diaria, el ser humano prehistórico. Para ello, los paleoantropólogos nos cuentan, tras el análisis de restos fósiles humanos prehistóricos encontrados en cuevas, qué es lo que comían, cómo procesaban su alimentación, qué cazaban, qué recolectaban y cómo organizaban su incipiente sociedad para llevar a cabo todas esas tareas. Todo este conocimiento ha contribuido a consolidar el concepto, firmemente compartido por todos los expertos, de que nuestros ancestros eran cazadores-recolectores. Denominamos *cazador-recolector* al grupo humano anterior a la aparición de la agricultura y la ganadería[39], y una vez que aparece el género *Homo*; el *Homo habilis* ya es considerado no solo el primer ejemplar del género *Homo*, sino, además, cazador-recolector[40]. En conjunto, las evidencias de que el género *Homo* ha migrado durante cientos de miles de años y cientos de generaciones a lo largo del planeta Tierra se han sumado a las pruebas de que los grupos del género *Homo* eran cazadores-recolectores y, por tanto, eran nómadas que se desplazaban temporalmente en busca de caza y frutos o tubérculos diversos. A esto hay que añadir las evidencias de que su anatomía ósea y muscular permitía un movimiento continuo y una actividad física sostenida. Y, por último, se ha añadido una última inferencia a partir de nuestra concepción de lo que es un cazador-recolector: que este se desplaza mucho, en su día a día, cazando y recolectando. Todo esto ha supuesto la aparición histórica de la idea de que los cazadores-recolectores se movían mucho; en última instancia, mucho más que nosotros. ¿A quién me refiero con «nosotros»? Primero, a las sociedades y culturas fundadas en torno a la agricultura y la ganadería en todo el planeta desde hace diez mil años. Segundo, y más importante, a quienes llevamos el modo de vida, cada vez más extendido en la segunda mitad del siglo XX y en el siglo XXI, en el que un alto porcentaje de los trabajos se realizan sentados (lo que se conoce en inglés como *office workers*, trabajadores de oficina; aunque no todos trabajan en una oficina, sí tienen un trabajo sedentario).

Pero esto, como indicaba, es una inferencia. No son datos. Son las conclusiones que podemos extraer de lo que entendemos por cazador-recolector —se mueve mucho todos los días porque es nómada—, frente a lo que entendemos por ganaderoagricultor —ya no se mueve tanto porque vive en un asentamiento humano de por vida y no se desplaza grandes distancias a diario porque ni caza ni busca vegetales, pues en eso consisten la agricultura y la ganadería—. ¿Qué datos podemos encontrar para aportar evidencias reales? Hasta donde se sabe, solo hay unos pocos estudios, pero muy reveladores.

La antropología ha mostrado recientemente el modo de vida de la tribu de los hadza, en Tanzania. Durante las últimas cinco décadas, algunos investigadores los han visitado y estudiado, esforzándose por encontrar campamentos (cada vez menos numerosos y aislados) que hayan conseguido abstraerse de la «contaminación» del contacto con los granjeros y ganaderos vecinos de sus territorios y de la injerencia de los gobiernos y los propios científicos (que modifican, en cierto modo y aunque no lo pretendan, su estilo de vida). Puesto que estas tribus estudiadas en pasadas décadas son consideradas, de acuerdo con el consenso científico, de auténticos cazadores-recolectores, pueden extraerse conclusiones comparativas acerca de cuánta actividad física realizaban en comparación con los agricultores y ganaderos, y, por ende, en comparación con los seres humanos sedentarios (*office workers*). Nótese que también se está haciendo aquí una extrapolación, asumiendo que los cazadores-recolectores que quedan en el planeta a finales del siglo XX y comienzos del XXI tienen la misma actividad física que los cazadores-recolectores de hace veinte mil, cien mil o doscientos mil años. Por forzada que parezca esta extrapolación, son los únicos datos de los que disponemos (de momento).

El estudio de la actividad física de los hadza ha sido expuesto solventemente, por ejemplo, en el trabajo de Daniel Lieberman de la Universidad de Harvard. Los hombres hadza salen a cazar varias horas al día, recorriendo cada jornada en torno a trece kilómetros. El ritmo no es frenético, sino que van caminando y paran a menudo a descansar o a recolectar miel (que se comen sobre la marcha). Las mujeres hadza salen a recolectar varias horas al día, recorriendo cada jornada unos cuantos kilómetros. Se detienen a escarbar y extraer tubérculos cuando los encuentran, o a recoger frutos y otras verduras que hallan fortuitamente. Con frecuencia, se comen algunos sobre la marcha. El resto del día, unos y otras están básicamente en su campamento cuidando de los niños, comiendo lo que han obtenido, hablando, y todo ello sentados[41] (estas tribus se sientan en posturas que a un occidental le parecerían similares a estar en cuclillas). Este es el estilo de vida de un cazador-recolector. No cabe duda de que se mueven, y se mueven mucho (varios kilómetros al día). No corren, sino que caminan, y el resto del tiempo se sientan y descansan. Pero, moverse, se mueven. Parece obvio que se desplazan mucho más que un civilizado y no nómada agricultor-ganadero, y, desde luego, muchísimo más que un trabajador de oficina. Pero solo lo parece. En 2017, un grupo de hadzas llevaron pulseras de actividad durante varios días, de manera que los investigadores pudieron determinar cuantitativamente cómo ese estilo de vida repercutía en su actividad física. Los hadza adultos llevaban a cabo dos horas y cuarto, de media, de actividad moderada a vigorosa, y tres horas y cuarenta minutos, de media, de actividad ligera. El resto del tiempo era descanso y reposo[42]. Este modo de vida no es, en absoluto, una peculiaridad excepcional típica solo de los hadza: otras tribus de cazadores-recolectores estudiados recientemente han mostrado patrones de actividad física muy similares (revisados en Lieberman, *op. cit.*). Esta información nos ha permitido comparar su actividad con la de los agricultores-ganaderos y los trabajadores de oficina.

Para ello, los investigadores han hecho uso de un concepto llamado PAL (*physical activity level*, 'nivel de actividad física'). Se define como la relación entre el gasto energético de un ser humano a lo largo de veinticuatro horas y el gasto energético del mismo sujeto en veinticuatro horas si estuviera sin hacer absolutamente nada todo el día (esto es, tumbado). Se ha encontrado que un humano que no haga nada de actividad física en todo el día, limitándose a estar en reposo y moviéndose mínimamente de aquí para allá en su silla o para hacer desplazamientos cortos (asociados con alimentarse o con visitar un baño) tiene un PAL de alrededor de 1,5 (1,4-1,6). Una persona que haga ejercicio durante una hora al día o tenga un modo de vida más activo (por ejemplo, un trabajador de la construcción, un agricultor o un ganadero) tiene un PAL de alrededor de 1,85 (1,7-2,0). Un PAL por encima de 2,0 lo encontramos en personas con un alto nivel de actividad física diaria. Se ha determinado que los trabajadores de sistemas actuales de agricultura de subsistencia presentan un PAL medio de 2,0; los trabajadores de la construcción presentan un PAL medio de 1,8; los trabajadores de oficina, de 1,6 (de hecho, el PAL medio de un adulto de nuestras sociedades industrializadas en el mundo desarrollado es de 1,67), y los individuos más sedentarios de nuestras ciudades modernas presentan valores entre 1,4 y 1,5. Pues bien, los cazadores-recolectores hadza tienen un PAL medio de 1,85 (extraído de Lieberman, *op. cit.*). Como puede apreciarse, no hay tanta diferencia. Por tanto, no podemos concluir que el *no nomadismo* asociado con la aparición de la agricultura y la ganadería hace diez mil años produjo una disminución notable de nuestra actividad física. Como vemos, la actividad actual es mayor de lo que se pensaba, así que los cazadores-recolectores de África (y quizá, probablemente, los cazadores-recolectores de hace veinte mil, cien mil o doscientos mil años) no se movían *mucho más* que nosotros.

Pero la cuestión es cuánto afecta a nuestro metabolismo actual, a nuestro cerebro y a nuestro aparato locomotriz movernos un 10-20 % menos de media que lo que se movían nuestros ancestros durante los últimos cien mil o doscientos mil años, mientras nuestra especie evolucionaba hasta lo que somos hoy. Me refiero, naturalmente, a los sedentarios actuales (porque, como hemos visto, un agricultor-ganadero y el sedentario no nómada soporta una actividad física *mayor* que los cazadores-recolectores hadza). Mientras estas cuestiones se resuelven con más investigaciones, una conclusión obvia surge de inmediato: para que nuestro organismo actual, si somos sedentarios de oficina, vuelva a moverse y tener la actividad física que condicionó nuestra evolución, la evolución de nuestro metabolismo, de nuestro cerebro y de nuestros músculos a lo largo de miles de años, realmente solo hace falta desarrollar muy poca actividad física más de la que ya llevamos a cabo. Fundamentalmente, se trataría de conseguir que el organismo esté moviéndose y activo unas pocas horas al día. Eso podemos lograrlo de dos maneras rápidas: minimizando el tiempo que pasamos sentados e incrementando nuestro nivel de actividad mientras no estamos sentados hasta elevar nuestro PAL medio un modesto 15 %. En los próximos capítulos veremos por qué y cómo.

Quiero mencionar también que hay otros estudios de antropología que han servido para extrapolar cómo podría ser el modo de vida de nuestros ancestros, y que no tienen por qué ceñirse exclusivamente al de los cazadores-recolectores ya mencionados. Se trata de los trabajos de campo con los bosquimanos ju/'hoansi. Durante las décadas de los sesenta, setenta y ochenta del siglo XX se llevaron a cabo estudios en los que se determinó cómo cazaban y vivían los ju/'hoansi. Esta tribu de cazadores-recolectores practicaba lo que se conoce como *caza de persistencia*[43]. Esta tribu no cultivaba nada en su territorio. No almacenaba comida, cazaba durante uno o dos días y comía lo cazado a lo largo de la semana posterior, tras lo que volvía a la caza. Esa era su forma de subsistencia. No utilizaban trampas ni lanzas u otro tipo de herramientas que les permitieran cazar alejados de la presa. Así que cazaban su sustento, fundamentalmente, acercándose a las presas. Como es obvio, el ser humano, por muy en forma o muy entrenado que llegue a estar, es incapaz de atrapar a cualquier presa persiguiéndola o peleando con ella, de modo que utilizaban esta técnica de la caza de persistencia. Consiste en perseguir a una presa durante kilómetros y kilómetros y horas y horas (preferiblemente en las horas de más calor) mediante una táctica basada en trotar cuando se la divisaba (la presa escapaba inmediatamente) y seguir luego su rastro caminando hasta que se la volvía a divisar. Así, no se permitía a la presa reposar, beber o comer a gusto (en general se trataba de herbívoros, que comen durante buena parte del día), sino que debía estar todo el tiempo pendiente, escapar corriendo, parar unos instantes, volver a escapar corriendo, y así sucesivamente.

Al cabo de cinco o seis horas (en ocasiones la presa escapaba y la caza continuaba toda la noche hasta la jornada siguiente), la presa estaba exhausta, desorientada y deshidratada. El grupo se acercaba a ella, que no oponía resistencia, y la mataba allí mismo. La transportaba de vuelta al campamento y alimentaba a toda la tribu.

¿Cómo conseguían los ju/'hoansi aguantar todo ese esfuerzo? Fundamentalmente, porque su caza se basaba en tres pilares: 1) solo trotaban unos instantes, el resto del tiempo caminaban; 2) el cerebro humano (entrenado) permite seguir pistas ínfimas y perseguir a la presa, y 3) el cerebro humano tiene una capacidad de refrigeración (gracias a su peculiar irrigación sanguínea) muy superior a la de cualquier animal de la sabana. Y, me permito añadir, que también tiene una capacidad de recuperación enorme, por lo que, de vuelta al campamento, se dedicaban a descansar varios días hasta la siguiente cacería. Este peculiar modo de caza, en el que los seres humanos caminaban y trotaban (resulta tentador decir «moderadamente») sin mayores esfuerzos físicos, bien podría haber sido una de las formas de subsistencia (de acuerdo con el actual consenso científico) de algunos grupos humanos durante miles, decenas de miles o incluso centenares de miles de años. Si esto fuera cierto, sería un ejemplo paradigmático de cómo el cerebro humano habría sido moldeado a lo largo de miles de años en un organismo como el del género *Homo*, que evolucionó a base de largas caminatas y cortos y suaves trotes por el territorio. De confirmarse, sería un peldaño más en la construcción de la idea de que el ser humano es lo que es hoy debido a que se ha movido caminando (o trotando ligeramente) de manera notable y habitual en su día a día.

Concluyo este capítulo hablando del futuro de los estudios comparativos de la evolución de la actividad física en el género *Homo*. La razón es que estamos extrapolando que la actividad y el modo de vida de los cazadores-recolectores hadza o ju/'hoansi son, esencialmente, los mismos que los de los humanos de hace decenas o centenares de miles de años. Pero esto no se sabe aún. Si hubiera alguna manera de encontrar marcas en el resto fósil de estos ancestros que nos indicaran cuánto se movían, sería la demostración última de las diferencias entre su actividad física y la nuestra. Lamentablemente, no existen (aún). Se ha postulado que, si fuera posible extraer marcas epigenéticas de la médula del hueso fósil, podría analizarse esta hipótesis. A fecha de hoy, solo se ha extraído ARN de huesos de mamuts (que han estado miles de años en condiciones muy especiales de presión y temperatura). Como decía Cajal, refiriéndose a los retos de la ciencia en general, «corresponde a la ciencia del futuro corroborar o rebatir estas ideas»[44].

CAPÍTULO 4

SEDENTARISMO: CRÓNICA DE UNA VIDA SIN MOVIMIENTO

«La carne sedentaria es el auténtico pecado contra el espíritu.»

NIETZSCHE, *ECCE HOMO*

Es muy probable que el lector esté sentado mientras lee este volumen, bien sea en una silla o un sofá, en casa o viajando. Y, en todo caso, es muy probable que, con la única excepción del movimiento de la mano para pasar las hojas o para desplazarse por el visor de su dispositivo electrónico, su cuerpo esté inmóvil. Pero, si no estuviéramos leyendo un libro, gran parte de nuestras vidas también transcurriría estando sentados, viendo el televisor, conduciendo o trabajando. Precisamente, el latín *sedentarius* significa 'trabajar sentado', y procede de *sedere*, 'estar sentado'. *Sedere* es sinónimo de *estar quieto* y antónimo de *estar activo*. Por lo tanto, en su acepción etimológica original, el sedentarismo se identifica con estar sentado. Pero, actualmente, el término tiene varios significados, no todos equivalentes. Llamamos *sedentaria* a la vida que muchos llevan en la sociedad moderna, con muy poco movimiento o poca actividad acumulada a lo largo del día y de la semana. Llamamos *sedentario*, también, al que está sentado circunstancialmente leyendo un libro (como en su acepción latina original). Y llamamos *sedentarismo* al modo de vida opuesto al nomadismo, que se impuso en la humanidad hace diez mil años en Oriente Medio con el advenimiento de la agricultura y la ganadería. Por su parte, la OMS define el sedentarismo como «realizar actividades de bajo gasto de energía mientras se está despierto»[45]. Aquí nos referimos al sedentarismo como la inactividad que ocupa buena parte de las horas de nuestro día, y, en especial, aquella inactividad física que tiene lugar mientras estamos sentados durante muchas horas, ya sea por trabajo o por ocio. Necesitamos, pues, conocer los efectos de esta conducta, tan denostada, y qué trascendencia tiene para nuestra vida. Y, especialmente, porque la narrativa sobre sedentarismo de la práctica clínica habitual, así como la usada por la OMS, permea en la sociedad hasta producir un dramático equívoco del que pocos son conscientes.

Antes de entrar en materia, debemos abordar tres cuestiones importantes para que el resto de la información sea fácilmente entendible. La primera es determinar qué es el sedentarismo desde un punto de vista científico. Así entenderemos la segunda cuestión: ¿por qué hablamos del sedentarismo en un libro que trata sobre ejercicio? Y, tercero y no menos importante, haré una pequeña digresión acerca de cómo se desarrolla la ciencia, cómo avanza y se dirige hacia sus objetivos, porque, sin una comprensión fidedigna de esto, no se va a entender por qué las controversias en los resultados científicos son tantas y tan frecuentes. Es muy habitual que el público asistente a mis conferencias me pregunte cómo es posible que los científicos no nos pongamos de acuerdo en si el sedentarismo causa problemas en nuestro cerebro o no, o en si el ejercicio físico mejora o no la cognición. Esto merece una buena explicación.

La primera cuestión parte de la evolución del término *sedentarismo*, que provoca no pocos malentendidos. En el ámbito popular, y durante buena parte del siglo pasado también en el científico, sedentarismo significaba no hacer actividad física o hacer muy poca. Se definía en función de lo que no es y se concebía como una conducta homogénea. Si bien popularmente esta definición puede ser suficiente, en ciencia solo es correcta en la investigación con modelos de animales de laboratorio (algo que está cambiando en los últimos años), pero no para los seres humanos. En ciencia, los ratones de laboratorio que los investigadores utilizamos como grupo «sedentario» viven en una jaula de dimensiones preestablecidas, no muy grande, cubierto el suelo por serrín o materiales similares, y se dedican todo el día a dormir, comer, beber, hacer sus necesidades, ocasionalmente pelearse con sus congéneres y volver a dormir, y así un día y otro. Esto es igual desde hace décadas y en laboratorios de todo el planeta. Por lo tanto, lo que los neurocientíficos consideramos sedentarismo (en modelos animales) es algo muy homogéneo[46].

Sin embargo, esto no sucede con los seres humanos, en los que hay una gradación en cómo somos de sedentarios. Esta conducta sedentaria es tan diversa que no puede concebirse como un todo homogéneo. Se considera que una conducta sedentaria es cualquier comportamiento de vigilia caracterizado por un gasto de energía de 1,5 MET o menos mientras se está sentado. Pero, como dijimos en la Introducción, el concepto de vida sedentaria, empleado para categorizar seres humanos como lo hacemos con los ratones de laboratorio (es decir, la baja actividad acumulada al cabo del día o de la semana), no debería definirse como «hacer menos de un cierto número de minutos al día o de horas a la semana de actividad física», ni «menos de un cierto número de pasos al día», etc. Porque, pongamos donde pongamos el límite, dar menos de 3000 pasos al día, por poner solo un ejemplo, incluye en el mismo grupo de personas a los que dan 2500 y a los que no dan más que 500 pasos. Y se ha demostrado que los efectos de cualquier sedentarismo no son los mismos (lo veremos más adelante en este capítulo). La consecuencia directa de la heterogeneidad en la selección del grupo «sedentario» en seres humanos es que convierte a este grupo experimental en algo enormemente variable. Y, en ciencia, la variabilidad complica los análisis porque dificulta que algunas diferencias entre grupos, que en otras circunstancias aparecerían como un resultado positivo, queden enmascaradas por la variabilidad y aparezcan como negativas. Y, no menos importante, hace que sea prácticamente imposible comparar los estudios científicos entre sí. Un trabajo puede revelar diferencias donde otro muestra que no las hay.

Dicho en pocas palabras, hay varios tipos de sedentarismo y varias categorías más o menos graves de inactividad. El sedentarismo es una conducta en sí mismo, no solo es «no hacer actividad física». Y la evidencia científica reciente demuestra que, de hecho, es incluso una conducta independiente del ejercicio físico, lo que responde a la segunda de las cuestiones: ¿por qué hablamos de sedentarismo en un libro de ejercicio? Lo tratamos porque es una conducta concreta, especial y, como dijimos en la Introducción, una «conducta de movimiento» tanto como el propio ejercicio físico.

El método de validación de los datos científicos

Ahora que entendemos ambas cosas, hablemos brevemente de cómo se hace la ciencia. Lo primero que llama la atención cuando uno comienza a trabajar en el ámbito del ejercicio físico y el sedentarismo (como modelos de estilo de vida) y sus efectos sobre la salud son las siguientes discrepancias: 1) los efectos del sedentarismo y del ejercicio no son exactamente iguales en los modelos de animales de laboratorio y en seres humanos, y 2) los efectos nocivos del sedentarismo y positivos de la actividad física son diferentes en el cerebro a cómo son en el resto del organismo. Por esta razón, es habitual que, de vez en cuando, el lector desprevenido se tope con literatura científica en las noticias que afirma que el sedentarismo es malo, mientras también oye que esto no está demostrado; o que la actividad física produce evidentes beneficios para la salud, pero no para el cerebro (o todo lo contrario). ¿Cómo son posibles estas discrepancias en las evidencias científicas? Para aclarar esto, debemos explicar algo sobre el método científico.

La ciencia avanza mediante una hoja de ruta muy bien establecida de la que rara vez se desvía. Primero, los investigadores descubren algo y han de publicarlo. Para ello, son evaluados por otros científicos expertos en el mismo tema (son sus *pares*, de ahí el nombre de *peer-review*). Habitualmente, hay entre dos y cuatro revisores, además del editor o editores que supervisan la revisión para la revista en cuestión. Los editores también suelen sugerir cambios o nuevos experimentos que, de poder llevarse a cabo y dar resultados positivos, permitirán mejorar considerablemente el artículo publicado. Inmediatamente tras su publicación, el trabajo pasa un segundo filtro. Los científicos que trabajan en el mismo ámbito del artículo, en todo el mundo, pueden consultarlo y revisarlo, criticarlo, apoyarlo o comentarlo hasta donde les parezca oportuno. Y, de esa manera, se genera un consenso general sobre si el artículo es bueno, malo o regular, independientemente de que los revisores de la revista consintieran en su publicación. A continuación, pasa a engrosar la larga lista de artículos científicos que tratan ese tema concreto. Y entonces llega el tercer filtro. Cuando un tema científico es abordado por muchos artículos, algunos investigadores pueden hacer un estudio sobre si todos ellos muestran resultados de calidad o no, y si estos van o no en la misma dirección (por ejemplo, en el caso que nos ocupa, si estos trabajos demuestran que el ejercicio mejora la cognición). Como estas investigaciones examinan colectivamente los análisis individuales (diríamos que son análisis sobre análisis), al lector no le sorprenderá que los llamemos *metaanálisis*. Parece bastante sólido, ¿verdad? Pues aún faltan dos tamices más. Cuando ya se han llevado a cabo varios metaanálisis sobre un tema, se hacen metaanálisis de los metaanálisis (en realidad, estos son muy pocos). Y, finalmente, el último y más importante de todos los filtros. Tarde o temprano, otros investigadores harán los mismos experimentos que se publicaron y se comprobará si el resultado se replica o si, por el contrario, no se obtienen los mismos resultados ya reportados. No dejará nunca de sorprender a los científicos que algunos resultados muy reputados y publicados a lo largo de la historia de la ciencia, a fuerza de no ser replicados (o solo en condiciones muy específicas y espurias), han acabado siendo denostados, así como otros resultados, denostados al principio, a fuerza de ser replicados una y otra vez, adquieren carta de originalidad y reputación. Esto es especialmente relevante por cuanto pueden publicarse trabajos que, aun versando sobre un mismo tema y debido a ligeras variaciones del diseño experimental o la metodología empleada, pueden dar resultados discrepantes e incluso opuestos. Solo el análisis detallado de muchos ojos tras la publicación de los trabajos y de los metaanálisis revelará cuáles están más cerca de la verdad y si el campo científico en cuestión apunta mayoritariamente en una dirección u otra. Por esta razón, existen estudios que dicen que el ejercicio mejora la cognición en seres humanos y otros que dicen que no lo hace. Esto resulta comprensible si consideramos que el grupo de referencia para saber si el ejercicio tiene este efecto o no lo tiene, que es el grupo sedentario, puede ser tremendamente diferente entre unos estudios y otros.

Algo muy importante de esta hoja de ruta es que, de principio a fin, el proceso puede llevar años o incluso décadas. Esto hace que el lector no experto en un campo se encuentre perdido en ese camino y —lo más importante— produce dos consecuencias fundamentales a lo largo de la historia de un tema científico. Primero, a lo largo del proceso, que puede durar años, es muy difícil valorar la evolución de un tema de manera global en un instante dado. Y, visto de cerca (una noticia puntual en los periódicos o en televisión), puede dar la impresión de que la ciencia dice o sugiere algo que luego se demostrará que no está cerca de la verdad. Por ejemplo, en el largo camino hacia la demostración de si el cerebro es capaz de formar neuronas durante la vida adulta, se han publicado trabajos que, analizando esencialmente lo mismo, afirman tanto que sí se producen neuronas nuevas en el adulto como que no. ¿Cuál es la verdad? Es imposible saberlo en el preciso momento en que se publica el trabajo que acabamos de ver en las noticias. Solo el tiempo (y los científicos y los metaanálisis) dirá qué hay de cierto, y siempre, claro está, que los metaanálisis, que también son trabajos científicos, estén bien hechos. Y así avanza la ciencia. La segunda consecuencia es que se genera en los lectores no expertos una sensación de que los científicos no se ponen de acuerdo. Pero sí que se pondrán, sí: con el tiempo, no en el momento de la publicación recién aparecida. Por ejemplo, en el largo camino de la validación de un fármaco, la demostración de si un producto químico es realmente capaz de paliar la sintomatología de alguna enfermedad generará tanto publicaciones que indican que sí es eficaz como otras que indican que no.

Explicando el sedentarismo

Ahora estamos en mejores condiciones para comprender el largo camino (aún no concluido) que está siguiendo la investigación de los efectos del sedentarismo y la actividad física sobre el cerebro y la cognición. Por lo explicado con anterioridad podríamos decir, sin demasiado error, que, independientemente del tipo y cantidad de ejercicio que hagan los sujetos en una investigación científica sobre este tema, si se emplean ratones de laboratorio, los sedentarios son por definición los que no hacen ejercicio. Sin más. En los seres humanos, por desgracia, esto no es así. Para empezar, no hay seres humanos estabulados en grupos cuya conducta esté establecida sin posibilidad de variación. Cada ser humano es diferente. Y, además, hasta el advenimiento de los dispositivos digitales de control del movimiento (hace apenas diez años), todas las referencias al sedentarismo eran autorreportadas (era el propio sujeto el que, rellenando un test, manifestaba cuánto ejercicio o sedentarismo desplegaba en su día a día). Huelga decir que esto es bastante limitado metodológicamente. Podemos confiar en las declaraciones de los sujetos de investigación, pero es algo que no podemos comprobar.

Comencemos por las evidencias científicas de los efectos del sedentarismo sobre la salud en general. El sedentarismo tiene efectos nocivos fundamentalmente sobre el metabolismo, generando una mayor incidencia de resistencia a la insulina, ocasionando diabetes de tipo 2, además de disfunción vascular, reducción de la aptitud física cardiorrespiratoria, pérdida de masa y fuerza muscular, pérdida de masa ósea y aumento de grasa corporal, así como de los lípidos sanguíneos e inflamación generalizada (para una revisión general reciente de sus efectos, véase, por ejemplo, Pinto *et al.*[47]). En consecuencia, todo ello provoca un aumento de lo que en el ámbito clínico se conoce expresivamente como «probabilidad de muerte por cualquier causa». La probabilidad de muerte por cualquier causa consiste en el cálculo del número total de muertes por cualquier causa en un grupo específico de personas durante un período de tiempo específico. Se usa como un marcador de salud o de enfermedad (lo que los expertos conocen como *end-point*) de la población, y es relevante por cuanto es fundamental ponerse de acuerdo antes de llevar a cabo un ensayo clínico de, pongamos por caso, un fármaco contra una enfermedad, sobre qué variable se va a basar la evaluación del fármaco, para saber si es útil contra esa dolencia. Por ejemplo, se puede estudiar si remite algún marcador en un análisis de sangre, o se puede analizar si mejoran algunos parámetros cognitivos (si se trata de una enfermedad neurodegenerativa) o, simplemente, si la enfermedad produce menos fallecimientos en un período dado. Todos estos parámetros (incluido este último, que es el *all-cause mortality*) son marcadores de progresión (*end-points*) de la enfermedad o de la salud. Esta manera de medir la salud o falta de ella de una población es útil cuando se compara con el cálculo del número de muertes por una causa específica (probabilidad de muerte por causas específicas o *cause-specific mortality*). Así, se puede evaluar si una situación dada en una comunidad o un país está afectando directa o indirectamente a la salud, como, por ejemplo, cuando en todo el planeta se evaluó, durante la pandemia de COVID-19, esta incidencia comparando la probabilidad de muerte por cualquier causa con la probabilidad de muerte por causa respiratoria, o circulatoria, o neumonía, para analizar qué estaba pasando con lo que se conoce como *exceso de mortalidad*, que es el número de muertes en un lugar concreto en un período específico que está por encima de lo que se espera normalmente en ese sitio, en el mismo período, según años anteriores. En nuestro caso, la probabilidad de muerte por cualquier causa informa de la salud general de la población debida a su sedentarismo. Ahora, una vez descrito el marco conceptual, lo completaremos haciéndonos eco de algo que numerosos medios no cesan de recalcar: nos encontramos ante una epidemia de sedentarismo de dimensiones colosales[48]. No importa que haya una corriente de moda actualmente en el primer mundo que impele a hordas ingentes de ciudadanos a practicar *running* y participar en maratones. Siguen siendo, lamentablemente, una pequeña proporción de la población[49]. Por cierto, expondré en el capítulo correspondiente un enfoque sobre lo que la ciencia tiene que decir acerca de los maratones y el ejercicio exagerado.

Sedentarismo y cerebro

A continuación, nos centraremos en el cerebro. La idea de que el sedentarismo deteriora la capacidad cognitiva se ha observado en numerosos paradigmas experimentales en todas sus variedades y en muchos aspectos distintos de la cognición (lo que los expertos llaman las diferentes «dimensiones» de la neurocognición). Así, por ejemplo, un metaanálisis reveló que la mayoría de los estudios analizados mostraba que la conducta sedentaria afecta negativamente a la puntuación obtenida en varios test usados normalmente para valorar nuestra capacidad cognitiva (en pocas palabras, que el sedentarismo perjudicaba nuestra cognición)[50]. Concretamente, el test de Delis-Kaplan, el test Mini-Mental, el diagnóstico de demencia por cualquier causa, la batería Cogstate y el test de retención visual Benton, por citar solo algunos ejemplos. Sin entrar en demasiados detalles, el test de Delis-Kaplan valora nueve aspectos cognitivos: entre otros subtest[51], la flexibilidad de pensamiento, la fluidez verbal, la capacidad de resolución de problemas, la capacidad para formar conceptos, el razonamiento deductivo, el control de los impulsos y el pensamiento espacial. El test Mini-Mental es muy común y ampliamente utilizado para detectar en la práctica clínica diaria indicios de deterioro cognitivo asociados con la edad o con problemas neurológicos; valora la orientación espaciotemporal, la atención y la memoria, el cálculo y la capacidad para el lenguaje y para entender instrucciones sencillas[52]. La batería Cogstate se compone de cuatro subtest que analizan la atención visual y la memoria de trabajo (la que usamos para retener información en el cerebro justo después de aprenderla, pero solo por unos instantes, como sucede cuando alguien nos da verbalmente una dirección postal y corremos a apuntarla en un papel antes de que se nos olvide)[53], y el test de retención visual Benton analiza la percepción y la memoria visual[54].

Sin embargo, algunos importantes metaanálisis recientemente publicados no encontraban esa relación directa entre sedentarismo y problemas cognitivos[55] (por ejemplo, algunos trabajos reportaban que el tiempo que los sujetos pasaban sentados no afectaba al volumen de su hipocampo —la región del cerebro implicada en el aprendizaje y la memoria, la ansiedad y la depresión—). La explicación de estas discrepancias se halla en los más recientes metaanálisis de metaanálisis, en los que se detectan los porqués de estas diferencias[56]. A saber: todos estos estudios analizaban la cognición enfocándose en variables diferentes entre ellos, y el diseño experimental también era diferente. Es decir, medían cosas distintas y, muy probablemente por eso, generaban resultados opuestos. Si le añadimos que los análisis estadísticos no eran comparables, comprendemos ahora el motivo de esta controversia. Con todo, la conclusión más relevante para nosotros de estos meta-metaanálisis es que en lo que más se diferenciaban unos trabajos de otros era en qué hacían los sujetos exactamente mientras estaban «sedentarios». Y esta diferencia tiene importantes consecuencias para nuestro día a día. En concreto, aquellos estudios que mostraban que el sedentarismo no afectaba al cerebro se basaban en sujetos que estaban tumbados o reclinados en el sofá llevando a cabo actividades pasivas, pero cognitivamente estimulantes, como leer o usar el ordenador portátil. En cambio, los que estaban sentados o reclinados viendo la televisión (no una película, sino la programación corriente) mostraban un aumento de la demencia por cualquier causa y una disminución del volumen cerebral. Incluso, uno de estos estudios detectó que estar sentado podía disminuir (sí, disminuir) el riesgo de desarrollar demencia en aquellos sujetos que pasaban muchísimo tiempo leyendo[57] (en estos casos, nunca se trataba de lecturas relacionadas con el trabajo). En este punto, resulta interesante detenerse en una serie de estudios llevados a cabo en Estados Unidos con las monjas de varios monasterios de las Hermanas de Notre Dame. En estos trabajos, desarrollados a finales de los ochenta y durante los años noventa del siglo XX, los investigadores analizaron la capacidad cognitiva de 678 monjas con muy diversas condiciones físicas y mentales, y querían demostrar si su nivel de estudios había influido en su capacidad cognitiva[58]. Para ello, analizaron sus cerebros, donados a la ciencia a la muerte de estas voluntarias, evaluando sus características neurológicas. Lo que encontraron es que algunas monjas presentaban una discrepancia evidente entre el estado físico de sus cerebros y su capacidad cognitiva en vida. Concretamente, las que mostraron mayor capacidad cognitiva tenían, en algunos casos, incipientes muestras de atrofia cerebral o, incluso, biomarcadores *post mortem* de enfermedad de Alzheimer, y correspondían con las monjas que tenían un nivel de formación más alto y que, por tanto, se habían dedicado toda su vida al estudio y a tareas más intelectuales, comparadas con las de un nivel de formación menor, que se habían dedicado a trabajos menos especializados. Tal es el poder de mantener una mente activa. Este es el primero de algunos aspectos de la evidencia científica que tienen enorme trascendencia práctica para todos nosotros y en los que vamos a ahondar a lo largo del libro.

LO QUE HACE NUESTRO CEREBRO MIENTRAS ESTAMOS SENTADOS

La evidencia científica citada muestra que existen, al menos, dos tipos importantes de conducta sedentaria: la cognitivamente activa y la cognitivamente pasiva[59]. Esto es muy importante, porque se aplica aquí a rajatabla uno de los pilares de este libro: la diferencia entre el cerebro y el resto del organismo en cuanto al análisis de los efectos de la actividad física. A saber, los efectos del sedentarismo sobre la salud general dependen, como hemos indicado antes, de problemas metabólicos y fisiológicos en músculo, hígado, corazón, etc., independientemente de lo que esté haciendo el cerebro en ese momento. Por el contrario, a nivel cerebral, los efectos del sedentarismo pueden depender de qué esté haciendo el cerebro mientras estamos sentados, reclinados o tumbados en el sofá. La primera sugerencia de esta dicotomía es obra de investigadores suecos y australianos que en 2020 observaron que ver la televisión (sentados, naturalmente) aumentaba la incidencia de la depresión, mientras que leer un libro (también sentados) hacía que disminuyera. Recordemos que, hasta donde sabemos, el ser humano es el único animal capaz de un funcionamiento cerebral muy activo mientras no realiza movimiento (en la naturaleza, la actividad cerebral de los animales está directamente correlacionada con la cantidad de movimiento que desarrollan). Los autores opinan que la diferencia puede estribar (deberán hacerse más experimentos para asegurarlo) en el distinto modo de activación del cerebro mientras el sujeto ve la televisión (programación regular) o lee un libro (ensayo o ficción, no relacionado con el trabajo), y parece ser que ver la televisión es demoledor comparado con la lectura de un libro para la existencia de lo que en psiquiatría se conoce como las rumiaciones negativas[60]. La actividad física, al igual que la lectura, favorece la distracción de los sucesos estresantes de la vida (causa de un buen número de las depresiones del primer mundo) y de esa manera reduce las rumiaciones negativas, origen del círculo vicioso de las así llamadas cogniciones maladaptativas que empeoran la sintomatología depresiva[61]. La primera conclusión de estos datos es que, mientras que el sedentarismo es malo *per se* para el organismo, solo el sedentarismo pasivo cognitivamente es malo para el cerebro. Todavía hay más buenas noticias: sacaremos provecho de un cerebro cognitivamente activo también cuando hablemos de ejercicio (el ejercicio cognitivamente pasivo *versus* activo se verá en el próximo capítulo). La segunda conclusión es que lo importante para nuestro cerebro es estar activo, independientemente de que esté «sedentario» o, como veremos en el capítulo 5, ejercitándose. Por último, todo ello resalta la idea de que el sedentarismo no es únicamente no hacer actividad física. Y de esto se puede sacar mucho provecho, por ejemplo, para los jóvenes, como vemos a continuación.

¿A qué grupo de edad afecta principalmente la conducta sedentaria? La evidencia nos muestra que afecta tanto a niños y adolescentes como a los adultos, y también a las personas de edad avanzada. Sobre este punto se publican muchos artículos que muestran estos efectos negativos, si bien otros no encuentran tales evidencias. Mientras que los metaanálisis, así como los meta-metaanálisis, sigan indicando cuáles son las razones de estas discrepancias, tal como las hemos descrito hasta ahora (básicamente, que hay variables como el tipo de sedentarismo, el tipo de actividad física o, sin ir más lejos, la cantidad de sueño que los sujetos experimentan que explican la divergencia de resultados entre artículos científicos[62]), en este libro seguiremos considerando prevalente la mayoría de trabajos que indican que el sedentarismo tiene efectos perjudiciales para el cerebro. Las investigaciones citadas hasta ahora se han concentrado en adultos y personas de edad avanzada, pero merece la pena conocer lo que se ha averiguado recientemente sobre los adolescentes. En concreto, en los jóvenes se ha reportado que la conducta sedentaria está negativamente relacionada con la capacidad cognitiva (atención y capacidad de aprendizaje). Además, la conectividad entre distintas áreas cerebrales disminuye por la conducta sedentaria asociada con el uso de *smartphones*, tabletas y televisión, mientras que aumenta con la conducta sedentaria asociada a la lectura[63]. Por si no queda suficientemente claro, menciono aquí uno de los más terribles resultados en este ámbito, un estudio hecho por investigadores españoles, americanos y escandinavos en 2023 que muestra cómo la conducta sedentaria (de nuevo, viendo la televisión) disminuía la materia gris del cerebro y el volumen del hipocampo, del tálamo y del núcleo *accumbens*[64]. La consecuencia de estos cambios sobre el cerebro es clara: se ha relacionado con el rendimiento académico, de tal forma que la conducta sedentaria asociada a ver la televisión o jugar con videojuegos se vincula negativamente con las puntuaciones en lengua y matemáticas, siendo las mayores las obtenidas por los que pasan menos tiempo viendo la televisión (a igual número de horas de estudio de dichas materias). Pero es que la diferencia entre los dos tipos de sedentarismo llega aún más lejos: los adolescentes que emplean su tiempo libre en conductas sedentarias enfocadas en actividades educativas (ya sea hacer los deberes o leer libros por pura diversión) muestran mejor rendimiento académico que los que lo emplean en conductas sedentarias de otro tipo (con pantallas, ya sea ver la televisión, jugar a videojuegos o navegar por internet sin un propósito específico). Para decirlo más claro: la conducta sedentaria cognitivamente activa en adolescentes no solo es «menos mala», ¡es que es positiva! (considerando, naturalmente, que no pueden estar todo el día moviéndose y parte de su tiempo transcurrirá estando sentados). La diferencia es qué hace nuestro cerebro en ese tiempo. Y aún hay más buenas noticias: estos resultados se han observado tanto en estudios transversales (con grupos de adolescentes distintos, cada uno con un tipo de conducta sedentaria diferente) como en estudios longitudinales (con los mismos adolescentes, que primero desarrollan una conducta sedentaria y luego cambian al otro tipo de conducta). Es importante porque significa que una persona puede cambiar de conducta sedentaria (de cognitivamente pasiva a activa) y obtendrá beneficios para su cerebro en poco tiempo[65], sin necesidad de llevar un largo período desarrollando la conducta cognitivamente activa.

En este punto, un concepto aparece en nuestra cabeza a la hora de comprender perfectamente este binomio sedentarismo-actividad física. ¿Acaso la actividad física y la conducta sedentaria no son factores interrelacionados de nuestra salud y nuestra biología? ¿No son complementarios? Es decir, ¿todo lo que no es actividad física es sedentarismo? Si nuestro uso diario del tiempo se ocupa mayoritariamente con conductas sedentarias, emplearemos menos tiempo con actividad física y viceversa, ¿verdad? Pues sí, pero eso no se relaciona con el efecto que dichas proporciones estén causando en nuestro cerebro. Ese es el propósito fundamental de este capítulo, ilustrar que el efecto de la conducta sedentaria y de la actividad física no son equiparables a un simple «reparto» del tiempo. Se comprenderá mejor cuando lo completemos con el siguiente capítulo, sobre el ejercicio físico. De momento, baste con poner de manifiesto que ni hay un solo tipo de sedentarismo ni hay un solo tipo de actividad física. La neurociencia de las conductas de movimiento ya ha acumulado en los últimos años suficiente evidencia como para que se hable no solo de sedentarismo, sino del tipo de sedentarismo, su duración, su frecuencia y hasta del rango horario en que tiene lugar. Dos de estos estudios resultan especialmente demostrativos. Ambos revelaron que la conducta sedentaria se relacionaba con un aumento de la probabilidad de muerte por cualquier causa y con un aumento de la incidencia de demencia de cualquier tipo, independientemente de cuánta actividad física realizaban los sujetos[66]. En estos estudios, aunque algunos de los sujetos llevaban a cabo actividad física, el tiempo y el tipo de conducta sedentaria de su día a día también influía directamente en su salud. Puede resultar paradójico, ya que podría pensarse que, mientras el sujeto hace actividad física, durante ese tiempo no está sedentario y, por lo tanto, disminuye el tiempo total de sedentarismo. Pero, por el contrario, las investigaciones revelaron que tanto el tiempo como el tipo de sedentarismo contribuyeron a empeorar (o mejorar) la salud. Por otro lado, si además desarrollamos más o menos actividad física, esto también contribuirá, por supuesto, a nuestra salud. En definitiva, actividad física y conducta sedentaria son conductas sumatorias, no complementarias, en cuanto a sus efectos sobre el cerebro. Hacer ejercicio cierto tiempo al día no nos libra de sufrir las consecuencias de pasar cierto tiempo sentado o tumbado al día, sino que los efectos se suman o se restan.

Aquí hay que hacer un alto para tomar en consideración que un gran número de personas (especialmente la población no envejecida) no puede gestionar libremente el tiempo que pasa sentado, y así transcurre buena parte de su tiempo diario (bien estudiando, bien trabajando en una oficina). ¿Cómo podemos minimizar el impacto negativo de este tiempo sobre nuestro cerebro? La primera de las estrategias ha quedado clara en este capítulo: sustituir todo el tiempo que podamos de conducta sedentaria cognitivamente pasiva por tiempo de sedentarismo cognitivamente activo (leyendo, por ejemplo). Pero ¿qué hacer con el tiempo de trabajo? La segunda estrategia son los *snacks* de ejercicio[67], es decir, períodos cortos de ejercicio vigoroso realizados cada cierto tiempo durante todo el día. Estos *snacks* se describen en la literatura científica como muy eficaces para producir beneficios vasculares y metabólicos, y mejorar la aptitud física cardiorrespiratoria y los índices de salud metabólica en adultos que previamente eran totalmente sedentarios durante horas. En pocas palabras, consisten en la interrupción del tiempo sedentario mediante períodos agudos de actividad física[68]. Sus beneficios se producen de manera muy explícita en población envejecida[69], e interrumpir los períodos prolongados de estar sentados ya produce mejora de las funciones cognitivas[70]. El protocolo original, que data de 2014 y establecieron investigadores de Nueva Zelanda, consistía en una sesión de ejercicio de once minutos (seis episodios de un minuto con períodos intermedios de recuperación de otro minuto) precedida de un calentamiento de cinco minutos y un enfriamiento de tres minutos, realizada tres veces durante el día antes de las comidas[71]. Pero, desde entonces, el protocolo científicamente demostrado como eficaz ha evolucionado, y actualmente hay consenso sobre que ya produce beneficios para el metabolismo de la insulina en la siguiente forma: breves episodios de subir escaleras durante unos cuatro minutos una vez cada hora[72] (sí, solo eso, subir escaleras, pero recuerden que lo importante no es tanto el incremento asociado en la frecuencia cardiaca, sino, sobre todo, la interrupción del período de estar sentados continuadamente). Puede sorprender que algo tan eficaz sea tan elemental (y, ciertamente, es un protocolo tan reciente que aún necesita que muchos ojos evalúen los resultados, así como de meta-metaanálisis para corroborarlo), pero lo cierto es que ni siquiera es tan fácil de implementar como podría pensarse. Consideremos que en un mundo hiperestresado como el que se vive en muchos ámbitos de oficina del primer mundo, en el que muchos trabajadores declaran que está mal visto ir al servicio varias veces en una jornada, la sola idea de interrumpir el ritmo de trabajo una vez cada hora para subir y bajar escaleras durante cuatro minutos es algo impensable.

En cuanto a los mecanismos neurobiológicos que intervienen en estos efectos de la conducta sedentaria en nuestra salud física y cerebral, lamentablemente no hay aún suficientes trabajos científicos para establecer un razonable consenso de cómo tienen lugar[73]. Pero no dejaré pasar la oportunidad de mencionar aquí que nuestra sociedad necesita replantearse la relación con el trabajo. Lo que hace años se entendía como una relación «trabajo = actividad», mientras que «ocio = descanso + diversión», se está convirtiendo de manera acuciante en una relación «trabajo = sedentarismo + estrés», mientras que «ocio = actividad» (pero también estrés, por el deseo de hacerlo todo y hacerlo ya). Hemos dado la vuelta a la situación y además la hemos salpimentado con el aderezo permanente del estrés en toda nuestra vida. Trabajamos sentados (e hiperestresados), dedicamos nuestro tiempo libre a realizar actividad física, sí (como viajes continuos por todo el mundo), pero igualmente estresados (por una hiperestimulación debida a querer hacer demasiadas cosas en nuestro escaso tiempo libre), y hemos incorporado (algunos) las rutinas de ejercicio físico como parte de nuestra vida de manera agobiante y forzosa (estresante), sin reducir ni un minuto las largas jornadas de permanecer sentados (que, como acabamos de ver, contribuyen de manera negativa a nuestra salud mental). La sociedad actual tal como está diseñada nos aboca a la mala salud mental porque nuestra sociedad actual es estresogénica. Y la moda de hacer ejercicio sin medida contribuye, directamente, a empeorarla (o, cuando menos, no ayuda a mejorarla), como veremos en el siguiente capítulo.

CAPÍTULO 5

REGRESO AL MOVIMIENTO: REDESCUBRIENDO LA ESENCIA DEL EJERCICIO

«Un cerebro activo es un cerebro sano.»

LAWRENCE C. KATZ, 1998[74]

Lord Byron, ilustre poeta británico de finales del siglo XVIII y principios del XIX, gustaba de practicar ejercicio físico y cuantos deportes estaban a su alcance. Llegó, incluso, a realizar la proeza de cruzar el río Tajo de la orilla sur a la norte a la altura de Belém (Portugal), a contracorriente y con mal tiempo, así como todo el Gran Canal de Venecia en cuatro horas y cuarto. Además de estas hazañas como nadador, practicó boxeo, esgrima, equitación y gustaba de las caminatas (aunque prefirió siempre los paseos a caballo)[75]. Abundan en la historia los intelectuales con aficiones deportivas y atléticas, dedicación muy habitual en todas las épocas. Lo que no es tan frecuente es que ellos mismos hayan reconocido el papel que en su vida representaron esas prácticas. Uno de ellos fue Edgar Allan Poe, gran escritor y con reconocido gusto por el ejercicio físico. Precisamente, Poe intentó emular a Byron y cruzar a contracorriente el río James en Richmond[76], una de tantas gestas atléticas entre las que, de nuevo, se encontraba el boxeo (que practicó de joven a menudo y no solo como deporte). Poe nos dejó un testimonio (ficcionado en el personaje de Ellison, protagonista de una de sus obras[77]) en *El dominio de Arnheim* en 1847. En este texto, Poe pone en boca de Ellison lo que llama «principios elementales» o «condiciones para la felicidad», el primero de los cuales es «el simple y puramente físico (principio) del ejercicio libre al aire libre». No nos cabe duda de que el ejercicio contribuye a la felicidad. Es el momento de penetrar en el conocimiento que brinda la neurociencia sobre el ejercicio físico.

Efectos del ejercicio en el cerebro

La lista de efectos del ejercicio físico sobre el cerebro es tan enorme que muchas otras intervenciones (fármacos, terapias o tratamientos de cualquier tipo) palidecen a su lado. ¿Cómo es esto posible? ¿Cuáles son las razones biológicas para ello? El ejercicio físico está involucrado en tantos mecanismos celulares y moleculares que impone respeto a cualquiera que pretenda enumerarlos. Tiene efectos sobre la producción de factores neurotróficos (péptidos gracias a los que las células neurales sobreviven, especialmente el IGF-1 —*insulin-like growth factor* 1, o factor de crecimiento similar a la insulina—, así como el BDNF —*brain-derived neurotrophic factor*, o factor neurotrófico derivado del cerebro—), la producción de neurotransmisores y hormonas (como, por ejemplo, las hormonas esteroideas); tiene influencia sobre la supervivencia neuronal y sobre la neuroplasticidad; incrementa la neurogénesis (la formación de nuevas neuronas durante la vida adulta), la angiogénesis (la formación de nuevos vasos sanguíneos cerebrales) y la autofagia (capacidad de las células para eliminar o reciclar los residuos intracelulares); mejora la memoria, incide sobre el sueño y modula el estado de ánimo; tiene efectos sobre la irrigación y la función vascular del cerebro; reduce el estrés, la neuroinflamación y la resistencia a la insulina; tiene potentes efectos antidepresivos y ansiolíticos, e influye tanto sobre el sistema nervioso central como sobre el sistema nervioso autónomo y el parasimpático. El ejercicio físico tiene, en suma, efectos positivos sobre el funcionamiento completo del cerebro, en general, y sobre la salud mental, en particular. Todos estos beneficios han sido reportados por miles de trabajos científicos en las últimas décadas. Solo en lo que va de siglo XXI hay ya más de 9000 artículos sobre *physical activity* (actividad física) y *brain* (cerebro)[78], y en los últimos veinte años se han publicado 1300 trabajos sobre actividad física o sedentarismo y función cognitiva en relación con el envejecimiento[79], que han aportado datos tanto de animales de laboratorio como de seres humanos. En este capítulo haremos un repaso de los aspectos más sobresalientes de este increíble agente del estilo de vida y analizaremos en profundidad lo que la ciencia sabe al respecto.

Ya en el segundo cuarto del siglo XX empezaron a publicarse resultados que indicaban que los atletas y las personas de más edad poseían tiempos de reacción distintos a los de los adultos sedentarios de mediana edad. Los atletas mostraban tiempos de reacción más rápidos, mientras que los mayores sedentarios eran más lentos[80]. Sin embargo, otros estudios de la misma época no encontraban una relación significativa entre la práctica deportiva y el funcionamiento de estas características cerebrales[81]. Después de casi un siglo de investigación, se han acumulado tantos artículos científicos sobre este campo que ya existen metaanálisis. Así, por ejemplo, uno de ellos ha analizado artículos recientes sobre el impacto del ejercicio en el tiempo de reacción, la atención y la velocidad de procesamiento cerebral. Se analizaron 23 trabajos y el resultado fue que 12 publicaciones estudiaban el ejercicio aeróbico, de las cuales 10 demostraban que el ejercicio es efectivo en alguno de los dominios cognitivos mencionados (dos de ellos, por lo tanto, no). También hallaron que otros tres estudios distintos se centraron en ejercicio de resistencia y los tres mostraban su eficacia en mejorar la cognición; finalmente, un estudio testó la eficacia del yoga y reportó que no mostraba ninguna mejora. No se analizaron artículos que investigaran ejercicio de equilibrio o de estiramientos[82]. Esto significa que, un siglo después de los primeros trabajos, existe bastante consenso sobre las bondades del ejercicio en estos parámetros cerebrales, aun cuando algún que otro trabajo todavía reporta no encontrar dichos beneficios. Este es un patrón que se repite constantemente en ciencia. Del mismo modo que sucedía con el sedentarismo en el capítulo anterior, los metaanálisis y meta-metaanálisis ofrecen un panorama muy claro en todos los casos de discrepancias entre trabajos científicos sobre los efectos del ejercicio y el cerebro. Siempre hay algunos (minoritarios en comparación) que no encuentran diferencias en alguna intervención (en este caso, en el efecto del ejercicio sobre el cerebro y la cognición). Las discrepancias se deben fundamentalmente a cuatro factores: no se analizan los mismos parámetros y variables entre unos estudios y otros, por lo que no se puede decir exactamente que tengan resultados contrarios; algunos de ellos muestran deficiencias en el análisis estadístico, por lo que sus resultados no son concluyentes; existe gran disparidad en la composición de los grupos experimentales u observacionales, tanto entre los sujetos sedentarios (como vimos en el capítulo anterior) como respecto al ejercicio que hacen los sujetos que lo practican (cantidad, intensidad, duración, frecuencia y tipo de ejercicio); y, por último, la inmensa mayoría de los trabajos se centran en la población envejecida o en la infancia y la adolescencia, pero no en los adultos (probablemente por la creencia de que el pico de salud cognitiva de la edad adulta da poco margen de mejora por cualquier motivo, por lo que hay comparativamente muy pocos trabajos con este grupo de edad, lo que incrementa la probabilidad de encontrar resultados muy diferentes en ellos[83]. Por todo esto, el conjunto de las investigaciones no ofrece un cuerpo de evidencia homogéneo que permita afirmar (a los meta- y meta-metaanálisis) que esta es concluyente. Pero sí se puede afirmar que, puesto que podemos rastrear cuáles son las deficiencias, los estudios muestran con abrumadora mayoría cuáles son los beneficios del ejercicio para el cerebro. En adelante, nos vamos a centrar en las evidencias mayoritarias, y solo en algunas ocasiones mencionaré aquellos trabajos que aporten información relevante en contra de estas acciones.

Hay una evidente relación entre el entrenamiento físico y los cambios en el cerebro que conducen a mejorías en la capacidad cognitiva. La actividad física produce beneficios cognitivos en el ser humano a cualquier edad, tras solo unas pocas semanas de entrenamiento, y ocurre tanto en sujetos sanos (previamente sedentarios) como en personas con deterioro cognitivo (por enfermedades neurodegenerativas o neurológicas). Concretamente, el rendimiento cognitivo mejora en diversas dimensiones analizadas, como la percepción, el coeficiente de inteligencia, el lenguaje, las habilidades matemáticas y la memoria, y lo hace a todas las edades observadas[84]. Algunos trabajos no hallan pruebas de esta mejora, pero son muy pocos (y, desde luego, ninguno encuentra que se produzcan efectos negativos sobre la cognición). Esta relación positiva es especialmente manifiesta entre la población envejecida; el elevado número de trabajos que se centran en este grupo ofrece numerosos casos en los que el diseño experimental es impecable (y, por tanto, la evidencia obtenida es muy fiable). Pero lo más importante es que, al haber muchos trabajos sobre este rango de edad, pueden encontrarse frecuentes test controlados al azar. Estos (conocidos como *randomized control trials*) son el paradigma de los test científicos llevados a cabo con los mejores estándares de calidad, y consisten en tomar una población concreta de personas esencialmente idénticas en cuanto a un parámetro (por ejemplo, son todas sedentarias) y dividirla al azar en dos grupos, uno el grupo de ejercicio y otro el grupo de «lista de espera»[85]. Todos los participantes son examinados mediante los mismos tests y se procura, además, que sean un grupo muy numeroso y de distintos orígenes: cuantos más participantes y de orígenes más variados, mejor. En uno de estos estudios se ha reportado, por ejemplo, una mejoría en las tareas de discriminación visual y auditiva del grupo de ejercicio comparado con el grupo control (lista de espera) en solo diez semanas de un programa de entrenamiento de ejercicio aeróbico[86]. La inmensa mayoría de los metaanálisis que examinan todos estos trabajos encuentran que la actividad física tiene efecto positivo sobre la cognición[87] y concluyen que existe una relación directa entre el entrenamiento con actividad física y la mejoría cognitiva, especialmente en los procesos de memoria de trabajo, multitarea, planificación, programación y resolución de problemas (todas ellas tareas enmarcadas dentro de la dimensión cognitiva conocida como *procesos de control ejecutivo*, especialmente relevantes al verse muy afectados durante el envejecimiento normal y patológico, y que lleva a cabo un circuito cerebral llamado *red ejecutiva central*). Todo ello se encuentra como efecto del ejercicio al observar a los sujetos desde fuera, pero ¿qué sucede dentro del cerebro para que se produzcan estos cambios?

Los efectos del ejercicio dentro del cerebro se han analizado mediante electroencefalogramas y resonancia magnética funcional. Los electroencefalogramas miden la actividad de regiones concretas de todo el cerebro, gracias a que las células neurales funcionan utilizando, entre otras formas de comunicación entre ellas, impulsos eléctricos. Miles de células neurales empleando impulsos eléctricos al mismo tiempo generan un pulso eléctrico sincronizado que puede tener diferentes frecuencias y que puede ser detectado fuera del cráneo mediante sensores pegados al cuero cabelludo. El electroencefalograma mide esos pulsos sincronizados, que conocemos como *ondas cerebrales*[88]. Existen cinco tipos de ondas cerebrales, denominadas con letras griegas: delta, *theta*, alfa, beta y gamma (en orden creciente de frecuencia). Las ondas cerebrales se asocian con actividades concretas del cerebro y su alteración se relaciona con determinados problemas cerebrales[89]. Lo interesante es que, en la mayoría de las situaciones de la vida en que el cerebro está procesando activamente información, estas ondas se superponen y se sincronizan en mayor o menor grado (especialmente las ondas *theta* y gamma). Por ejemplo, cuando el cerebro está contrastando una información nueva con la información almacenada en la memoria, los ritmos se sincronizan y se integran, mientras que, cuando se está aprendiendo, las ondas van en paralelo, independientes y sin interferir entre ellas[90]. Así, se piensa que las ondas cerebrales pueden reflejar fidedignamente la eficacia con que funciona el cerebro. Pues bien, se ha observado que los individuos que hacen ejercicio tienen mayor activación de algunas de las ondas durante el estado basal (sin realizar actividad cerebral intensa) y eso puede ser un reflejo de diferencias en la capacidad cognitiva. Más aún, cuando el cerebro está realizando procesos cognitivos específicos y que demandan una alta capacidad de procesamiento de información, se generan unas ondas especiales que resultan útiles para medir la capacidad cognitiva del individuo. Una de esas ondas, llamada P300, presenta mayor amplitud y menor latencia en sujetos que se han ejercitado, lo que se interpreta como señal de una mejor capacidad de atención y procesamiento cognitivo.

En cuanto a la resonancia magnética funcional, esta detecta las áreas cerebrales más o menos activas midiendo cuánto flujo sanguíneo hay en ellas. Cuando una región del cerebro se activa, aumenta en ella de manera inmediata el aporte sanguíneo en respuesta a la demanda energética de las células nerviosas, y la cantidad de sangre en esa región puede medirse por la cantidad de hemoglobina oxigenada. Esto sucede gracias a las propiedades que presenta la hemoglobina en respuesta al campo magnético que se forma dentro del aparato de resonancia, que tiene un potente imán. Por lo tanto, mientras que el electroencefalograma medía la actividad del cerebro, la resonancia magnética mide las zonas cerebrales cuya irrigación sanguínea está cambiando (lo que refleja que están más o menos activas) y se usa, también, para determinar diferencias en el tamaño y volumen de ciertas regiones cerebrales. Con este método, se ha observado que los sujetos con mayor nivel de aptitud física (*fitness*) tienen más volumen de corteza prefrontal y temporal (implicadas en procesos cognitivos complejos), y tienen más activo el giro frontal y la corteza parietal superior (implicados en tareas de atención selectiva). Asimismo, presentan mayor volumen de flujo cerebral en el giro dentado del hipocampo, donde, como veremos en el capítulo 7, se producen en mayor número nuevas neuronas en respuesta al ejercicio, que pueden ser las responsables de la mayor capacidad de aprendizaje y memoria, entre otros cambios.

Un metaanálisis reciente ha analizado numerosos estudios de imagen cerebral y ejercicio, y ha intentado establecer cuál es el correlato neuroanatómico de los cambios en conducta y cognición de los sujetos que se ejercitan comparados con los sedentarios[91]. Es decir, en qué parte del cerebro se detectan los cambios que suceden en paralelo con los cambios cognitivos. Naturalmente, hay diferencias entre unos estudios y otros, y se encuentran activadas muchas regiones cerebrales por el ejercicio, pero todos coinciden en una región del cerebro muy particular: se trata de un circuito que incluye el precúneo bilateral. El precúneo es una región que conecta el lóbulo frontal y el parietal, actuando como un nodo fundamental para las funciones visuoespaciales y la recuperación de la memoria, entre otras funciones. Además, juega un importante papel en la mencionada red ejecutiva central. De esta manera, se convierte en una zona del cerebro crucial para la integración de información en tareas cognitivas complejas. La activación del precúneo por el ejercicio como elemento central de sus efectos procognitivos puede parecer un análisis simplista, ya que el ejercicio actúa por todas las regiones del cerebro, pero es muy relevante que su involucración en las mejoras cognitivas detectadas en la mayoría de estudios analizados por el metaanálisis haya sido tan significativa.

Todos estos cambios descritos dentro del cerebro adolecen de ser observables solo de una manera superficial en seres humanos, mediante el electroencefalograma o la resonancia magnética. No podemos mirar el tejido cerebral humano directamente para ver lo que pasa en la parte más íntima del cerebro. Pero sí podemos hacerlo en modelos animales de laboratorio, aunque antes debemos saber si los cambios de conducta inducidos por el ejercicio en los seres humanos también tienen lugar en animales.

Animales de laboratorio

En los animales de laboratorio, se ha demostrado en las últimas décadas que el ejercicio físico, comparado con el sedentarismo, es procognitivo (incrementa la capacidad de aprendizaje y memoria), es ansiolítico (disminuye la ansiedad) y antidepresivo. Y, además, produce un retraso en la aparición de los síntomas neurodegenerativos en animales modelos de enfermedad de Alzheimer y disminuye esta sintomatología, lo que en neurociencia se conoce como neuroprotección[92]. ¿Por qué el movimiento tiene ese impacto tan manifiesto en el cerebro en todas las especies? Todo empieza con una relación biológica muy estrecha entre movimiento y procesamiento cerebral de información. Los animales —muy especialmente, aves y mamíferos— manifiestan una relación patente entre la cantidad de actividad física que llevan a cabo y la actividad cerebral asociada a ella. Esto obedece a que las necesidades vitales de los animales, que se enmarcan en la supervivencia de la especie (comida, bebida, cobijo, relación social, sexo...), se satisfacen casi invariablemente a través de movimiento físico: desplazamiento para la búsqueda de presa o frutos comestibles, para la búsqueda de agua, para cazar a la presa o para huir del depredador, para buscar y acomodar un refugio donde pasar las horas de descanso, hibernar, parir y criar a las crías; movimientos destinados a marcar el territorio, determinar la jerarquía de dominancia social —en ocasiones con movimientos muy vigorosos y peleas— y buscar pareja sexual y reproducirse. De todo ello se deriva que la energía del individuo se emplea no solo en las actividades celulares elementales que le mantienen con vida (y que son comunes a cualquier otro ser vivo, aunque no se mueva, como sucede con los animales sésiles o las plantas), sino también en todas las demás funciones mencionadas y que no están al alcance de la mano. En una frase, cuanto más hay que moverse para sobrevivir, más energía se consume y, en paralelo, más actividad cerebral se desarrolla, por lo que se produce aún más consumo de energía (ya que el cerebro activo consume cantidades ingentes de energía). Y, por lo tanto, los animales acomodan su movimiento a la disponibilidad de alimento, aunque la relación entre ambas variables es tan peculiar que merece la pena describirla en detalle antes de continuar.

Se podría suponer que, cuanto más escasean todos esos elementos de supervivencia[93] o su demanda aumenta por una población de congéneres (o de presas o depredadores) que no para de crecer[94], más tiene que desplazarse el sujeto para conseguirlos. Pero, como suele suceder en biología, las cosas no son tan sencillas. Hace casi medio siglo que conocemos[95] la relación entre el rango de movimiento de una especie (H del inglés *home-range*), sus requerimientos energéticos (R) y la productividad de su entorno (P). Esa relación es $H = R/P$. Así que, lógicamente, cuanto mayor requerimiento energético R tiene un animal (necesita más alimento), más se mueve (H) para conseguirlo. Y, cuanto menor es la productividad P de su entorno, también se mueve más (para encontrar dicho alimento). Por ejemplo, entre el verano y el invierno la productividad baja, luego el rango de movimiento deberá incrementarse. Sin embargo, las especies reaccionan de manera muy diferente a estos cambios estacionales, pero lo importante es que, en todo caso, cambian su respuesta de una estación a otra, o sea, ajustan lo que se mueven en función de la disponibilidad de alimento entre estaciones, aunque no necesariamente como nos imaginamos. Así, por ejemplo, los carnívoros, al reducirse la disponibilidad de presas (P disminuye), deben aumentar el territorio que recorren para buscarlas (H aumenta). Y lo hacen tanto más cuanto más pequeño es el depredador, ya que la disponibilidad de sus presas disminuye más acusadamente. Sin embargo, entre la mayoría de especies de herbívoros, la productividad del entorno disminuye tanto en invierno que, por mucho que aumentaran su rango de movimiento, probablemente no les compensaría energéticamente, así que han evolucionado para tener un metabolismo en el que R disminuye más deprisa que P. Por lo tanto, siempre que encuentren la cantidad mínima de alimento para subsistir, lo que hacen es reducir su gasto calórico al mínimo (disminuye R) y, así, durante el invierno el territorio que recorren es incluso menor que en verano. Y luego hay un tercer tipo de especies, que se sirve de estrategias para que la disminución de la productividad del entorno no suponga un trastorno: acumular comida durante el buen tiempo para ingerirla durante el mal tiempo. Lo importante, de nuevo, es que todos los individuos ajustan cuánto se mueven en función de la época del año. A continuación, veremos cómo esta diferencia en el *home-range* a lo largo del año se acomoda con la capacidad cerebral para procesar información (todo esto constituye un magnífico ejemplo práctico de neuroplasticidad, el ajuste de las capacidades del cerebro a las circunstancias ambientales).

La capacidad del cerebro para procesar información es muy flexible. Lo conocemos como *plasticidad neural* (descrita en el capítulo 1). Una de las razones que hace variar plásticamente esa capacidad es, como hemos visto, cuánto se mueve el sujeto (por ejemplo, para buscar comida en las diferentes estaciones del año). Cuanto más se mueva, más información espacial va a procesar y más debe usar el cerebro para procesar la información. Por lo tanto, la relación «movimiento = recursos cerebrales» es patente. Si esto es así, ¿por qué la naturaleza no nos ha dotado a todas las especies, a lo largo de la evolución, con la mayor cantidad posible de recursos cerebrales con los que hacer frente a las situaciones de máxima demanda de procesamiento de información?

La razón es que el cerebro es muy costoso en términos energéticos, tanto en lo que consume a diario como en lo que gasta en formar neuronas, astrocitos y circuitos neurales[96]. La evidencia científica sugiere que la evolución ha preferido seleccionar aquellos sistemas neurales que son capaces de ajustar lo que gastan a lo que necesitan: si el sujeto va a moverse poco, necesitará unos recursos cerebrales limitados (células, circuitos, etc.) y se generarán los recursos mínimos necesarios. Si va a moverse mucho, necesitará más recursos y, solo en tal caso, le compensará gastar toda la energía requerida para formar esas neuronas y circuitos nuevos, y para mantenerlos en funcionamiento una vez formados. Y, lo más importante, se seleccionarán la energía y los recursos en función de aquellas regiones cerebrales más implicadas en la ejecución de las tareas necesarias[97] (si el sujeto va a buscar alimento o agua, se pondrán en marcha preferentemente las regiones dedicadas a procesar información sobre hambre o sed, no cualquiera).

Inflamación

Vamos ahora a prestar atención a algunos efectos del ejercicio sobre el cerebro que no son muy conocidos. El ejercicio físico tiene efecto antiinflamatorio en todo el organismo[98], debido probablemente tanto a la contracción muscular como a la reducción del tejido adiposo y de la grasa visceral. Por esta razón, es llamativo que también se manifieste un efecto antiinflamatorio en el cerebro (que ni es un músculo ni contiene adipocitos). Sabemos que algunas moléculas antiinflamatorias producidas por el músculo durante el ejercicio son vertidas a la sangre y ejercen su acción en todo el organismo. Estas moléculas se llaman *citoquinas*[99] y también *mioquinas* (citoquinas producidas por el músculo, véase más adelante en este mismo capítulo), y recientemente se ha sabido que el cerebro también fabrica una de estas citoquinas en respuesta al ejercicio. Además, el ejercicio físico hace que las células cerebrales conocidas como *microglía* pasen a un estado antiinflamatorio[100]. Pero este campo de la inflamación en el cerebro ha sufrido recientemente una revolución conceptual con el descubrimiento hace poco más de una década del sistema glinfático. Se trata de un sistema de canales alrededor de los vasos sanguíneos del cerebro que drenan materiales de desecho del líquido intersticial (el que existe en los espacios que hay entre célula y célula). En una palabra, es un sistema «linfático» de limpieza dentro del cerebro (ya que dentro del cerebro no hay un sistema linfático ni ganglios como los del resto del organismo). En paralelo, se ha descubierto la existencia de vasos linfáticos en las meninges (las membranas que rodean nuestro cerebro), que conectan con los ganglios linfáticos cervicales para encauzar los residuos de desecho fuera del cráneo, a través (ahora sí) del sistema linfático del cuerpo, que se encarga de eliminarlos por medio de la orina. El propósito del sistema glinfático y los vasos linfáticos meníngeos es limpiar de residuos solubles y metabolitos nuestro cerebro[101]. Y esta actividad se lleva a cabo, fundamentalmente, durante el sueño. Esto tiene un impacto enorme en nuestro conocimiento de la fisiología cerebral, porque supone que un sueño insuficiente o de mala calidad (lo que se conoce como *mala higiene del sueño*) inducirá una insuficiente limpieza del microambiente cerebral, aumentando la acumulación de péptidos de desecho (incluidas las proteínas amiloides implicadas en la neurodegeneración), pero también de proteínas inflamatorias que, de esta manera, contribuirán a un mal funcionamiento de nuestros circuitos neurales en una especie de círculo vicioso: más inflamación, que conduce a una peor limpieza de desechos cerebrales, que producen más inflamación. Afortunadamente, como en el caso del estrés, el ejercicio físico viene en nuestra ayuda cuando tenemos un problema de higiene del sueño. En un estudio muy reciente en seres humanos, se ha demostrado que el ejercicio de larga duración incrementa el tamaño de los vasos linfáticos meníngeos y su tasa de flujo, permitiendo que se eliminen más desechos y reduciéndolos tanto en el cerebro (su origen) como en el plasma[102], ya que se eliminan rápidamente a través del riñón.

Con todo, lo más importante es que estas acciones antiinflamatorias, a través de la vasculatura cerebral, son capaces de beneficiar a seres humanos con deterioro cognitivo. En un famoso artículo de 2021, investigadores de la Universidad de Stanford lo demostraron observando (al principio en ratones), primero, que el ejercicio físico incrementa una molécula denominada *clusterina*, una glicoproteína con múltiples acciones entre las que destaca la inhibición de una serie de moléculas conocidas conjuntamente como *cascada del complemento*. El sistema del complemento es parte del sistema inmune y su activación (necesaria cuando hay patógenos) puede exacerbarse y acumularse generando neuroinflamación dañina (especialmente si no hay ningún patógeno del que defenderse). La clusterina incrementada por ejercicio inhibió en los ratones estas proteínas del sistema del complemento, minimizando la inflamación cerebral innecesaria. Segundo, los investigadores encontraron que la acción de la clusterina era tan específica y directa que bastaba con hacer una trasfusión de plasma sanguíneo de ratones corredores a ratones sedentarios para reducir la expresión de los genes proinflamatorios y reducir la inflamación cerebral. Y lo más importante: cuando examinaron la sangre de sujetos humanos con deterioro cognitivo que habían realizado seis meses de ejercicio físico (protocolo capaz de paliar su pérdida cognitiva), encontraron niveles altos de clusterina[103].

Cerraremos esta sección sobre inflamación recordando que hay evidencias de la relación entre el ejercicio físico, el sueño y la inflamación cerebral. Estos estudios[104] se centran en analizar las mejoras en la calidad del sueño y en la sintomatología de enfermedades neurodegenerativas, inducidas por ejercicio físico, y encuentran que uno de los mecanismos implicados es la reducción de la cantidad de citoquinas proinflamatorias de los sujetos que se ejercitan comparados con los controles sedentarios. Estos hallazgos resaltan la importancia para nuestro cerebro de un buen sueño, y que su falta puede paliarse, en parte, mediante ejercicio físico regular porque este contribuye a limpiar el cerebro mediante los vasos linfáticos meníngeos y el sistema glinfático, disminuye la neuroinflamación y mejora la calidad del sueño.

Dopamina

Otra de las dianas del ejercicio físico en el cerebro es el sistema dopaminérgico. Aunque es frecuente oír hablar de la dopamina, especialmente en respuesta al ejercicio físico, nuestra idea de sus efectos suele ser confusa debido a que este neurotransmisor presenta un número de acciones tan elevado que cuesta sistematizarlo. La dopamina participa en la cognición, en la recompensa, en el sueño, en el estado de ánimo y en el aprendizaje, entre otras muchas funciones, y se produce en varias regiones del cerebro, especialmente en el llamado *circuito dopaminérgico mesolímbico*[105]. Por esta razón oímos hablar tanto de la dopamina, porque está implicada en muchas funciones cerebrales, sin percatarnos de que no siempre hablamos de la misma. La situación se complica, además, porque participa en el control motor que los pacientes de Parkinson tienen afectado. Pues bien, se ha puesto de manifiesto que el ejercicio induce la liberación de dopamina y se postula que su fin es minimizar la fatiga. Pero también se ha observado que los individuos que tienen altos los niveles cerebrales de dopamina son más propensos a hacer ejercicio, mientras que los que tienen niveles bajos se fatigan antes. Es decir, parece haber una relación bidireccional entre dopamina y ejercicio. ¿Qué es causa o efecto de qué? Las evidencias científicas no permiten aún saberlo, pero sí es importante tener en mente que la dopamina es un actor principal en los efectos del ejercicio en el cerebro, sea cual sea su posición en el esquema.

Como ejemplo, mencionaré aquí un grupo de trabajos que apuntan al papel central de la dopamina en los efectos del ejercicio físico desde el mismo momento en que se inicia la actividad. Es lo que se conoce como acciones de una *sesión única de ejercicio*, que analizan los cambios en el cerebro que produce una única sesión de entrenamiento. Una de las variables que más se modifica por dicha sesión única es el sistema dopaminérgico. La dopamina se incrementa inmediatamente en el hipocampo, la corteza prefrontal y otras regiones cerebrales. Para que dicho incremento tenga lugar debe superarse un cierto umbral de ejercicio, por debajo del cual los niveles de dopamina cerebral no varían. Estos niveles altos duran dos horas después de concluida la sesión y, lo más relevante, son suficientes para inducir motivación y sensación de recompensa en el sujeto que se ejercita, además de contribuir a los efectos positivos del ejercicio sobre la capacidad cognitiva[106]. Además, es muy interesante que, traspasado cierto límite de intensidad de ejercicio, los niveles de dopamina están desregulados (contribuyendo a lo que se conoce como *fatiga central*, en referencia a la que se presenta después de un ejercicio prolongado, que se produce tanto periféricamente como en el sistema nervioso). ¿Qué papel juega el sistema dopaminérgico en los efectos del ejercicio sobre el cerebro en seres humanos? Un reciente metaanálisis que ha encontrado suficiente evidencia acumulada para consensuar que la actividad física aguda mejora la cognición, al menos en sujetos jóvenes sanos[107], sugiere que la dopamina puede ser uno de los responsables directos del aumento de la velocidad cognitiva (reducción del tiempo de respuesta).

Pero el ejercicio físico también influye en otros sistemas de neurotransmisión en el cerebro, especialmente el noradrenérgico y el serotonérgico. No en vano, la dopamina, la noradrenalina y la serotonina son todas moléculas de la misma familia (llamadas *monoaminas*). La noradrenalina es conocida por su papel como neurotransmisor en el control del ritmo cardiaco (el sistema nervioso simpático controla este ritmo mediante noradrenalina), así como por su papel como hormona del estrés, participando en la respuesta de lucha o huida (incrementa la frecuencia cardiaca, habilita las reservas energéticas del organismo para el esfuerzo que se está realizando, aumenta el flujo sanguíneo en el cerebro, etc.). La activación del sistema noradrenérgico por el ejercicio físico induce mejoras en la memoria en sujetos sanos y es capaz de mejorar el deterioro cognitivo suave en pacientes con amnesia. Por su parte, la serotonina es un potente y versátil neurotransmisor que controla multitud de funciones cerebrales, desde la atención y la conducta sexual al sueño o la conducta social, por citar solo algunas. La activación del sistema serotonérgico por el ejercicio físico produce asimismo mejoras en la memoria y en el estado de ansiedad (sobre el que volveremos a hablar a continuación). Huelga decir que el ejercicio ejerce muchas acciones en estos neurotransmisores, así como otras puntuales en otros sistemas de neurotransmisores, pero escapa al objetivo de este libro hacer una enumeración exhaustiva; seleccionaremos aquellas acciones que, siendo muy relevantes, pasan desapercibidas habitualmente y resultan más interesantes en este contexto.

Vascularización

Lo siguiente en lo que vamos a detenernos es la vascularización del cerebro. El ejercicio regular tiene un impacto muy positivo sobre la función vascular, la perfusión cerebral (el flujo de sangre que irriga el cerebro) y la rigidez arterial (producida por el envejecimiento)[108]. La mayoría de estudios encuentran un efecto favorable del ejercicio físico sobre la perfusión cerebral tanto en respuesta al ejercicio de forma aguda (es decir, se incrementa la cantidad de sangre que irriga el cerebro cada vez que se practica el ejercicio) como en descanso (en los períodos menos activos entre entrenamientos). Estos trabajos en conjunto muestran que el ejercicio tiene un efecto más notable cuanto peor es la situación basal de los sujetos. Así, por ejemplo, es más fácil hallar incrementos de la perfusión cerebral por ejercicio en estudios con sujetos viejos, en los que la circulación sanguínea ya está relativamente deteriorada, que en estudios sobre sujetos jóvenes, entre los que ni siquiera los sedentarios tienen un deterioro aparente. En estos casos, algunos trabajos no encuentran beneficios aparentes por ejercicio en la circulación sanguínea cerebral. Cabe pensar que tratamos aquí con una variable fisiológica que quizá no puede mejorar mucho más en sujetos jóvenes. Algo similar sucede con respecto a la rigidez arterial. El ejercicio afecta a la estructura y la función de las arterias elásticas centrales del cerebro. La rigidez arterial es sistemáticamente menor en sujetos mayores o de mediana edad que hacen ejercicio. Lo más importante es que, cuando el sujeto mayor (sedentario) ya presenta un grado alto de rigidez arterial, una intervención de ejercicio aeróbico de intensidad moderada es suficiente para revertir esta situación. Pero, sorprendentemente, los adultos que practican ejercicio de resistencia de alta intensidad presentan mayor rigidez arterial (exactamente al contrario que los que practican ejercicio moderado, lo recordaremos al abordar el tema de la cantidad e intensidad del ejercicio en el capítulo sobre la hormesis). Por su parte, el ejercicio de intensidad alta o muy alta sí es necesario para mejorar la rigidez arterial en adultos jóvenes

El panorama dibujado hasta aquí presenta, al menos, una notable excepción. El ser humano está entre las especies capaces de un mayor despliegue de actividad cerebral sin moverse (véase el capítulo anterior sobre sedentarismo).

Ello conlleva, como vimos, particularidades en la manera en que el cerebro humano procesa la gestión del gasto energético en las conductas de movimiento. Sin embargo, los beneficios que el movimiento físico aporta al cerebro (humano) se perderían si toda nuestra actividad cerebral se llevara a cabo sin movimiento. En concreto, hay un efecto neto claro del ejercicio físico sobre el cerebro que no parece estar asociado con ninguna actividad cerebral no relacionada con el movimiento: sus efectos sobre el estado de ánimo, que trataremos a continuación.

Ejercicio y estado de ánimo

El ejercicio físico es una potente y eficaz intervención contra la depresión y la ansiedad, tanto terapéuticamente como para prevenir ambas[109]. Existe un amplio consenso acerca de que, cuanto más ejercicio físico se practica, menor incidencia de depresión se observa[110]. De hecho, se ha reportado en numerosas ocasiones que el ejercicio físico tiene más efecto antidepresivo que cualquier fármaco conocido y comercializado hasta la fecha, así como también más que otras terapias psicológicas cognitivas[111], siempre que, naturalmente, los sujetos puedan adherirse a un protocolo de ejercicio físico[112]. En concreto, uno de los metaanálisis de calidad más recientes indica que el efecto antidepresivo del ejercicio es máximo en actividades como caminar, hacer *jogging*, yoga o entrenamiento de fuerza, si se compara con sujetos deprimidos sin tratamiento, pero también si se compara con el ejercicio extenuante (que no tuvo efecto) y con los tratamientos de psicoterapia o antidepresivos[113]. Resulta muy relevante por sus consecuencias para la terapia clínica que estos beneficios se produjeran independientemente de cuál era el nivel inicial de depresión de los pacientes y de qué otras enfermedades o desarreglos psicológicos estuvieran asociados a la enfermedad principal. También es significativo que los efectos resultan proporcionales a la intensidad de ejercicio realizada (más efecto antidepresivo cuanta mayor intensidad de ejercicio) con el límite en el ejercicio vigoroso, pero no en el extenuante o muy vigoroso. En todo caso, la diferencia entre el efecto antidepresivo inducido por el ejercicio ligero y el vigoroso es muy pequeña[114].

Además, los pacientes con depresión suelen sufrir frecuentemente de anhedonia, la falta de interés por estímulos placenteros. Uno de los aspectos más interesantes del ejercicio y la depresión es el impacto del primero sobre el sistema dopaminérgico de recompensa (mencionado en este capítulo), así como sobre el papel de este neurotransmisor para minimizar la fatiga, quizá como una forma de compensar el cansancio propio de la práctica de una actividad física intensa. Por lo tanto, como no podía ser de otra manera en procesos tan estrechamente relacionados, el ejercicio tiene efectos netos sobre la anhedonia. El ejercicio físico reduce la anhedonia en pacientes depresivos, quizá porque incrementa (en cualquier sujeto) la motivación, la perseverancia y el compromiso (debido a su efecto en el sistema dopaminérgico de recompensa). Y lo más impactante de todo es que estos efectos tienen lugar en pacientes cuyos síntomas eran resistentes al tratamiento farmacológico. Así, no es solo que el ejercicio físico pueda tener más y mejor efecto antidepresivo que los fármacos conocidos, es que además puede tener efectos positivos que los fármacos no tienen. Similares resultados positivos se han publicado en relación con la ansiedad. El ejercicio físico tiene efectos ansiolíticos más potentes que cualquier otro tratamiento para reducir la ansiedad[115]. Como vemos, no solo hay un potente efecto terapéutico del ejercicio en algunas dolencias, también puede prevenir hasta cierto punto algunas de ellas, es decir, puede protegernos dentro de unos límites. Por ello, ahora es el turno de abordar un concepto esquivo: la *neuroprotección*.

Neuroprotección

La neuroprotección es el efecto de cualquier intervención (terapia, fármaco o tratamiento del tipo que sea) que evita, minimiza o incluso revierte cualquier daño que pueda sufrir una neurona o cualquier otra célula nerviosa y, por extensión, el sistema nervioso entero. Con esta definición tan amplia, es fácil comprender que este concepto se ha convertido en un cajón de sastre donde suelen incluirse demasiadas cosas. Sin embargo, y por razones obvias, es uno de los términos más utilizados en neurociencia. La palabra clave «neuroprotección» aparece en PubMed (la base de datos de artículos científicos más utilizada y famosa del mundo) 26 500 veces a 12 de febrero de 2025[116] (contando solo publicaciones de revisión; el total es varios órdenes de magnitud mayor); su primer registro en PubMed data de 1953, se empezaron a acumular publicaciones al respecto a principios de la década de los noventa del siglo pasado y ha habido un repunte en este siglo después de la pandemia. Sin entrar en polémicas acerca de su uso más o menos apropiado en diferentes ámbitos, huelga decir que, vistos todos los efectos del ejercicio sobre el cerebro, este podría ser considerado como una intervención neuroprotectora ideal. Aquí nos centraremos en el papel neuroprotector del ejercicio físico entendiéndolo como su capacidad para generar la secreción de algunas moléculas de perfil neuroprotector en el torrente sanguíneo (originalmente, el término *neuroprotección* se creó para describir el efecto de una molécula concreta).

En la última década ha crecido el interés científico por este aspecto de la actividad física. Las moléculas del organismo que son proteínas solubles secretadas a la sangre y actúan sobre otras células o tejidos distantes se nombran, en términos generales, con el sufijo -quina, que viene del griego *kinein* y significa 'mover' —lo que se mueve—, reflejando que estas moléculas viajan distancias variables hasta sus objetivos. Así, por ejemplo, tenemos las citoquinas, de las que ya hemos hablado con anterioridad y que son proteínas. Por un principio similar, en las dos últimas décadas se ha acuñado el término *exerkine* (en inglés, de *exercise* and *-kine*), o sea, aquellas moléculas que se producen como consecuencia de la actividad física y se mueven para ejercer sus acciones a otras regiones más o menos alejadas de donde se producen[117]. La traducción al español, siguiendo criterios parecidos a los de las citoquinas (del inglés *cytokines*), sería algo como 'ejerquinas', pero se ha extendido la expresión *exerquina*, mitad inglés, mitad español. Lo importante es que estas no son solo proteínas, sino que incluyen, además de péptidos, ácidos nucleicos, lípidos y microARN (ARN de cadena corta, de ahí su nombre, que nos recuerdan algunas vacunas del COVID que se hicieron con ARN), y que participan activamente en la salud cardiovascular, metabólica, inmune y neurológica[118]. Se conocen varias docenas de exerquinas, como el interferón, y veremos más en próximos capítulos (como el BDNF, el IGF1, los microARN y el lactato). En este solo mencionaré algunas que no se abordarán posteriormente. En concreto, la interleuquina 6 (IL-6) y la irisina.

La interleuquina 6 fue la primera exerquina en ser identificada como tal. Para complicarlo todo un poco más, se la considera dentro del grupo de las mioquinas, al ser una exerquina producida en el músculo en ejercicio (de ahí el prefijo *mio-*, 'músculo'), a diferencia de las exerquinas que se producen en otros órganos del cuerpo[119]. La IL-6 es una molécula compleja, que se produce por infecciones, lesiones, estrés y otras afecciones. Tiene entre sus misiones contribuir a la defensa inmunitaria, la hematopoiesis (formación de las células sanguíneas) y otras reacciones del sistema de defensa del organismo. También tiene receptores en el cerebro, donde actúa sobre la inflamación, la respuesta inmunitaria y la regulación metabólica. Cuando una molécula ejerce tantas y tan diversas acciones, se la califica como *de acción pleiotrópica* —que viene del griego *pleion* ('más') y *tropos* ('cambio'), y significa que produce múltiples efectos no relacionados—. Ahora podemos comprender cómo se producen los beneficios del ejercicio sobre la inflamación y el sistema inmunitario, por medio, entre otros factores, de la secreción de IL-6 por el músculo en ejercicio. Por ello, esta molécula cae dentro del ámbito de lo que podemos denominar como *mecanismos moleculares de acción del ejercicio*. Estos mecanismos moleculares se tratarán en profundidad en el siguiente capítulo, pero menciono la IL-6 aquí porque, al ser un factor que protege al cerebro de retos como la inflamación y los ataques que requieren activar el sistema inmunitario, cae dentro de lo que conocemos como neuroprotección. Algo similar sucede con la irisina.

La irisina es una exerquina (y también mioquina) que se produce en el músculo por efecto del ejercicio, llega al cerebro y ejerce multitud de funciones beneficiosas, incluida la formación de neuronas nuevas en la edad adulta (lo que se conoce como *neurogénesis adulta*). Además, reduce la neuroinflamación y es capaz de frenar la neurodegeneración. O sea, es también una molécula neuroprotectora. En una cadena de experimentos muy típica en neurociencia, sus descubridores vieron que, primero, si eliminaban la irisina en ratones de laboratorio, su neurogénesis adulta se veía afectada y los efectos cognitivos del ejercicio desaparecían[120]. Segundo, si a estos ratones sin irisina se les inyectaba esta molécula dentro del cerebro y hacían ejercicio, volvían a obtener los beneficios de la actividad física. De este modo, se demuestra claramente que esta exerquina es un mecanismo de acción del ejercicio. Como veremos al hablar del IGF1, varias exerquinas pueden ejercer exactamente el mismo tipo de acciones y su descubrimiento siguió similares caminos.

Terminaremos con dos temas de importancia para el envejecimiento: el papel de la actividad física en la reserva cognitiva y la neurodegeneración. La reserva cognitiva es la capacidad que tienen los animales y los seres humanos de que su cerebro funcione y ejecute los procesos cognitivos a pesar de los cambios cerebrales que tienen lugar durante el envejecimiento, o a pesar de sufrir patologías como la enfermedad de Alzheimer. Obviamente, unos individuos muestran más reserva cognitiva que otros. En una frase, la reserva cognitiva es lo que hace que algunos sujetos toleren mejor esos cambios de la edad avanzada y mantengan (más o menos) intacta la función cerebral[121]. Recordemos el caso de las monjas estadounidenses mencionadas en el capítulo anterior cuyos cerebros mostraron un estado *post-mortem* que no concordaba con su buena salud mental. Los científicos que las estudiaron postularon que se debía a la mayor o menor reserva cognitiva que tenía cada una: las monjas con más reserva cognitiva serían aquellas con mayor capacidad cognitiva junto a muestras de atrofia cerebral o marcadores de enfermedad de Alzheimer[122].

Pues bien, uno de los factores que más incide en que los individuos tengan una mayor reserva cognitiva es hacer ejercicio físico (¿les sorprende a estas alturas?). La reserva cognitiva es, pues, un aspecto de nosotros que es observacional, porque vemos a través de pruebas cognitivas que la edad «aparente» del sujeto puede ser diferente a la edad biológica, y, desde luego, representa una situación conductual que puede ser diferente de la que uno esperaría viendo cómo se encuentra el cerebro en algunos casos (cambios por envejecimiento en el volumen de determinadas áreas, en la vascularización sanguínea, en la conectividad de ciertas regiones, etc.)[123]. Por supuesto, esta reserva cognitiva tiene un correlato morfológico (se habla de reserva cerebral) que se analizará en profundidad en el capítulo de la neurogénesis hipocampal adulta. Por ahora, describiré los efectos del ejercicio sobre la reserva cognitiva. Como puede suponerse, hay tantas formas de medir la reserva cognitiva como investigadores en el mundo. Es por ello por lo que, de nuevo, los metaanálisis ofrecen resultados contradictorios. Estos trabajos se hacen evaluando la capacidad cognitiva de los individuos, que nos indica cómo funciona su cerebro, así como una serie de biomarcadores cerebrales, que nos indican cómo está físicamente el cerebro; cuando no son coincidentes, se introduce la variable del ejercicio físico para hipotetizar si esta puede explicar la discrepancia. Lo que se ha observado es que los individuos que llevan a cabo más actividad física tienen una mejor cognición de lo que se esperaría por su volumen frontotemporal, su volumen de sustancia blanca y la arterioesclerosis[124], comparándolos con los sujetos control que no hacían o hacían mucho menos actividad física. Otros biomarcadores que no correspondían con la capacidad cognitiva no pudieron ser explicados por efecto del ejercicio, pero sí por otros factores del estilo de vida, como la dieta o el sueño. En suma, el estilo de vida, en general, y la actividad física, en particular, son poderosos factores que producen una mayor capacidad de funcionamiento cerebral a pesar de tener un cerebro envejecido o, incluso, con patologías, esto es, incrementan la reserva cognitiva.

Ejercicio y enfermedades neurodegenerativas

En cuanto al envejecimiento y la neurodegeneración, el ejercicio retrasa el proceso natural de envejecimiento, protegiendo parcialmente la memoria y la capacidad cognitiva del deterioro de la edad avanzada, y retrasa y minimiza la sintomatología de patologías como la esclerosis lateral amiotrófica (ELA), la enfermedad de Alzheimer, la enfermedad de Parkinson y la enfermedad de Huntington[125]. Estos efectos se producen tanto porque el ejercicio promueve acciones positivas para la salud neuronal como porque inhibe, de manera natural, ciertas rutas o procesos celulares que se deterioran con la enfermedad o la vejez. Entre las acciones positivas están el control de la calidad proteica (si no tienen suficiente calidad, las proteínas son destruidas de manera natural, y el ejercicio lo favorece) y de la calidad del ARN (que es la molécula a partir de la que se construyen las proteínas, con lo que el sistema de control de calidad es doble), así como la autofagia (la eliminación de los residuos intracelulares que ya no sirven y mueren).

Entre las acciones de inhibición de los procesos degenerativos, están el bloqueo de la agregación de proteínas (agregación anormal, que es la raíz de muchas enfermedades neurodegenerativas como el Alzheimer), de la disfunción mitocondrial y de la disfunción de los canales iónicos (que están en la membrana de las neuronas y permiten la comunicación entre ellas y la respuesta a señales paracrinas y endocrinas), entre otras muchas funciones. Algunas de estas acciones merecen un repaso exhaustivo, aunque nos centraremos solo en una de las patologías para enfocar los efectos del ejercicio, ya que muchos de ellos son comunes entre patologías. Concretamente en la enfermedad de Alzheimer, el ejercicio físico produce un incremento de varios factores que retrasan y minimizan la patología, así como disminuye muchos de los factores directamente involucrados en la aparición y la gravedad de la enfermedad. Específicamente, aumenta el BDNF y el IGF1 (factores neurotróficos que promueven la supervivencia neuronal), así como la cantidad de proteínas sinápticas (que son las protagonistas de la comunicación entre neuronas y hacen que el cerebro ejecute lo que conocemos como pensamiento). Aumenta también la interleuquina 6 y 10 (antiinflamatorias), además de incrementar la sensibilidad, la capacidad respiratoria, la capacidad cognitiva en su conjunto y la capacidad motora del sujeto. Por otro lado, disminuye aquellas moléculas que constituyen la esencia de la patología, específicamente la proteína amiloide y la proteína fosfo-tau (las que integran las placas de beta-amiloide y los ovillos neurofibrilares respectivamente, que son las marcas distintivas en el cerebro de la enfermedad de Alzheimer), reduciendo con ello la agregación anormal de proteínas, la neuroinflamación y la muerte celular. Todas estas acciones llevan a aumentar la función motora y la capacidad cognitiva de los enfermos, y a retrasar tanto el comienzo de la enfermedad como su progresión posterior una vez ha comenzado[126].

Para que el panorama quede suficientemente bien delineado, vamos a contrastar estos efectos del ejercicio con los que tienen lugar en la enfermedad de Parkinson. En cuanto a las acciones que suavizan la sintomatología, esencialmente son las mismas que en el Alzheimer, con la única diferencia de que aquí lo que se disminuye es la proteína alpha-sinucleina (la que en la enfermedad de Parkinson forma los agregados en el tejido cerebral) y se favorece la señalización dopaminérgica en los núcleos cerebrales donde se están muriendo las neuronas que producen la patología. Todo ello conduce, de manera similar, a un aumento de la capacidad cognitiva, de la capacidad motora y también de la capacidad de marcha (muy afectada en estos pacientes, ya que la dopamina en los núcleos cerebrales dañados controla la función motora y la marcha del sujeto). El resultado final, de nuevo, es una mejoría de la función motora y una progresión de la enfermedad más suave. De forma muy parecida, otras enfermedades neurodegenerativas reciben el impacto positivo del ejercicio, solo cambia las moléculas sobre las que actúa: en la enfermedad de Huntington, sobre la glucólisis y la caspasa 3, que media en la muerte celular de las neuronas que desaparecen y desencadenan la enfermedad; en la esclerosis lateral amiotrófica, sobre el metabolismo de los lípidos, que está en el origen de la pérdida de mielina que provoca la patología.

La lista de filósofos antiguos, modernos y contemporáneos, escritores y pensadores en general que han sabido ver los beneficios del ejercicio físico para nuestra mente (incluidos Byron y Poe) es tan larga como la lista de efectos del ejercicio que hoy conoce la neurociencia, y sus consecuencias son tan potentes que merece la pena profundizar aún más, en el próximo capítulo, en los mecanismos celulares, moleculares, genéticos y epigenéticos que median en estas acciones.

Capítulo 6

NEUROBIOLOGÍA DEL EJERCICIO. MECANISMOS GENERALES

«El cuerpo es una máquina que se da cuerda a sí misma.»

La Mettrie

A la frase de La Mettrie que encabeza este capítulo podría añadirse: «para ello, el cuerpo tiene que estar activo». En su obra *El hombre máquina*[127], La Mettrie establece que las funciones vitales pueden explicarse completamente a través de procesos físicos y químicos. En su caso, la referencia a la máquina que se da cuerda a sí misma tiene una connotación claramente filosófica; se refiere a que el cuerpo y la mente no necesitan que «algo» extra, distinto del propio cuerpo y la propia mente, haga trabajar al conjunto. No se necesitan entidades espirituales o inmateriales, solo lo material basta.

Ciertamente, La Mettrie era un hombre convencido de que lo material era lo importante; de hecho, vivió conforme a esta idea, hasta el punto de granjearse no pocas enemistades por este punto de vista filosóficamente extremo, e incluso de morir a causa de un excesivo banquete que, según Federico el Grande[128], le ofreció el embajador Tyrconnel, en pago por sus servicios al haberle salvado de una muerte casi segura. Al final del capítulo comprenderemos, con el ejemplo de la neurobiología del ejercicio físico, cómo el cerebro «se da cuerda a sí mismo».

En este capítulo enumeraré aquellos mecanismos generales que median en los efectos del ejercicio sobre el cerebro. La lista es tan extensa que voy a detenerme solo en aquellos ejemplos que, bien por ser paradigmáticos del mecanismo que quiero tratar, bien por ser descubrimientos recientes probablemente desconocidos por el lector, considero que tienen especial y singular interés.

Sin embargo, para comprender bien estos mecanismos de acción, es conveniente dedicar un tiempo a analizar cómo el cerebro procesa la información que obtiene de la naturaleza. El cerebro es una máquina prodigiosa que realiza multitud de tareas. En este capítulo me detendré en dos de ellas: la búsqueda de patrones y la generación de explicaciones; ambas serán fundamentales para contextualizar cómo los científicos manejan hoy en día los mecanismos neurobiológicos en general.

LA BÚSQUEDA DE PATRONES

La evolución ha generado un sistema de conexiones y circuitos cerebrales especialmente hábiles buscando patrones. Pongamos el ejemplo, frecuentemente utilizado, de la presa que, a través de los pastos altos mecidos por el viento, es capaz de distinguir dos pequeños objetos oscuros que bien podrían ser las orejas de un zorro acechando a poca distancia. La presa puede imaginarse fácilmente al depredador parcialmente agachado, quieto, con la vista fija en ella, esperando el momento idóneo para atacarla. Ante esta percepción sensorial, la presa reaccionará según la naturaleza que su especie haya determinado, bien quedándose completamente quieta mimetizada con su entorno, bien escapando rápidamente de la mejor manera que sepa, ya sea corriendo, volando o saltando, o incluso introduciéndose en su madriguera en el suelo o subiendo a un árbol. Toda esta escena se ha generado a partir de la imagen en el cerebro de la presa del zorro acechando entre el pasto. Sin embargo, la presa solo ha percibido levemente y durante una décima de segundo un par de objetos oscuros entre los tallos altos. Quizá, incluso solo haya vislumbrado uno de esos objetos. A la evolución, que es ciega e impersonal, no le importa qué vio o dejó de ver la presa ni qué había o dejaba de haber entre los pastos. Lo que ha sucedido a lo largo de miles de millones de años de evolución es que esa conducta de la presa ha aumentado sus probabilidades de supervivencia. Por lo tanto, aumenta sus probabilidades de transmitir esa misma conducta a su descendencia. De este modo, esa conducta quedará preservada y existirá como tal en el repertorio etológico de la especie. La forma en que la presa ha «visto» en su cerebro a un zorro agazapado entre la maleza (que nunca vio realmente) a partir de una pieza de información inconexa y aislada se denomina en neurobiología *completamiento de patrones*. Por simplificar, entendemos que esa acción del cerebro pertenece a un conjunto de funcionalidades destinadas a buscar y dotar de sentido a conjuntos de información parcial que no tienen sentido *a priori*. Por ejemplo, cuando estamos distraídos mirando los dibujos abstractos de una pieza de mármol y nuestro cerebro cree ver formas de caras o animales. O cuando buscamos formas en las nubes. En ambos casos, nuestro cerebro ve información parcial que puede parecerse a algo más complejo y completa el patrón. El cerebro, a lo largo de la evolución, ha llegado a ser muy eficaz haciendo esto, hasta el punto de que, cuando un conjunto parcial de información sensorial puede formar parte de una información mayor y más compleja, el cerebro tiende a percibir la información más compleja. Literalmente, se inventa la información que falta. Parece que para el cerebro es mucho mejor «ver» la información completa de algo con sentido (aunque sea inventado) que ver un conjunto inconexo de informaciones que no parecen significar nada. Porque, a fin de cuentas, es mejor reaccionar por nada creyendo que es un zorro y continuar vivo a que resulte que sí que había un zorro detrás de los pastos, ya que esa conducta no sería transmitida a la descendencia si el depredador nos ha devorado. Pero la utilidad biológica evolutiva de esta capacidad no debe hacernos olvidar lo que acabamos de decir: el cerebro prefiere ver cosas con sentido (aunque sea inventado).

La generación de explicaciones

Por un proceso argumentativo similar podemos comprender la segunda de las funcionalidades maravillosas del cerebro, la generación de explicaciones. Un tierno ejemplo de cómo funciona la mente humana es cómo el cerebro de los niños busca explicaciones inmediatas y simples a los hechos cotidianos. En una ocasión, paseando por el campo un día ventoso, unos niños que jugaban a poca distancia de mí sufrían para mantener la pelota controlada entre sus pies a causa del intenso viento. Uno de ellos dijo, convencido, que el viento lo producían los árboles, que lo generaban al moverse de lado a lado. Esta deliciosa actitud infantil nos sirve como introducción a un principio fundamental del funcionamiento del cerebro primitivo que, a pesar de ese calificativo, permanece grabado a fuego en nuestros circuitos neurales aún hoy a través de nuestros genes. A fin de cuentas, no ha pasado tanto tiempo desde que nuestra especie, y con ella nuestro cerebro, quedó conformada en el transcurso de la evolución. El cerebro humano ha desarrollado pautas explicativas de lo que le acontece, así como la capacidad para el completamiento de patrones de todo lo que percibe, desde que el ser humano puede llamarse así, al igual que lo hacen las presas o los depredadores en su entorno natural. Es el propio conjunto de propiedades del funcionamiento del cerebro el que determina que busquemos patrones y explicaciones a partir de información parcial, y, si algo falta, el cerebro puede inventárselo. Pero es la cultura humana la que determina cómo y hasta dónde permitimos al cerebro que invente.

Pongamos un ejemplo exagerado, que sirva para poner de manifiesto este proceso a partir de lo que sucede cuando una persona enferma súbitamente. En determinadas sociedades ancestrales (como sabemos por la antropología social de los siglos XIX y XX), los miembros de la tribu pueden acabar pensando que un sujeto ha enfermado porque un enemigo que desea su mal o incluso su muerte ha conseguido un mechón de su pelo y con este ha fabricado un muñeco sobre el que ejecuta toda suerte de acciones con las que espera que el objetivo enferme. El muñeco, dotado del mechón de pelo del objetivo, es «similar» al objetivo en sí y, si se le hace un daño al muñeco, se le ocasiona un mal al ser humano. Pensamiento mágico. ¿Le parece al lector que esto solo ocurre en culturas ancestrales? Recordemos a la cantidad de personas que conocemos que no pasarían bajo una escalera o creen que un gato negro da mala suerte, o piensan cosas tan exóticas y extremas como que abrir un paraguas en un sitio cerrado puede hacer que se muera el primogénito de la familia. Cada fin de semana, al ver a los jugadores de cualquier deporte saltar a la cancha antes de un partido, algunos de ellos fuerzan que el primer paso dentro del terreno de juego sea con la pierna derecha porque lo contrario da «mala suerte». Es el mismo principio válido para los amuletos. Este pensamiento mágico da por buena la idea de que el mundo está dominado por leyes naturales que siguen principios elementales como la ley de la semejanza (lo similar produce lo similar) o la ley de contagio (objetos que una vez estuvieron en contacto mantienen una influencia incluso cuando se encuentran luego a distancia) u otras de carácter similar. Pero espere el lector, que solo acabamos de empezar.

Ante una persona que ha enfermado súbitamente, otras culturas pensarán que no ha sido «buena», o no ha hecho lo suficiente, o incluso ha hecho lo contrario de lo que debe hacer para contentar a los dioses, o al único dios. Pensamiento religioso. Esta situación puede revertirse si se convence a los dioses, se les presentan ofrendas, se les reza o se les pide un favor directo a cambio de conductas futuras del sujeto que lo solicita y promete llevar a cabo la acción. El pensamiento religioso cree entonces que el mundo está dominado por dioses de conductas vagamente similares a las humanas y con almas o espíritus que se rigen también de forma parecida (vanidad, celos, bondad, maldad, etc.). Y aún más. En otras culturas o épocas de la historia, se ha pensado que la enfermedad puede generarse por la ingesta de alguna sustancia de propiedades desconocidas que, por razones igualmente desconocidas, ha inducido en esa persona (y no en otra) una enfermedad de consecuencias indeterminadas. Esta forma de creer en propiedades misteriosas de las sustancias es un pensamiento de tipo alquímico, precientífico, que supone que el mundo está dominado por leyes naturales que solo atisbamos, que son fruto de las propiedades de las sustancias de las que estamos hechos y que, hipotéticamente, podemos manipular (para convertir cualquier cosa en oro, por ejemplo). Lo fundamental es la idea de que esas sustancias tienen «poderes extraordinarios».

Actualmente, si una persona enferma, se buscará la causa de la enfermedad mediante experiencias medibles y cuantificables (análisis de sangre, radiografías, exámenes de diversos tipos) que busquen parámetros que podamos comparar con el conocimiento médico existente (que la combinación de estos parámetros indique al médico que padecemos tal o cual enfermedad) y que además nos permitan determinar, a partir de la evidencia médica existente, cuál es el remedio más eficaz para curar la enfermedad o paliar su sintomatología. Este es el pensamiento científico, para el que el mundo está dominado por leyes naturales que el ser humano puede investigar, analizar, comprender y, con el adecuado conocimiento tecnológico, intentar manipular. Una parte fundamental del pensamiento científico consiste en el convencimiento de que la ciencia solo comprende algunas cosas mientras el resto, desconocido aún, quizá pueda comprenderse en el futuro, pero a fecha de hoy no se conoce y no hace falta inventarse nada para explicarlo, basta con pensar que la ciencia «aún no lo sabe».

Hoy, ante una enfermedad súbita de alguien, esta combinación de pensamientos hará que se investigue científicamente qué enfermedad es y qué la produjo para tratarla conforme a la evidencia científica, al mismo tiempo que otras personas rezarán para que el enfermo se cure y aún otras pensarán que ha tenido mala suerte (en algún caso, por algo que hizo o dejó de hacer). De hecho, algunos incluso pensarán que debe prestarse atención a la medicina natural, repleta de sustancias y alimentos médicamente útiles, algunos de ellos con propiedades maravillosas, casi «mágicas». El pensamiento mágico, el pensamiento religioso, el pensamiento alquímico y el pensamiento científico siguen aún imbricados en el cerebro humano. Es la cultura la que determina qué porcentaje de valor se le da a cada uno de ellos, ya que es la cultura (generada por el cerebro humano) la que determina que esas formas de pensar sean patrones explicativos más o menos aceptables para comprender la realidad que nos rodea. Ahora, estamos armados para volver a nuestro relato principal, los mecanismos biológicos que median en las acciones del ejercicio sobre el cerebro.

Algunos mecanismos de acción

En ciencia, es fundamental acotar las variables de estudio de cualquier tema con el objeto de poder determinar la influencia de un factor en el conjunto. Dicho de otra manera, si un científico tiene que hacer un experimento para ver la función de una sustancia en el organismo, tiene que conseguir que el resto de las variables sean todas iguales, ya que, de lo contrario, nunca sabrá si el efecto observado es consecuencia de la sustancia o de cualquier otro parámetro que ha cambiado. Esto, que es muy correcto, conlleva, sin embargo, una consecuencia lamentablemente muy frecuente, y es que el científico, al acotar mucho su experimentación y su análisis, tiende a sobresimplificar el proceso a estudiar. La ciencia avanza gracias a que se llevan a cabo experimentos en los que se acota enormemente lo que se estudia, por la razón obvia de que necesitamos enfocarnos en la acción de una variable, o de unas pocas variables al menos, para ir entendiendo poco a poco el fenómeno a estudiar. Al hacerlo, sobresimplificamos también la realidad natural. Por ejemplo, supongamos cualquier ámbito de estudio biológico en el que se obtienen evidencias de que una sustancia cumple una función concreta en un órgano concreto, porque, si eliminamos esa sustancia, se producen una serie de consecuencias, mientras que, si la introducimos en el organismo en exceso, se producen las consecuencias contrarias. Esto nos haría concluir que la sustancia en cuestión cumple tal o cual función en el organismo, lo cual no es erróneo en sí mismo. Pero pone demasiado el acento en esa sustancia. La filosofía de la ciencia ha puesto numerosas veces de manifiesto que es una tendencia del cerebro humano pensar así (generación de patrones). Sin embargo, esa sustancia no está sola en el organismo y su función dependerá necesariamente de la interacción con multitud de otras sustancias, su acción se verá condicionada por la genética del individuo, así como por la historia biológica previa del sujeto (si tomó medicamentos, si sufrió otras enfermedades, etc.). Puede que, en esencia, la función de esa sustancia sea muy parecida a lo analizado por el científico, pero siempre será más compleja que la simple descripción de su «función conocida» y fruto de su interacción con el conjunto del organismo.

Pues bien, en la búsqueda de los mecanismos biológicos que subyacen al efecto del ejercicio sobre el cerebro nos encontramos un caso paradigmático de esto. Se trata de los factores tróficos, hormonas y exerquinas que están implicadas en el proceso. Empezando por el primero de ellos, el famoso BDNF (factor neurotrófico derivado del cerebro, por sus siglas del inglés *brain-derived neurotrophic factor*), una proteína que se secreta en diversos órganos del cuerpo y tiene acciones muy importantes en el cerebro. Así, por ejemplo, estimula el crecimiento y la diferenciación de las neuronas y otras células cerebrales, y diversos experimentos han puesto de manifiesto que es una sustancia clave para la plasticidad neural (de la que hablamos en el capítulo anterior). Además, es muy relevante para lo que nos interesa, porque el ejercicio incrementa su síntesis en diferentes partes del organismo, especialmente en el cerebro. Diversos experimentos muy elegantes que conducen a una abundante bibliografía científica coinciden en que esta sustancia es fundamental para, de forma resumida, el aprendizaje y la memoria, la salud cerebral, mejorar las funciones cognitivas de cualquier mamífero y prevenir el deterioro cognitivo asociado al envejecimiento y a las enfermedades neurodegenerativas. Este panorama, dibujado alrededor de una sola sustancia, es real y se basa en estricta evidencia científica. Nada que objetar hasta el momento. El problema viene cuando trasladamos esta información al público. Cuando algunos divulgadores, en su afán por sintetizar (sobresimplificar), hablan de las propiedades conocidas de esta sustancia, acaban con notable frecuencia describiendo el BDNF como una molécula de gran importancia, con propiedades fantásticas, maravillosas, con efectos impactantes en multitud de funciones y espectaculares en el cerebro; en suma, con propiedades casi... «mágicas» (pensamiento mágico). Esto conduce a la errónea percepción de que el efecto del ejercicio físico, tan positivo para el cerebro, tiene lugar mediado por el BDNF, molécula (casi mágica) que hace todo lo que sabemos que hace. Estamos cerrando un círculo que el lector ya conoce. A saber: pensamos que el ejercicio produce un efecto en el cerebro a través de una sustancia (casi mágica) que es la respuesta a todo. Nuestro cerebro encuentra la explicación que necesita y completa el patrón, fin de la historia. El cerebro se queda satisfecho. Pero no. Lamentablemente, no es así de fácil. Estamos sobresimplificando. Y de eso se ocupa la ciencia, no de contentar al cerebro, sino de averiguar cómo es la naturaleza. Pero la ciencia la hacemos científicos dotados de un cerebro, cerebro que está deseando que se sienta satisfecho.

¿Por qué todo esto es importante? Realmente, tiene trascendencia a varios niveles. El más significativo es que, años después de empezar a acumularse evidencias científicas acerca del papel fundamental del BDNF en los efectos del ejercicio en el cerebro, apareció una segunda molécula «igual» de importante, el IGF-1 (factor de crecimiento parecido a la insulina número 1, de las siglas en inglés *insulin-like growth factor 1*), del que hablaremos más adelante. Pero, antes, ¿se imaginan qué viene a continuación? Años más tarde apareció el VEGF (factor de crecimiento vascular del endotelio, de las siglas en inglés *vascular endotelial growth factor*). «Igual» de importante. Los lectores que hayan seguido un orden estricto en la lectura de los capítulos de esta obra ya conocen también a la interleuquina 6, la irisina... no hace falta seguir. Todos son «igual» de importantes. Y todos ellos interactúan los unos con los otros. El panorama es ciertamente más complejo, mucho más complejo que pensar que hay moléculas mágicas que lo explican todo. Por ello, cuando a continuación hablemos del papel del BDNF, del IGF-1, de las exerquinas, de las hormonas y de otros mecanismos neurobiológicos del efecto del ejercicio, el lector debe tener muy presente que, lejos de acudir al pensamiento mágico, estamos componiendo un puzle cuyas piezas van surgiendo poco a poco a lo largo del tiempo, sin que veamos la imagen total que componen las pequeñas piezas que vamos encontrando. El científico no sabe cómo es el dibujo final mientras pone las piezas, solo las encaja en la forma que las evidencias sugieren y, a veces, una pieza tiene que ser recolocada en otra posición. A partir de este punto, el lector sabrá entender y perdonar que establezca secciones llamadas «BDNF» o «IGF-1», como si cada uno de estos factores actuara por separado. Sobresimplificación.

BDNF

Durante el ejercicio físico, el músculo esquelético secreta y libera a la sangre BDNF (que, como mencionamos en el capítulo 5, es tanto una exerquina —molécula que se secreta por acción del ejercicio— como una mioquina —molécula que se genera en el músculo—). Para no sobresimplificar, el músculo esquelético en ejercicio es también la fuente de la interleuquina 6, la irisina y otras muchas moléculas relevantes en nuestra historia. Y, para complicarlo aún más, si el BDNF se produce en el músculo esquelético durante el ejercicio, ¿por qué se llama *factor derivado del cerebro*? La razón es que se descubrió por primera vez en el cerebro en 1982[129], se le puso ese nombre y así ha quedado. De hecho, es fundamental sobre todo por sus acciones en las células cerebrales.

Una vez en la sangre, el BDNF alcanza cualquier otro órgano del cuerpo y, como tiene receptores específicos en todas las células del organismo, ejerce una función en cada uno de ellos[130]. Sobre todo, es importante conocer que el ejercicio físico incrementa los niveles de BDNF dentro del cerebro. Pero el cerebro está rodeado de una protección muy particular que impide la entrada de muchas moléculas desde el torrente sanguíneo, que se conoce como *barrera hematoencefálica*. Y no está claro si el BDNF cruza o no la barrera hematoencefálica, pues no todas las evidencias científicas apuntan en la misma dirección. Por lo tanto, es probable que los efectos del ejercicio sobre el cerebro mediados por BDNF se deban a BDNF sintetizado dentro del propio cerebro y que el ejercicio incrementa. No obstante, otras mioquinas secretadas por el músculo en respuesta al ejercicio sí cruzan la barrera hematoencefálica (lo hacen varias, de hecho) y estas son, entre otras, la irisina y el lactato, que sí pueden inducir la secreción de BDNF dentro del cerebro. O sea, el ejercicio incrementa el BDNF cerebral de tres maneras: 1) las propias neuronas que se activan por el ejercicio incrementan sus niveles de calcio intracelular y esto hace que las reservas de BDNF intraneuronal se activen; 2) las neuronas activas se comunican entre sí, y lo hacen mediante la liberación de neurotransmisores como glutamato, acetilcolina, noradrenalina y serotonina, que al activar a otras neuronas inducen la fabricación de BDNF, y 3) a través de la irisina y el lactato que vienen de la sangre. Pero entre el BDNF intraneuronal y las moléculas que vienen de la sangre, hay otro punto donde se produce más BDNF cerebral: el endotelio de los vasos sanguíneos del cerebro, que, en respuesta a la mayor circulación sanguínea debida al ejercicio, reaccionan secretando BDNF. En pocas palabras, tras el ejercicio, el cerebro se convierte en una fuente de BDNF.

El BDNF promueve la formación y maduración de nuevas neuronas (neurogénesis) y facilita la neurorregeneración, así como reduce la apoptosis (muerte neuronal). Potencia la plasticidad neural y, de este modo, contribuye a mejorar las funciones cognitivas. Además, induce angiogénesis (la formación de vasos sanguíneos y capilares en respuesta al ejercicio) a partir de los capilares y vasos que ya existen en el animal sedentario y gracias a los cuales se aporta energía a esas neuronas que están formándose y que están más activas[131]. Esta molécula ostenta el honor de ser la primera que se descubrió con este papel mediador del ejercicio y es sobre la que, con mucha diferencia, más experimentos se han hecho y más se sabe acerca de sus acciones en el cerebro. Merece, pues, este puesto en esta historia. Pero recuerden que no debemos sobresimplificar, así que seguimos con otras moléculas igualmente importantes.

IGF-1

El IGF-1 es un péptido parecido a la insulina y que ejerce acciones similares a las de la hormona del crecimiento, de ahí su nombre original. Representa un papel muy importante durante el desarrollo del cerebro, así como durante la etapa adulta en neurogénesis y sinaptogénesis (formación de neuronas y de sinapsis entre ellas). Tiene un potente efecto neuroprotector y está muy relacionado con el deterioro cognitivo en el envejecimiento y en enfermedades neurodegenerativas. Es una molécula evolutivamente muy relevante, ya que organismos tan primitivos como los gusanos nemátodos usan IGF para regular la longevidad, el envejecimiento y otros aspectos cruciales de su biología. Los insectos y, por supuesto, los mamíferos han servido para hacer experimentos en las últimas tres décadas que han puesto claramente de manifiesto que la familia de moléculas conocidas como *péptidos parecidos a la insulina* (ILP, del inglés *insulin-like peptides*) posee tantas funciones biológicas cruciales para la supervivencia de cualquier especie que cabe entenderlos como unos de los factores humorales (que viajan por la sangre) más relevantes que se conocen[132].

Sin pretender hacer una lista exhaustiva, valga aquí decir que el IGF-1 participa en el hígado en el control del metabolismo, en la diferenciación y proliferación de los adipocitos de la grasa corporal, en la cantidad de proteína de nuestros músculos, en la diferenciación y proliferación del hueso y en la reparación del cartílago, en la formación de folículos y la proliferación de las células de la glándula tiroides, en la diferenciación y proliferación de las células germinales y accesorias en los testículos, en el control de la función pancreática, así como de la función defensiva de los linfocitos, participa en la supervivencia y regulación de las células especializadas del riñón y en la diferenciación y proliferación de las células de los pulmones, y a ello sumémosle todas las funciones que hemos enunciado más arriba sobre el cerebro. Los péptidos de la familia de los ILP se han usado ventajosamente a lo largo de la evolución para, primero, controlar el gasto energético en función de la actividad del organismo y, posteriormente, para proteger, reparar y modular plásticamente el cerebro[133]. Además, dado que la principal fuente de IGF-1 en el organismo adulto se encuentra fuera del cerebro y que su presencia dentro de este órgano depende de la actividad física, se convierte en el factor ideal para activar funciones de plasticidad y protección neuronal en respuesta a la actividad del propio organismo. De este modo, el IGF-1 es, probablemente, una de las moléculas más importantes en nuestra historia del ejercicio físico y el cerebro. La razón es que la función original que la evolución destinó al IGF fue la supervivencia celular y el control del número de neuronas (incluso en los gusanos nemátodos), mientras que en mamíferos una de las más llamativas funciones del IGF-1 en el cerebro es el control de la formación de neuronas nuevas en el adulto, es decir, la neurogénesis hipocampal adulta (que veremos en el siguiente capítulo). La naturaleza ha aprovechado moléculas que tienen efectos en ciertas especies, a través de sus receptores celulares, para nuevas o similares funciones en otras especies. En el caso del IGF-1, si lo unimos al ya mencionado papel como transmisor de señales de actividad física del organismo hasta el cerebro, se convierte en el agente que hace que el cerebro funcione mejor cuando el cuerpo está activo.

Uno de los aspectos más intrigantes e interesantes de la acción del IGF-1 como heraldo de la actividad física del organismo dentro del cerebro es su especificidad para señalizar aquellas áreas del cerebro que están más activas[134]. Es decir, cuando el IGF-1 es secretado por el hígado, inducido por el ejercicio físico, circula por la sangre, atraviesa la barrera hematoencefálica y entra en el cerebro, sus acciones no se llevan a cabo en todas las regiones neurales por igual. Por el contrario, produce más efectos en aquellas regiones cerebrales que ya desarrollan una actividad basal más alta. Para explicar cómo se producen, hablemos primero del mecanismo conocido como *acoplamiento neurovascular*. Se sabe hace muchísimo tiempo que la actividad neuronal en una región del cerebro produce cambios locales en el flujo sanguíneo de esa región[135]. De esta manera, por decirlo de una forma sencilla, aquella región que está más activa tiene más riego sanguíneo, y viceversa. El objeto de este acoplamiento es sencillo: conseguir que el oxígeno y los nutrientes de la sangre lleguen eficazmente a las regiones donde las neuronas están más activas y más necesitan dichos aportes. Precisamente porque existe acoplamiento neurovascular en el cerebro, podemos medir la actividad neural midiendo cuánta sangre hay en una región particular de este, lo que es la base de la resonancia magnética funcional (fMRI, del inglés *functional magnetic resonance imaging*). Pues bien, del mismo modo que, a mayor actividad cerebral, mayor riego sanguíneo (acoplamiento neurovascular), se ha demostrado hace más de una década que, a mayor actividad neuronal en una región específica del cerebro, mayor captación de IGF-1 circulante en sangre por dicha región neural[136]. Esto se conoce como *acoplamiento neurotrófico*[137].

Podemos resumir el acoplamiento neurotrófico como la acción doble de las señales que emiten las células activas de una región cerebral. Esas células activas pueden ser tanto neuronas activas (fundamentalmente a través del óxido nitroso) como astrocitos activos (sobre todo a través de las prostaglandinas y el ATP). Cuando estas células se activan, sus señales incrementan el acoplamiento neurovascular (mayor aporte de sangre a la zona) y, al mismo tiempo, generan cambios en las proteínas de unión al IGF-1 que hay en los capilares sanguíneos de dicha región neural, liberándose el IGF-1 para que entre en el parénquima nervioso. Es como si el IGF-1 de la sangre no pudiera entrar dentro del cerebro hasta que unas señales específicas dieran su visto bueno a las proteínas que lo sujetan dentro de los vasos sanguíneos para que lo liberen. Esas señales se producen en aquellas neuronas y astrocitos de las regiones más activas del cerebro. De algún modo, podemos pensar que los efectos beneficiosos del ejercicio tienen mayor incidencia si nuestro cerebro está activo, está trabajando, y estamos pensando. Y no me refiero a estar pensando *mientras* se hace ejercicio. Recordemos que los efectos del ejercicio duran días después de haber hecho el entrenamiento, especialmente si este es habitual, casi diario; por tanto, me estoy refiriendo a las regiones cerebrales activas durante la jornada (aunque estemos en reposo físico justo cuando las activamos). Dicho rápidamente, si entrenamos durante la mañana y estudiamos por la tarde, el incremento de IGF-1 en sangre debido al entrenamiento matutino tendrá efecto especialmente en la región del cerebro que usemos de forma activa por la tarde.

Afortunadamente, esto no quiere decir que no haya beneficios en aquellas regiones menos activas. Pero sí significa que los efectos son especialmente relevantes si aquellas regiones del cerebro que están involucradas en el aprendizaje y el recuerdo de información, como por ejemplo el hipocampo, están trabajando activamente en paralelo a los períodos de entrenamiento. Y, como dos de las cosas más relevantes que tienen lugar en el hipocampo activo son, por un lado, que procesa información espacial de nuestro entorno y, por otro, que se fabrican nuevas neuronas en el individuo adulto, esto quiere decir que el cerebro de un sujeto físicamente activo que además esté manejando información nueva no solo tendrá más fácil su aprendizaje y su memorización, sino que generará más neuronas para procesar dicha información.

Para completar la historia, pensemos en lo que sucede en un cerebro que está envejecido (por edad o porque el sujeto es sedentario, situaciones que tienen el mismo efecto). Si el sujeto es mayor, tendrá menor cantidad de IGF-1 en sangre de manera natural. Y, por lo tanto, tendrá menor capacidad para aprender y memorizar información, presentará menos neurogénesis con la que procesar dicha información y su cerebro estará menos activo, con lo que se generarán menos señales para que el IGF-1 de la sangre entre al cerebro a paliar esa situación. En el sujeto sedentario sucede exactamente lo mismo. A pesar de que el sujeto joven sedentario tenga mayor cantidad de IGF-1 disponible, si no se incrementa su entrada en el cerebro porque no hace ejercicio, el efecto es el mismo, especialmente si su sedentarismo es pasivo y su cerebro no muestra actividad intelectual específica y activa. Pero ambas cosas pueden revertirse con un estilo de vida activo y ejercicio físico. En ese caso, se incrementará el IGF-1 disponible (incluso en el anciano, hasta donde sus límites de producción de IGF-1 sérico lo permitan). Este IGF-1 llegará en mayor cantidad al cerebro por el acoplamiento neurovascular. Y, finalmente, entrará en aquellas regiones más activas del cerebro gracias al acoplamiento neurotrófico.

No se trata, por tanto, de introducir IGF-1 exógeno en el organismo. Eso no serviría de gran cosa. Se trata de movilizar el que ya tenemos dentro para que penetre en el cerebro. Y, si es en un cerebro activo, el efecto se potencia y se multiplica, especialmente en las regiones más activas. Como decía La Mettrie, el cuerpo —y, más concretamente, nuestro cerebro— se «da cuerda a sí mismo».

Irisina

Gracias a un ciclo fisiológico que ya resultará familiar al lector, la irisina se secreta por el músculo esquelético en respuesta a la práctica de ejercicio físico, circula por la sangre, atraviesa la barrera hematoencefálica y ejerce sus acciones dentro del cerebro (como explicamos en el capítulo anterior). Entre estas, destaca su papel disparando la acción del BDNF (otro viejo conocido). Pero eso no es todo.

La irisina circulante en sangre tiene efectos metabólicos importantes en osteogénesis, reducción del tejido adiposo, hipertrofia del músculo y neurogénesis en el cerebro, entre otros. Además, se da la circunstancia (una vez más) de que los niveles de irisina en el cerebro están disminuidos en los enfermos de Alzheimer; si sus niveles en sangre aumentan, se produce una mejora cognitiva en los modelos de ratones de Alzheimer, así como en la capacidad cognitiva normal de ratones sanos[138]. No nos sorprenderá saber, a estas alturas, que los ratones de laboratorio que carecen de esta proteína en el músculo, por mucho ejercicio que hagan, no pueden secretarla y, así, la mejora cognitiva inducida por ejercicio no se produce. Asimismo, la neurogénesis de estos animales sin irisina es anormal. Esto parece sugerir que la neurogénesis hipocampal adulta, la formación de neuronas nuevas en el hipocampo, está diseñada para depender en parte de la irisina secretada por el músculo debido a la actividad física. Se trata, de nuevo, de un llamativo ejemplo de cómo el reloj se da cuerda a sí mismo.

Lactato

El lactato producido durante el ejercicio también cruza la barrera hematoencefálica, con el objeto de proveer al cerebro del sujeto activo de una fuente extra de energía, ya que la glucosa que se utiliza en reposo no es suficiente para cubrir las necesidades energéticas del cerebro durante la actividad física. Una vez dentro del cerebro, el lactato también será aprovechado para otras funciones, como, por ejemplo, la neuroprotección y la reducción del estrés oxidativo. Pero debemos volver a su origen, el músculo, para explicar cómo provee de energía a las neuronas.

En la década de los ochenta, el paradigma del funcionamiento del músculo cambió para siempre cuando George Brooks tuvo la idea de la lanzadera de lactato en el músculo[139]. La idea parte de que el músculo, que está compuesto por dos tipos de fibras distintas, unas de contracción más rápida que las otras, utiliza las más rápidas en los movimientos más explosivos y súbitos para generar gran fuerza y contracción, pero se fatiga rápidamente. Ambos fenómenos (su capacidad de trabajo y su agotamiento rápido) se deben a que emplean la vía glucolítica como suministro de energía (glucosa y glucólisis). Por el contrario, las fibras más lentas se usan cuando se requiere un tiempo largo de empleo del músculo y, por consiguiente, resistencia. Generan menos fuerza, pero su capacidad dura mucho más tiempo, debido a que usan la vía oxidativa como suministro de energía (lactato y fosforilación oxidativa del ciclo de Krebs). El quid de la cuestión reside en que las fibras rápidas, una vez que agotan su capacidad de trabajo y terminan con toda la glucosa disponible, han generado cantidades de lactato que es trasvasado (a través de la lanzadera de lactato) a las fibras lentas, donde se emplea como combustible aprovechable para su funcionamiento específico. El paradigma según el cual el lactato era un producto de desecho del funcionamiento del músculo fue sustituido por la visión del lactato como un combustible más, usado de manera diferencial por las distintas fibras musculares.

Pues bien, lo interesante del caso es que, en la década de los noventa, Pierre Magistretti hizo extensivo este paradigma al cerebro, desmontando también en las células neurales la idea anterior sobre el lactato[140]. Según el nuevo planteamiento, los astrocitos del cerebro usan glucosa a través de la glucólisis generando lactato (de manera parecida a como hacían las fibras rápidas del músculo) y lo trasvasan (a través de la lanzadera de lactato astrocito-neurona) a las neuronas, que lo usan en el ciclo de Krebs para producir la energía necesaria (de manera parecida a las fibras lentas del músculo). Esto tiene lugar de manera fundamental cuando las neuronas están activas, ya sea por actividad de aprendizaje o memorización, ya sea por ejercicio físico o por cualquier otra función. El paradigma, de igual manera que el del músculo, cambió a una visión del lactato producido dentro del cerebro como combustible cerebral, empleado de manera diferencial por astrocitos y neuronas.

El círculo se cierra de manera sumamente elegante cuando se observa que el lactato producido fuera del cerebro (en el músculo por el ejercicio físico, concretamente) puede también cruzar la barrera hematoencefálica y servir como combustible directamente a las neuronas[141]. Lo que sucede es, literalmente, que el combustible extra generado en el músculo durante el ejercicio físico sirve como combustible para las neuronas activas en el cerebro, facilitando su función cognitiva. Como aquellas regiones cerebrales que están más activas son capaces de reclutar más IGF-1, tanto para generar un mejor estado de salud de todas las células como para fabricar nuevas neuronas, y esas neuronas consumen el combustible extra (lactato) procedente del músculo, este es un caso perfecto de aprovechamiento de recursos moleculares y celulares. Ciertamente, el ejercicio físico permite y acelera la capacidad del cuerpo y el cerebro para darse cuerda a sí mismo.

CAPÍTULO 7

¡MÁS NEURONAS! ¡ES LA GUERRA!

«Todo puede morir, pero nada puede regenerarse. Es tarea de la ciencia del futuro modificar este cruel decreto.»

RAMÓN Y CAJAL, 1913

«A diferencia de lo que se creía hasta ahora, el cerebro de los mamíferos adultos puede generar nuevas neuronas en ciertas regiones.»

JOSEPH ALTMAN, 1965

En 1913 Ramón y Cajal postuló que, una vez concluido el desarrollo del sistema nervioso, no se formaban nuevas neuronas. Cincuenta años más tarde, Joseph Altman mostró por primera vez la probable formación de una neurona nueva en el hipocampo. Y poco más de cincuenta años después, es decir, un siglo después de Cajal, sabemos que el cerebro humano forma nuevas neuronas incluso durante la vida adulta. ¿Por qué esto es tan importante?

Un gusano nemátodo (*Caenorhabditis elegans*), que solo tiene 302 neuronas, es capaz de llevar a cabo labores de procesamiento sensorial complejas que le permiten huir de un estímulo amenazador o buscar alimento. ¿No es esto lo mismo que realiza una ardilla o un ratón, con 70 millones de neuronas? Aunque estas comparaciones parezcan absurdas, sirven para ilustrar un debate interminable en neurociencia: ¿el tamaño importa? Hemos oído numerosas veces que la complejidad del cerebro humano actual se debe a que se incrementó su tamaño al adoptarse la postura vertical. Sus 86 000 millones de neuronas están embutidas en unos 1300 centímetros cúbicos. Comparativamente hablando, los 900-1000 centímetros cúbicos del cerebro del *Homo erectus* contendrían un número de neuronas considerablemente menor, lo que podría explicar la diferente complejidad de las tareas abordables por ambos cerebros[142].

Pero un cuervo o un pulpo son capaces de resolver también problemas asombrosamente complejos. Un cuervo tiene 1500 millones de neuronas en un volumen de 20 centímetros cúbicos. Y un pulpo tiene 500 millones de neuronas en un volumen de entre 2 y 8 centímetros cúbicos. Parece que esto sugiere que el número de neuronas no es lo único importante[143], sino que, lógicamente, también lo sería cómo están conectadas estas neuronas. Un ser humano actual tiene varios centenares de billones de sinapsis. Un chimpancé, «solo» 100 billones. Buena diferencia. Y un ratón, 100 000 millones. Parece claro que hay un patrón. Siguiendo con esta argumentación, el pulpo se mantiene dentro del patrón y oscila también en torno a los 100 000 millones. Sin embargo, los peces son capaces de navegar en laberintos experimentales a pesar de tener cerebros de 90 milímetros cúbicos con 10 millones de neuronas, pero 100 000 millones de sinapsis. Parece que, definitivamente, lo más importante es el número de sinapsis.

Pero esperen. El complejo comportamiento que puede llegar a desplegar una abeja requiere «solo» 100 millones de sinapsis. Probablemente, hay algo más. No es aquí donde se vaya a resolver esta vieja cuestión, pero sí a trabajar sobre el concepto, ya introducido, de plasticidad neural. Y es que las diferencias estructurales entre un cerebro y otro que sí generan diferencias funcionales en plasticidad neural son las que marcan la diferencia. O, al menos, parte de ella. Lo que veremos a continuación es cómo, en una estructura como el hipocampo de los mamíferos, unas pocas neuronas más o menos pueden suponer una sobresaliente diferencia en plasticidad. Y esto sí puede marcar diferencias en la capacidad para resolver problemas.

Neurogénesis hipocampal adulta

He aquí uno de los procesos del cerebro más intrigantes y emocionantes en los que la neurobiología se ha enfrascado durante los últimos sesenta años. Consiste en la formación de nuevas neuronas en el hipocampo durante la vida adulta —e incluso durante el envejecimiento— y tiene varias características que lo hacen tan relevante como llamativo. Es muy significativo por cuanto estas células constituyen entre un 4 y un 10 % de las neuronas granulares que puede tener un sujeto en el hipocampo (los números exactos se refieren a ratones de laboratorio, de los que más información a este respecto se tiene). También porque son las protagonistas de varios procesos cognitivos clave y que incluyen aspectos de aprendizaje y memoria. Además, están relacionadas estrechamente con el estado de ánimo, en concreto con la depresión y la ansiedad. Y son muy sensibles a los cambios de estrés o de actividad física y sedentarismo. Para redondear su importancia como objeto de estudio, la neurogénesis hipocampal adulta ha protagonizado uno de los debates más reñidos de la neurobiología en estas últimas seis décadas.

Cuando, a mediados de los sesenta, Joseph Altman reportó por primera vez la existencia de neurogénesis en el hipocampo de una rata adulta[144], comenzó una carrera por analizar si esto se debía a un artefacto experimental o a un fenómeno real del cerebro de los mamíferos adultos. Los defensores de la neurogénesis reportaban de artículo en artículo más y más evidencias sobre la formación de nuevas neuronas, incluyendo diferentes métodos para marcarlas y distinguirlas de las demás, diferentes subregiones del hipocampo, diferentes edades de los animales en estudio, diferentes especies, y así sucesivamente. Los detractores de la neurogénesis alegaban que las células marcadas no eran neuronas, sino células adyacentes, muy pegadas a las neuronas, por lo que el marcaje se confundía; o que eran células moribundas (que pueden expresar, transitoriamente, los mismos marcadores que las recién nacidas); o que eran neuronas que expresaban marcadores de célula indiferenciada en la edad adulta, pero que no acababan de nacer, sino que estaban ahí desde las etapas de desarrollo neural, y argumentos similares[145]. Décadas después, cuando la abrumadora avalancha de evidencias ya no era contestada por nadie, la neurogénesis adulta quedó firmemente establecida y consolidada para los mamíferos que se habían estudiado. Hubieron de pasar muchos años, por tanto, para que en 2011 se le concediera el Premio Príncipe de Asturias de Investigación Científica y Técnica a Joseph Altman por su descubrimiento de la neurogénesis, reconocida así de manera universal. Afortunadamente, varios años antes, miles de científicos basaron sus carreras profesionales en el análisis de los pormenores de estas nuevas neuronas, ante la evidencia científica de su existencia.

Pero, por raro que pueda parecer, las críticas a la posibilidad de la neurogénesis adulta, ya abandonadas, fueron sustituidas por un reparo que cundió como la pólvora en la década de los noventa y la primera década del siglo XXI. Una vez demostrada la formación de neuronas nuevas en el cerebro de los mamíferos, las aves, los reptiles y hasta los peces, se pensó que dicha neurogénesis tampoco aportaba tanto al conocimiento de cómo funciona el cerebro. Decían sus detractores que, puesto que a lo largo de la filogenia (es decir, las relaciones evolutivas y de parentesco entre las especies u otros grupos de seres vivos a lo largo del tiempo), las especies animales presentan cada vez menos neurogénesis, probablemente la neurogénesis adulta, aunque exista, serviría de poco[146], ya que parece ser una reminiscencia evolutiva que va desapareciendo a lo largo de la evolución. Esta crítica se basa en lo siguiente: los peces presentan neurogénesis adulta en prácticamente todas las regiones del cerebro, mientras que los reptiles y las aves la tienen restringida a unas pocas áreas (las aves, por ejemplo, solo a las zonas implicadas en el canto), y en los mamíferos solo se observa en tres zonas: el hipocampo (del que estamos hablando), los ventrículos laterales (que generan neuronas que migran hasta el bulbo olfatorio) y el propio bulbo olfatorio (estas dos últimas regiones implicadas, lógicamente, en la olfacción). Es decir, a lo largo de la evolución, parece que la formación de nuevas neuronas en el cerebro adulto, terminado ya el desarrollo neural, va desapareciendo y convirtiéndose en un vestigio filogenético, un recuerdo del pasado, cuya relevancia funcional en especies muy cefalizadas, como los mamíferos, parece estar disipándose. El valor de esta crítica reside en algo bastante incómodo para los científicos: no se puede probar o desmentir por el momento. Y la razón es que parte de un hecho o evidencia científica (a lo largo de la escala filogenética cada vez hay menos regiones con neurogénesis adulta), pero llega a una interpretación (ese hecho significa que la neurogénesis adulta no es funcionalmente importante). Más adelante, resolveremos este conflicto con nuevas evidencias que aparecieron a partir de 2008. Pero, antes, hay que mencionar otro argumento muy habitual en la época: la otra razón por la que su papel para el cerebro sería, probablemente, prescindible e irrelevante es porque estamos hablando de muy pocas neuronas, solo un 5-10 % del total de neuronas granulares del giro dentado hipocampal. Por esto, hemos empezado este capítulo hablando de si tener más o menos neuronas es importante en neurobiología.

Si bien estaba ya claro a finales del siglo XX que los mamíferos, en general, presentaban neurogénesis adulta, en los seres humanos no se había podido demostrar aún; seguían pareciendo la excepción a toda regla. Así pues, la carrera continuó, exactamente con los mismos mimbres con los que se había tejido hasta entonces, pero para los seres humanos. Del mismo modo, se acumularon evidencias indirectas de neurogénesis adulta en seres humanos, mientras, por otro lado, se argumentaba que no eran suficientes, precisamente por ser pruebas indirectas[147]. Y eran indirectas porque, como es lógico, en seres humanos no se pueden llevar a cabo las mismas mediciones que con animales de experimentación. Se trata de un tema apasionante, que no solo aporta conocimiento relevante acerca de los efectos del ejercicio sobre nuestro cerebro, sino que, además, desvela una impresionante página de la historia reciente de la neurobiología, por lo que vamos a ver con detalle cómo ha transcurrido este último cuarto de siglo para la neurogénesis adulta en seres humanos.

Los últimos veinticinco años han sido testigos del avance de la carrera por la neurogénesis adulta en dos ámbitos distintos: 1) por una parte, respecto a los mamíferos no humanos, se competía denodadamente por averiguar si la neurogénesis adulta servía o no para algo relevante; 2) por otra parte, en los seres humanos, se trataba de averiguar si existía. Veamos qué ha pasado en estos años.

Hasta 2008, todas las evidencias del posible papel de la neurogénesis adulta en el cerebro de los mamíferos procedían de pruebas indirectas. Puesto que no se podía manipular directamente la formación de nuevas neuronas, se hacían intervenciones experimentales en animales de laboratorio: gracias a la introducción o la eliminación de alguna sustancia en sus cerebros, la neurogénesis aumentaba o disminuía, en comparación con los animales controles. Al disminuir la neurogénesis, los neurobiólogos podían investigar su función en condiciones normales. Al aumentar la neurogénesis, podían investigar si presentar más o menos neurogénesis cambiaba la capacidad cerebral de los animales. Y, ciertamente, los resultados no podían ser más interesantes. Los científicos observaron en multitud de *papers* y paradigmas experimentales distintos que, cuando se reducía mucho la neurogénesis, los animales perdían la capacidad para aprender y memorizar tareas que dependían del hipocampo. Además, les sucedía algo impactante (por si no poder aprender ni memorizar no lo fuera ya), y es que manifestaban síntomas asimilables a lo que, en los seres humanos, llamamos ansiedad y depresión. O sea, que las evidencias (indirectas) indicaban que el papel de la neurogénesis podía estar relacionado con el aprendizaje, la memoria y el estado de ánimo. En el otro lado, cuando se incrementaba notablemente la neurogénesis (por ejemplo, mediante ejercicio físico), los científicos observaron en otros muchos *papers* y con paradigmas muy variados que aumentaba la capacidad cognitiva de los animales, que eran más resistentes a la inducción de ansiedad o depresión a causa del estrés, y que, si ya sufrían esos síntomas del estado de ánimo, estos se reducían en algunos casos al someterse a la intervención (por ejemplo, los ratones que corren son más resistentes a la inducción de depresión por estrés). Es decir, la formación de nuevas neuronas en el cerebro adulto de los mamíferos parecía tener un papel fundamental en aspectos cruciales de la vida.

Pero recordemos que los detractores de la neurogénesis adulta decían que probablemente esta serviría para muy poco, no porque no estuviera implicada en «alguna» función, sino porque, evolutivamente, parecía ser un vestigio filogenético condenado a desaparecer. Y, como he mencionado, los científicos nos sentimos incómodos cuando una hipótesis científica como esa no se puede poner a prueba mediante experimentos, aunque lo que sí podemos hacer es discutirla argumentalmente. Supongamos por un momento que el hecho de que se formen neuronas nuevas en el cerebro adulto sea, efectivamente, algo que está desapareciendo del registro filogenético. Según esta hipótesis, como hace cientos de millones de años había muchas regiones cerebrales con neurogénesis en los mamíferos y ahora son muchas menos, dentro de cientos de millones de años las especies que hayan surgido y evolucionado podrían presentar aún menos neurogénesis y su función sería ya desdeñable. Pues el argumento contrario establece que está por ver qué sucederá dentro de 100 millones de años, pero, en la actualidad, cuando eliminamos la neurogénesis a los ratones de laboratorio, estos no pueden memorizar ni aprender como los controles y, además, muestran síntomas de depresión y ansiedad. Puede que en 100 millones de años la neurogénesis desaparezca, pero, a fecha de hoy, es imprescindible.

Sigamos la historia. Los detractores argumentaron entonces que el problema no era que «hoy» las nuevas neuronas no fueran importantes y no tuvieran «alguna» función relevante, sino que las evidencias al respecto eran indirectas. Porque, como hemos dicho, procedían de experimentos en los que, añadiendo o eliminando alguna sustancia o mediante alguna intervención con los animales, la neurogénesis aumentaba o disminuía. El problema reside en que esas sustancias o intervenciones pueden tener otros efectos, además de modificar la neurogénesis, y, quizás, los cambios observados en la conducta de los animales (que no aprenden bien o que se deprimen) se deban a esos otros efectos. Pongamos el caso que nos ocupa, el ejercicio físico. Supongamos que el ejercicio produce varios efectos en el cerebro, independientes unos de otros. Uno de ellos podría ser el aumento de nuevas neuronas en el hipocampo. Y, como consecuencia de esos varios efectos en el cerebro, el ratón aprende mejor y se estresa menos (que, ciertamente, es lo que sucede). ¿Qué nos hace pensar que el ejercicio hace más «listo» al ratón *porque* aumenta el número de neuronas? Igual es por otra razón, por otro de esos efectos. De ahí que la evidencia fuera indirecta y que, por lo tanto, no estuviera definitivamente demostrado que las nuevas neuronas, la neurogénesis, tuvieran como función aumentar la capacidad cognitiva o mejorar el estado de ánimo de los ratones.

Y llegamos al 2008. Ese año, tres grupos de investigadores distintos crearon tres modelos distintos de ratones de laboratorio, que solo se diferenciaban de los normales en que no presentaban neurogénesis hipocampal adulta, gracias a unas manipulaciones genéticas que únicamente cambiaban esto en el cerebro del ratón. Nada más. No se habían cambiado otros factores, simplemente no había en ellos neurogénesis hipocampal adulta. Esto representaba un paso sobresaliente en la historia de la neurogénesis, ya que los efectos que produjeran estas manipulaciones genéticas en el ratón sí serían achacables exclusivamente a la neurogénesis y no a otros factores. Pues bien, estos ratones aprendían y memorizaban mal, y, en algún caso, desarrollaban resistencia al tratamiento con antidepresivos y ansiolíticos. Esto es muy importante, pues demostraba que el papel real de la neurogénesis era participar en el aprendizaje y la memoria de los ratones y en su estado de ánimo. Pero también significaba que el efecto del tratamiento con antidepresivos y ansiolíticos podía requerir que la neurogénesis estuviera intacta y que, por tanto, su efecto farmacológico se debía a que aumentaba la neurogénesis hipocampal adulta. Nada menos.

De cara a lo que nos ocupa, no solo la neurogénesis adulta existía, tampoco importaba que no fuera un vestigio filogenético, sino que también cumplía (con evidencias directas) funciones específicas en el cerebro, que, además, eran muy importantes. Ya solo les quedaba a los detractores agarrarse a la incomprensión ante el hecho de que tan pocas neuronas sirvieran para tanto. Pero las evidencias apuntan por el momento a la importancia de esas nuevas neuronas en el hipocampo.

Ahora estamos sobradamente preparados para averiguar qué sucedió con la otra carrera, la de la neurogénesis en los seres humanos. Les sorprenderá o no, pero les va a sonar. Voy a detallarlo porque aprenderemos mucho de nuestra neurobiología. Para empezar, cuando las primeras evidencias de que había neurogénesis en seres humanos se publicaron, se decía que eran evidencias indirectas. ¿Les suena? La primera reconocible históricamente se debe a la investigación que llevaron a cabo Fred Gage y Peter Eriksson en 1998[148]. Examinaron los cerebros, donados voluntariamente para la ciencia, de pacientes de cáncer que, durante sus tratamientos, antes de su fallecimiento, habían recibido quimioterapia mediante dosis de bromodeoxiuridina (BrdU), un tratamiento destinado a matar las células cancerosas en división[149]. Pero el problema es que hace lo mismo con cualquier otra célula del organismo que se divida. Por ejemplo, con los folículos pilosos. Los destruye igualmente. Por eso, una de las consecuencias de la quimioterapia es la pérdida de pelo. Este desagradable problema tenía una particularidad inesperada. Al introducirse este agente quimioterapéutico en el ADN de las células que se dividen, también lo haría (de hecho, así sucede en todos los modelos de animales de experimentación que se han usado durante décadas) en las células del cerebro que se estuvieran dividiendo, ya fueran astrocitos o neuronas, o cualquiera otra. Sabemos que los astrocitos se dividen, pero las evidencias indicaban que las neuronas maduras no se dividen. Y, hasta hoy, pensamos que no lo hacen. Pero sí podría introducirse en una célula en división que fuese un precursor de una neurona. Es decir, una célula madre (precursora) o un progenitor celular de una neurona (en el cerebro, existen células madres precursoras, sus células hijas que aún se dividen y que llamamos progenitoras, y finamente las neuronas recién nacidas). Una vez introducido BrdU en el ADN de la célula, las células hijas y, en caso de no desaparecer antes, las neuronas maduras a las que estos progenitores dieran lugar, arrastrarían consigo esta marca de BrdU. La BrdU puede detectarse después, cuando el animal de experimentación es sacrificado, mediante una técnica denominada *inmunohistoquímica*, que, mediante anticuerpos sumamente específicos, revela si el marcador está en el tejido y en qué células. De hecho, este procedimiento es tan eficaz que es la manera natural en la que actualmente los neurobiólogos detectamos si una célula se divide o no. Se inyecta BrdU en el cuerpo de un animal de experimentación y, tras cierto tiempo, se examina el cerebro del animal mediante inmunohistoquímica para ver, a través del microscopio, qué células han incorporado (si lo ha hecho alguna) esta BrdU, y con ello deducimos que alguna célula madre o progenitor estaba dividiéndose en el momento en que inyectamos BrdU. Si, por ejemplo, desde la inyección de BrdU hasta la obtención del cerebro para prueba de inmunohistoquímica ha pasado un mes, sabemos que esa célula marcada con BrdU tiene un máximo de un mes de vida desde su nacimiento. Lo importante, además de su «edad», es que podemos certificar que esa célula ha nacido en el momento de la inyección o poco después. Es decir, que ha nacido en el individuo adulto, no es una célula que lleve en el cerebro desde el nacimiento. O sea, que es una nueva célula nacida en la etapa adulta, que es neurogénesis adulta. Naturalmente, puede que esté en el tejido y puede que la encontremos en el cerebro del sujeto, pero ¿qué tipo de célula es? Porque, si es un astrocito, nadie se sorprenderá demasiado. Para averiguarlo los neurobiólogos podemos fiarnos de criterios morfológicos (la forma de la célula parece o no una neurona) o incluso de localización (se encuentra en una región que solo contiene neuronas), pero, sobre todo, utilizamos una doble inmunohistoquímica, detectando al mismo tiempo en el mismo tejido tanto la BrdU como otro marcador, altamente específico, del tipo de célula de que se trate, y especialmente marcadores de neurona. Si una célula contiene un marcador de neurona y, en la misma célula, hay BrdU, es que esa neurona ha nacido en la vida adulta, concretamente cuando inyectamos BrdU o poco después. La llamamos *neurona recién nacida*, o, dicho de otro modo, es una nueva neurona fruto de la neurogénesis adulta. Lo mismo se hace para el hipocampo que para el ventrículo lateral, que para el bulbo olfatorio.

Cuando el equipo de Gage y Eriksson examinaron los cerebros de los donantes voluntarios una vez fallecidos, se encontraron que podían hallar rastros inequívocos de BrdU en neuronas en el giro dentado del hipocampo (exactamente la misma región del hipocampo donde existe neurogénesis adulta en otros mamíferos). Es decir, en el cerebro adulto de aquellos pacientes se habían formado neuronas en el momento de inyectarles la quimioterapia y, por tanto, tenían neuronas nacidas durante la vida adulta. Neurogénesis adulta en seres humanos. Pero, como era de esperar, algunos científicos críticos dijeron que, al tratarse de pacientes de cáncer, sometidos a muchos tratamientos y, especialmente, a quimioterapia con un agente que se introduce en el ADN, quizá todo ello hubiera alterado el resultado observable y que fuera un artefacto. A fin de cuentas, aunque en 1998 ya se creyera firmemente en que la neurogénesis adulta se daba en animales, el ser humano *debía* ser especial.

No voy a detallar artículo por artículo cómo continuó esta historia, pero sí me detendré en algunos hitos. En 2013, el grupo de Jonas Frisén publicó un famoso estudio que merece mucho la pena analizar[150]. Partió del conocimiento de lo que sucede con la radioactividad ambiental y el cerebro humano.

Antes de los años cuarenta y cincuenta del siglo XX, la radioactividad en el ambiente existía (hasta las piedras que hay en nuestros campos pueden albergar cierta cantidad de radioactividad) y, de diversas maneras (la más obvia, a través de las plantas que ingerimos en nuestra dieta), algo de esa radioactividad llegaba a nuestro cuerpo, sin gran trascendencia ni consecuencias graves para nuestra salud. Pero ahí estaba y puede medirse. De hecho, al examinar a su fallecimiento el cerebro de sujetos donantes voluntarios nacidos antes de la década de los cuarenta del siglo pasado, lo que esos investigadores encontraron es que el carbono-14 del ambiente se acumuló de manera preferente en aquellas células que se dividen. Y eso, en cualquier persona, sucede fundamentalmente durante el desarrollo prenatal y posnatal. Cuando nos estamos formando en el vientre materno, prácticamente todas las células del organismo se están dividiendo. Y captan esa radioactividad. Y aquí estamos. En el cerebro de cualquier sujeto nacido antes de dicha época, por tanto, será detectable una minúscula cantidad de carbono-14. Si se analiza en qué células se encuentra esa radioactividad, se puede observar que las células que se dividen durante toda la vida del individuo, como los astrocitos, albergan esa pequeña cantidad de radioactividad. Y, así, llegamos a las décadas de los cuarenta y cincuenta, cuando comenzaron las pruebas nucleares en el mundo. Durante los años de mayor actividad de pruebas nucleares en todo el planeta (entre los años cuarenta y ochenta), la radioactividad ambiental se incrementó mucho; hubo un pico máximo de actividad nuclear a mediados de los sesenta y, a partir de ahí, y a medida que los acuerdos de desarme nuclear fueron implementándose en un número cada vez mayor de países, la radioactividad ambiental fue decreciendo hasta hacerse de nuevo minúscula. Y aquí viene la elegante investigación de estos científicos. En los cerebros de los sujetos nacidos antes de la época de las pruebas nucleares, los astrocitos siguieron dividiéndose también, naturalmente, cuando vivieron los posteriores años de alta concentración ambiental de radioactividad y, por lo tanto, captaron más concentración de la que habían captado durante su desarrollo embrionario. Al examinar sus cerebros, los investigadores encontraron que los niveles de carbono-14 de esos astrocitos que se dividen toda la vida eran ligeramente superiores a la concentración de radioactividad típica que había en el momento en que nacieron, pero seguían siendo muy bajos. La razón, de nuevo, era que esas células no cesaban de dividirse durante toda la vida: cuando se habían dividido durante los años con más radioactividad, habían captado mucho más carbono-14, mientras que este se diluía cuando se dividían en épocas de menos radioactividad. Al morir, sus cerebros tenían muy poca radioactividad, pero ligeramente más que la (ya escasa) radioactividad presente en el ambiente cuando nacieron.

¿Qué sucedió con los cerebros de los que habían nacido durante la época de más actividad nuclear? Primero, que los astrocitos de sus cerebros contenían mucha más radioactividad que los de los nacidos antes o después. La razón es que había mucha más radioactividad en el ambiente durante su desarrollo embrionario, por lo que, consecuentemente, captaron mucha más. Pero, segundo y muy importante, que, a pesar de todo, contenían menos radioactividad que la que había en el ambiente cuando nacieron, porque en el trascurso de sus vidas —y gracias a los acuerdos de desarme nuclear— las sucesivas divisiones celulares hacían que la radioactividad se diluyera y fuera menor que la presente en el ambiente a su nacimiento (y, a pesar de todo, mucho mayor que en los nacidos antes o después).

Esta situación diferiría enormemente en aquellas células que no se dividieran en la edad adulta. La razón es que las células que no se dividieran no diluirían la radioactividad captada al nacer durante las épocas de poca radioactividad, ni captarían mucha más al vivir las épocas de mucha radioactividad. En pocas palabras, las células que no se dividen tendrían exactamente la misma radioactividad que hubiera en el ambiente cuando nacieron. O bien poca, si nacieron antes o después del pico nuclear de mediados de siglo, o bien mucha, si nacieron justo en el pico. Pero siempre la misma que hubiera en el ambiente. Es el caso de las neuronas.

Cuando los investigadores analizaron los cerebros de donantes voluntarios nacidos entre 1920 y finales de los noventa del siglo pasado y fallecidos a principios del siglo XXI, separaron los astrocitos de las neuronas del hipocampo de los sujetos. Los astrocitos, que se dividen, manifestaron exactamente la radioactividad que se esperaba en función de la fecha de nacimiento del sujeto. Pero, en cambio, las neuronas del hipocampo ofrecieron el siguiente resultado: si bien la radioactividad de las neuronas estaba, en todos los sujetos, muy cerca del nivel ambiental de cuando nacieron, no estaba exactamente en ese nivel. Las neuronas de los nacidos antes o después del pico nuclear mostraban (como con los astrocitos) muy poca radioactividad, pero estaba ligerísimamente por encima del nivel ambiental. Las de los nacidos durante el pico tenían (como los astrocitos) mucha radioactividad, pero estaba ligerísimamente por debajo del nivel ambiental. Esto solo podía explicarse si un pequeño porcentaje de neuronas había nacido en la etapa adulta y sus células madre se habían dividido. Este monumental trabajo demostraba (en sujetos sanos, no en pacientes de cáncer tratados con quimioterapia) que las neuronas debían de dividirse durante la etapa adulta, y por ello habían captado carbono-14 durante los años del pico nuclear de mediados de siglo, generándose los resultados observados.

La respuesta de los detractores fue que se trataba de una evidencia indirecta, porque seguíamos sin ver fehacientemente que esas neuronas se hubieran dividido, solo que acumulaban carbono-14, supuestamente porque se dividían, pero se trataba de «pruebas circunstanciales». Podemos, ahora, ir hasta el siguiente hito, en 2018. Durante la primera década del siglo XXI, se acumularon nuevos marcadores empleados extensivamente en el análisis de la neurogénesis adulta en animales de experimentación. Especialmente relevantes eran aquellos que tenían las nuevas neuronas de manera natural, sin necesidad de inyectarles BrdU ni ningún otro compuesto. De este modo, se podía analizar la existencia de nuevas neuronas en el cerebro adulto examinando moléculas naturales que contenían sus células. Uno de esos marcadores, llamado *doblecortina* (DCX), es muy interesante porque marca neuronas jóvenes, inmaduras, en diferenciación. Durante el desarrollo pre y posnatal, se encuentra en enormes cantidades en las neuronas del cerebro, porque todas ellas son jóvenes y se están formando y diferenciando. En 2018, el grupo de Álvarez-Buylla publicó un famoso trabajo en el que examinaba el cerebro de seres humanos en un rango de edad amplísimo, desde el nacimiento hasta la edad adulta[151]. Y, para que ni hubiera problemas con la administración de agentes quimioterapéuticos ni se tratara de marcadores exógenos radioactivos, utilizaron marcadores naturales, incluyendo DCX. De hecho, emplearon una batería de distintos marcadores. Encontraron que, una vez pasado el desarrollo cerebral, el número de neuronas jóvenes e inmaduras, nacidas después del desarrollo embrionario y posnatal, disminuía drásticamente; como muy tarde, hallaron unas pocas en un sujeto de trece años (y, en la mayoría, más jóvenes), pero no había ni rastro de nuevas neuronas después de los dieciocho años y en personas mayores. Este trabajo aportaba evidencia directa de que el ser humano no presentaba neurogénesis hipocampal adulta. Sin embargo, por la misma época, otros autores habían empleado estos mismos marcadores en tejido *post mortem* humano y habían detectado trazas de ellos en neuronas del giro dentado hipocampal. La polémica estaba servida.

En 2019, el grupo de María Llorens-Martín publicó sus no menos famosos trabajos[152] (confirmados en 2021). Como el marcaje con doble y triple inmunohistoquímica presenta algunos problemas técnicos (como que los anticuerpos que detectan el marcaje pueden no penetrar adecuadamente en el tejido, y que las condiciones en que el tejido a examinar se prepara para el análisis influyen enormemente en el resultado), estos científicos decidieron analizar cómo las diferentes condiciones de preparación del tejido podían afectar al marcaje, hasta que encontraron una combinación de parámetros que permitía preservar adecuadamente los marcadores y hacerlos accesibles para la inmunohistoquímica[153]. Esta labor, fruto a partes iguales de la creatividad científica y de un arduo trabajo, tuvo su importante recompensa. Se habían revelado las evidencias incuestionables de que en el ser humano sí se producía neurogénesis adulta.

En los últimos años, otros estudios han venido a corroborarlo, especialmente varios trabajos en los que se hallan evidencias de expresión génica diferencial en el giro dentado hipocampal que demuestran que existe neurogénesis hipocampal adulta. Pues bien, a fecha de hoy, muchos detractores de la neurogénesis siguen argumentando en contra de estas demostraciones: la expresión de estos marcadores de inmadurez celular, indicativos de la formación de nuevas neuronas en la vida adulta, quizá está ahí desde el nacimiento y estas neuronas, realmente nacidas durante el desarrollo, simplemente no han acabado de madurar y siguen expresando marcadores de neurona joven, por lo que no serían realmente nuevas neuronas nacidas en el adulto. Pero las evidencias se acumulan inexorablemente, pese a quien pese.

Llegados a este punto, no nos cabe la menor duda de que en el futuro se desarrollarán nuevas estrategias experimentales de análisis y que, de manera harto probable, nuevas e incontestables evidencias se acumularán, reportando que la neurogénesis adulta existe, que no importa si es vestigial, que cumple funciones en el adulto y que estas son muy importantes, y que todo ello tiene lugar, también, en el ser humano. La ciencia avanza a base de evidencias, independientemente de quién las publique o quién las apoye o las critique.

Ejercicio físico y neurogénesis

En cuanto al ejercicio físico y la neurogénesis, la evidencia acumulada en estas pasadas décadas nos confirma de forma inapelable que la práctica de actividad física, comparada con los sujetos controles (sedentarios), incrementa la neurogénesis adulta. En este punto hay que especificar que, en neurobiología, se conoce como neurogénesis adulta la suma de todos los acontecimientos que tienen lugar cuando se forma una nueva neurona en el cerebro adulto. Estos acontecimientos son: 1) la mera existencia de células madre en el tejido adulto, formando grupos donde se acumulan, así como las células hijas fruto de la división de esos precursores; 2) la división de las células madre, así como la división de sus hijas que se conocen como progenitores, con alta capacidad de división; 3) la salida de ciclo celular, o fin de la proliferación, momento en que la nueva célula ya comienza su período de maduración y se la conoce como neurona indiferenciada, neurona joven, neurona inmadura, nueva neurona, o cualquier nombre parecido; 4) el proceso de conexión de la nueva neurona, cuando sus prolongaciones, dendritas y axón, han crecido lo suficiente como para conectarse con la entrada natural de axones de otras regiones del cerebro, o como para conectarse con la salida natural de su axón a las dendritas de otras neuronas; de este modo, la conectividad se completa y la información comienza a fluir también a través de la nueva neurona. Todo esto en conjunto es lo que conocemos como neurogénesis adulta.

Es importante comprenderlo, porque resulta complejo designar con un único nombre, neurogénesis adulta, un proceso con tantas etapas tan diferentes. Así, por ejemplo, se puede encontrar que un fármaco, una intervención o un procedimiento cualquiera incremente la supervivencia, por poner solo un caso, de las neuronas inmaduras. Si esto sucede, habrá más neuronas inmaduras en los sujetos del grupo experimental que en los del grupo de control, y diremos que la neurogénesis adulta ha aumentado. Pero también podría ser que nuestras manipulaciones incrementaran la división de los progenitores sin aumentar la densidad de las neuronas inmaduras, y también diríamos que ha aumentado la neurogénesis adulta. Es, ciertamente, una cuestión difícil de entender para el público profano. Por ello, valga ahora decir que toda intervención experimental o natural (como el ejercicio físico) que aumente la neurogénesis adulta solo tiene trascendencia si, al final, como resultado del proceso, hay un aumento neto de neuronas inmaduras, y/o de neuronas maduras nacidas durante el adulto. Y voy a explicar por qué.

Parece claro que, si se incrementa el número de neuronas nuevas y ello conlleva engrosar el número de neuronas maduras nacidas en el adulto, estamos aumentando la población total de neuronas del hipocampo, y eso, a todas luces, es muy importante. Pero no resulta tan intuitivo deducir por qué es importante que aumente el número de neuronas inmaduras si al final no hay incremento del total de maduras. Sería como tener muchos adolescentes en un país en una década determinada, pero que luego, cuando estos crecieran, no aumentara la población total del país (porque los adolescentes emigraran, por ejemplo). Y, sin embargo, es muy relevante, pues las neuronas inmaduras, a pesar de serlo y estar madurando, debido a sus propiedades específicamente inmaduras, cumplen papeles concretos, diferentes y sustanciales en el circuito hipocampal.

La relevancia de la neurogénesis adulta no solo reside en que se formen nuevas neuronas en el cerebro adulto, sino también en que esas nuevas neuronas, mientras están creciendo y madurando, cumplen funciones específicas del cerebro que solo desempeñan durante un período determinado (mientras son inmaduras). Cuando maduren, cumplirán ya otras funciones más propias de las neuronas granulares maduras del giro dentado hipocampal. ¿Y qué sucede, entonces, con esas funciones cerebrales que desempeñaban esas neuronas inmaduras cuando estas maduran y crecen? Que pasan a ser desempeñadas por las neuronas inmaduras que vienen creciendo detrás. Es como si hubiera un papel concreto en nuestra sociedad destinado a los adolescentes. Cuando los adolescentes crecieran, dejarían de representar ese papel para desempeñar roles de adulto. Y aquellas funciones propias de adolescentes las llevaría a cabo la siguiente remesa de adolescentes que va creciendo detrás.

Generar una neurona nueva en un cerebro adulto es algo muy costoso que implica varios procesos (división de células madre y luego de progenitores, diferenciación y crecimiento de la nueva neurona inmadura, conexión con otras neuronas, etc.), por lo que solo se producirá si el sistema (cerebral) entiende que hay un motivo o un propósito para ello. Los dos motivos o propósitos más importantes para que suceda tienen que ver con que el cerebro esté muy activo, ya sea porque está realizando un trabajo intelectual intenso (aprendizaje y memoria, por ejemplo), ya sea por un trabajo físico intenso del organismo. Por ejemplo, el ejercicio. Si no, las neuronas inmaduras se detendrán en su desarrollo y, más tarde o más temprano, desaparecerán. Y las células madre y los progenitores dejarán de dividirse. Las neuronas que ya hayan llegado a madurar se quedarán para siempre en el circuito, pero no se generarán otras nuevas porque es muy costoso y el sistema (ahora sedentario o inactivo) entenderá que no hay un motivo[154]. Son precisamente aquellas neuronas nuevas que sí acaban incluidas en el circuito hipocampal de manera permanente las que conforman eso que hemos denominado «reserva cognitiva».

Está sobradamente demostrado que el tipo de ejercicio físico más eficaz para aumentar la neurogénesis hipocampal adulta y, con ello, la capacidad cognitiva en modelos animales de laboratorio es el ejercicio físico aeróbico. Especialmente el moderado o vigoroso, pero no el extenuante o muy vigoroso. El moderado o vigoroso aumenta la neurogénesis y la capacidad cognitiva, pero el extenuante no incrementa ni una ni otra (el número de citas al respecto sería interminable, por lo que he hecho una pequeña selección de las que recogen las mejores evidencias[155]). Por su parte, hay todavía pocas evidencias definitivas acerca del efecto sobre la neurogénesis del ejercicio de fuerza. Algunos trabajos recientes parecen indicar que no produce efectos positivos y que incluso contrarresta los beneficios obtenidos con el ejercicio aeróbico[156]. Pero se necesitan muchos más estudios para afianzar estas observaciones. En cuanto a los mecanismos genéticos y epigenéticos que median en estos efectos, han sido ampliamente estudiados y hay consenso acerca de cuáles son los innumerables factores que participan en el proceso[157]. Valga aquí recordar que los principales factores reportados son el BDNF[158], el VEGF[159] y, por supuesto, por encima de todos, el IGF-1[160].

En cuanto a los seres humanos, como no podemos analizar directamente (aún) la neurogénesis adulta en el interior del cerebro de humanos vivos, solo disponemos de evidencias indirectas. Así, por ejemplo, sabemos que cuando se usa activamente el hipocampo (por ejemplo, cuando se usa y procesa de manera continuada mucha información espacial), el volumen del hipocampo aumenta. Este aumento del volumen del hipocampo bien podría deberse a un incremento en el número de neuronas. Pero mucho nos tememos que es más bien debido a un aumento del volumen de las neuronas y del tejido hipocampal que ya existía, no necesariamente porque aumente el número de nuevas neuronas (aunque también pueda darse, pero no se puede determinar). Este es el caso, por ejemplo, de los taxistas de Londres: a fuerza de memorizar las calles de la ciudad, tenían un hipocampo con mayor volumen que el de la mayoría de los sujetos[161]. En el caso del público en general, hay suficiente evidencia de aumento del volumen hipocampal por la práctica de ejercicio, según un reciente metaanálisis[162]. La mala noticia es que este potente efecto del ejercicio parece perder efecto con la edad, según otro reciente metaanálisis[163]. Habrá que esperar, como los propios autores señalan, a que se superen ciertas limitaciones metodológicas de la mayoría de los estudios para desentrañar si los efectos pueden estar enmascarados por la enorme variabilidad de los sujetos.

En conclusión, el ejercicio físico y un estilo de vida rico y saludable incrementan el número de nuevas neuronas en el hipocampo del individuo adulto. Esto conduce a una reorganización del cerebro en todos los mamíferos, probablemente también en el ser humano, y es, directamente, la causa del cambio en nuestras capacidades cognitivas y nuestro estado de ánimo[164]. Terminaré citando a Fred Gage (2025), uno de los padres de la neurobiología moderna, especialmente en lo que a neurogénesis adulta se refiere[165]:

En una parte del cerebro llamada hipocampo, los adultos tienen células madre que pueden transformarse en nuevas neuronas. Estas nuevas neuronas primero son inmaduras y, con el tiempo, se convierten en neuronas adultas que funcionan normalmente. La cantidad de nuevas neuronas que se producen y sobreviven depende tanto de factores internos del propio cerebro como de lo que sucede fuera de él. Por ejemplo, algunas sustancias y proteínas dentro del cerebro ayudan a controlar este proceso, mientras que cosas como hacer ejercicio, vivir en un entorno estimulante, sufrir estrés o tener epilepsia también influyen desde fuera.

Cada vez entendemos mejor para qué sirven estas nuevas neuronas: parecen ser importantes cuando necesitamos distinguir entre cosas muy parecidas, como reconocer personas, lugares u objetos que se parecen mucho entre sí. Sin embargo, cuando las diferencias son grandes, estas neuronas nuevas no parecen ser tan necesarias.

La mayoría de los estudios sobre este tema se han hecho en animales de laboratorio, como ratones y ratas. En humanos, la primera prueba de que los adultos pueden generar nuevas neuronas se encontró en 1998, cuando se analizaron cerebros de personas que habían recibido una sustancia especial para marcar células nuevas y se vio que algunas de esas células se habían convertido en neuronas maduras. Después, otros estudios con diferentes métodos han confirmado que los humanos también pueden producir nuevas neuronas en la adultez. Sin embargo, todavía necesitamos estudios que permitan observar este proceso en personas vivas para entender mejor cómo cambia con la edad y las enfermedades.

¡Más madera! ¡Es la guerra! (perdón... ¡Más neuronas! ¡Es su vida!)

CAPÍTULO 8

TODO EN SU JUSTA MEDIDA O LA VIRTUD DE LA MODERACIÓN. HORMESIS

«Hemos de elegir el medio, y no el exceso ni el defecto.»

ARISTÓTELES, *ÉTICA A NICÓMACO*

EL TÉRMINO MEDIO Y LOS EXTREMOS

En este capítulo hablaremos largo y tendido sobre el término medio entre los extremos. Este es, por encima de todo lo demás, el tema central de este libro. Como veremos, hay muchas razones para buscar ese término medio, especialmente desde el punto de vista de la biología y la neurociencia. Pero abordemos la cuestión desde el principio. La virtud del término medio y la moderación ha sido tema de debate a lo largo de toda la historia. Aristóteles sostenía que la virtud está en el término medio y que los extremos son «vicios». Para comenzar, ¿por qué el término medio habría de ser una virtud y, por el contrario, los extremos «vicios»? De hecho, se conocen tantas apreciaciones de pensadores a favor de la moderación y el término medio como otras a favor de la energía y la concentración del esfuerzo en algo muy determinado, que, muchas veces, es el extremo de una línea de conducta. Así, por ejemplo, por el tiempo en que Aristóteles manifestaba este famoso principio (siglo III a. C.), Diógenes de Sinope vivía de forma excéntrica, proclamando de viva voz y con su ejemplo la virtud de una vida exageradamente frugal, sin posesiones y crítica con los valores tradicionales de la sociedad de su época. Tanto los aspectos físicos como los filosóficos de su modo de vida eran extremos. Por mencionar solo algún dato, se sabe que se vestía con un manto y portaba solo un zurrón y un bastón; no quería posesiones que no pudiera llevar consigo, chocaba intencionadamente con la gente con la que se cruzaba (alegando que también era lo que hacía con su filosofía) y no respetaba a nadie que debiera ser «oficialmente» respetado (ni siquiera a Alejandro Magno; cuando este le dijo que le concedería lo que pidiese, Diógenes contestó: «No me tapes el sol»)[166]. Fue el representante más popular de la llamada *filosofía cínica*, fundada por su maestro Antístenes, a su vez discípulo de Sócrates. Él mismo se hacía llamar «el perro», como icono del conocimiento que la sociedad de su tiempo tenía de la filosofía que defendían. De hecho, los filósofos cínicos reciben su nombre del gimnasio fundado por Antístenes al sur de Atenas, llamado *Cinosargo* ('perro blanco'). Ese gimnasio, como era frecuente en Atenas, no solo era un centro de entrenamiento del cuerpo, al que se concedía una importancia fundamental para el desarrollo de la mente, también era un centro de educación, tanto de la propia filosofía de estos pensadores como de otros conocimientos; además, era un lugar de reunión social donde todos eran bienvenidos, sin distinción. Para estos filósofos, la cultura y el ejercicio del cuerpo y de la mente debían ir unidos y ser entrenados.

Esta visión de la vida dual, entre el término medio y la excentricidad, no es única. Siglos después, Michel de Montaigne sostenía que la moderación en la vida era fundamental, tanto en la filosofía como en la administración pública y privada, y parte esencial de su aspiración al buen vivir a través de la felicidad de los placeres sencillos[167]; pocos años después, Thomas Hobbes afirmaba que «los escritores de filosofía moral [...] hacen consistir (la virtud) en una mediocridad de las pasiones»[168], criticando a Aristóteles y su identificación de la virtud con la *mediocritas*. Sin embargo, tanto Montaigne como Hobbes abogaban por las bondades del ejercicio físico para la salud física y mental. En descargo de Hobbes diremos que, aunque denostara esta idea aristotélica, en su día a día demostraba cuán convencido estaba de que una vida equilibrada era necesaria (practicaba varios deportes e incluía caminatas exigentes en su entrenamiento diario, así como una dieta que consideraba saludable[169], si bien lo alternaba con fumar varias pipas al día).

Quizás el término medio tenga tantas virtudes como pueden tenerlas circunstancialmente los extremos, y quizás el equilibrio no esté en el punto óptimo a medio camino entre los extremos, sino en repartir hábilmente nuestro tiempo, esfuerzo y energía entre los extremos y el punto medio de manera que, a largo plazo, equilibremos nuestra vida en torno a esa línea de conductas. ¿Hay en la biología y, más concretamente, en la neurociencia indicios de las ventajas y las desventajas de los extremos y los términos medios? Veámoslo.

Algo muy habitual en el ámbito de la biología es pensar que todo lo que sucede en la naturaleza se debe a que la evolución por selección natural lo ha favorecido a lo largo de millones de años[170]. Si no, no existiría. ¿Hay en biología algo que explique la prevalencia del término medio de cualquier variable? ¿Por qué se produciría una selección natural de los términos medios de los rasgos biológicos? Digamos que la selección natural se basa en los principios establecidos por Darwin a mediados del siglo XIX[171]. Los organismos producen más descendencia de la que el ambiente puede sostener y, por tanto, la competencia por los recursos limitados lleva a la lucha por la supervivencia (no solo dentro de cada especie, sino también entre especies). Como todos los caracteres o rasgos biológicos presentan una abundante variabilidad (que es fruto de los genes y, por consiguiente, se hereda), aquellos individuos cuyos valores para un cierto rasgo sean más favorables sobrevivirán, tendrán descendencia y pasarán los genes de esos valores de generación en generación.

El ejemplo más utilizado para explicar la selección natural no deja de sorprendernos cada vez que se menciona, por conocido que sea. Las polillas de abedul en la Inglaterra de la Revolución Industrial eran de color claro y podían camuflarse en los troncos de los árboles con líquenes, aunque, naturalmente, había cierta variabilidad en ese rasgo de color. Al oscurecerse el tronco de los árboles a lo largo de los años por la contaminación, las polillas claras acabaron siendo más fácilmente detectables y caían abatidas por sus depredadores con más frecuencia que las que eran algo más oscuras. Tras cierto número de generaciones, la población de polillas oscuras fue predominante. Las polillas oscuras tenían un valor «oscuro» para el rasgo «color» que las condiciones ambientales favorecieron para ser seleccionado naturalmente, en detrimento de las que tenían el valor «claro». Lo mismo puede decirse del tamaño de los picos de los pinzones de las islas Galápagos, la resistencia a los antibióticos de algunas bacterias o la tolerancia al cobre de la flor mono en zonas de minería, etc. Consecuentemente, cabe pensar que una población muestra dos características importantes en cuanto a su adaptabilidad al ambiente: la primera es que la mayoría de los individuos presenten valores parecidos de los rasgos biológicos más presionados por la selección natural (con objeto de que el mayor número de individuos sobreviva en esas condiciones ambientales). La segunda es que debe existir cierta flexibilidad en los valores de ese rasgo, con objeto de que, si las condiciones cambian, la presión selectiva no elimine a toda la población, sino que sobrevivan algunos ejemplares que, gracias a sucesivas generaciones, reintegren la especie a un nuevo repoblamiento del entorno. Ambas características deben estar «escritas» en los genes porque, de lo contrario, desaparecerían por selección natural.

Por lo tanto, dado un entorno natural con unas características concretas (temperatura, horas de luz, humedad, disponibilidad de nutrientes, etc.), una especie que sobreviva en esas condiciones lo hará en función de que su fisiología sea capaz de desarrollarse y reproducirse con esos valores. Eso significa que las constantes vitales de los sujetos de esa especie serán las que mejor se adapten a esos valores (su capacidad de regulación térmica, el color de su pelaje o de sus plumas o de sus flores, su capacidad para cazar las presas disponibles o para escapar de los depredadores de ese nicho ecológico, etc.). El valor que adopten esas constantes vitales (temperatura interna específica, color más claro o más oscuro, dureza de las garras, elasticidad de los músculos, etc.) será el más eficiente para su supervivencia, y lo denominaremos «óptimo» para esa especie. Si esos son los valores óptimos de supervivencia y máxima adaptación al ambiente, el sistema se comportará de manera que el mayor número de sujetos manifieste ese valor óptimo. Y ahora entra en juego la segunda de las características. Siempre tiene que haber algunos individuos que presenten variabilidad en ese rasgo biológico (por si las condiciones cambian). Por lo tanto, es esperable que en cualquier especie haya individuos (pocos) que tengan un color algo más claro u oscuro que la media de la población, por ejemplo. ¿Qué forma toma una población con esa distribución de individuos? Se trata de una curva (o campana) de Gauss (Figura 3).

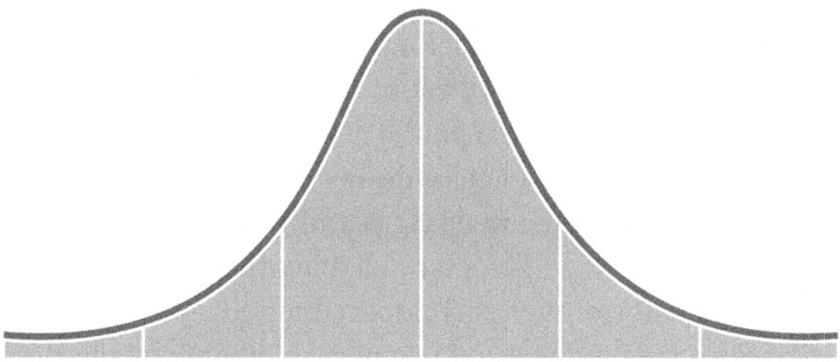

Figura 3: Curva de Gauss (© Dream 01/Shutterstock)

Esta es la forma en la que los valores de un rasgo biológico se distribuyen en esta población que acabamos de describir. La mayoría de los sujetos presentan un valor promedio, mientras que los extremos son mucho más escasos cuanto más extremos son, pero existen. Esta es la razón de que la evolución por selección natural haya determinado una prevalencia del término medio de cualquier rasgo biológico.

Aquí es necesario hacer una consideración. No es que la selección natural favorezca un valor concreto para cada rasgo biológico. Este valor concreto, como acabamos de ver, variará si las condiciones ambientales también varían. Lo que la selección favorece es que, una vez que las condiciones hayan cambiado y determinen un nuevo valor óptimo, la población de esa especie se reconstruirá en torno a ese valor óptimo, volviendo a situarse la mayoría de los individuos en torno a ese (nuevo) valor promedio, mientras que los nuevos «extremos» serán mucho más escasos. Lo importante es que, tras sucesivas generaciones, volverá a formarse una nueva campana de Gauss en torno a ese nuevo valor. La única razón para ello es que la selección tiende a estabilizar a las poblaciones en torno al valor óptimo porque de esa manera maximiza la supervivencia de la especie en ese ambiente. Este principio de estabilización en torno a un valor promedio se conoce como *selección estabilizadora*. Y el principio por el que se selecciona un nuevo valor promedio si las condiciones cambian se conoce como *selección direccional*. Hay un tercer tipo de selección; para explicarlo, pondré un ejemplo frecuentemente utilizado.

Retomemos el caso de la polilla de abedul. Es una presa para determinados pájaros y el color de su cuerpo será seleccionado en función del valor que mejor le permita camuflarse para que los depredadores no la detecten. La mayoría de los ejemplares tendrán ese color o muy parecido, habiendo siempre algunos más claros o más oscuros (que, lamentablemente, serán detectados por los depredadores y harán disminuir su frecuencia tanto de los individuos como del color). Por mucho que los depredadores los eliminen, la variabilidad de color está escrita en los genes, por lo que, en sucesivas generaciones, la mayoría seguirán siendo del color útil para el camuflaje, pero seguirá habiendo (muy pocos) individuos más claros o más oscuros. Esta proporción será estable mientras las condiciones (el color de los árboles) sean constantes: es el efecto de la selección estabilizadora. Ahora bien, si los árboles se vuelven, por las razones que sean, más oscuros, serán las polillas que representaban la mayoría las que serán depredadas, y esas pocas que eran más oscuras, las que sobrevivan, se reproduzcan y regeneren la población en el nicho ecológico, por lo que la selección habrá marcado la dirección en la que ese valor iba a ser predominante (en este caso, un color más oscuro para las polillas). Esto es el efecto de la selección direccional. Y ¿qué sucede si las condiciones cambian de manera que los árboles se vuelven más oscuros y, además, crecen los líquenes de color más claro de sus troncos? Entonces, las polillas mayoritarias (de tonos medios-claros) volverán a ser depredadas, pero en este caso sobrevivirán tanto esas pocas polillas que eran más oscuras que la media, como también las pocas que eran más claras aún que la media. Es decir, en este caso la selección no habrá marcado una única dirección para ese valor, sino que la mayoría de las polillas (colores medios) desaparecerá en favor de dos nuevos grupos más adaptados: unas polillas aún más claras y otras polillas aún más oscuras. Habrá dado lugar a dos grupos separados de polillas. Esto es el efecto del tercer tipo de selección, la selección disruptiva. ¿Cómo casan estos procesos selectivos con los términos medios en nuestros estilos de vida? Necesitamos hacer una pequeña parada en esta historia antes de continuar.

Merece la pena recordar que la teoría de la selección estabilizadora fue fundada por el biólogo evolucionista ruso Ivan Schmalhausen[172], en dos trabajos publicados en 1941 y 1945[173]. Schmalhausen nació en Kiev en 1884 y fue un científico fundamental en la biología evolutiva a nivel mundial, y por supuesto en la Rusia de la primera mitad del siglo XX. En 1948 fue destituido de su puesto y sus libros fueron destruidos, acusado de promover la teoría de la evolución por selección natural neodarwiniana, en lugar de aceptar los principios del lamarckismo, más acordes con la filosofía soviética. Al mando de esta persecución estaba Trofim Lysenko, encarnación en la Rusia soviética de la defensa de las ideas políticas en la biología. Si el lector está interesado en qué enfoque político había detrás de la defensa del lamarckismo, sepa que la política de Stalin fue muy explícita al respecto: las características del ser humano no podían ser establecidas por la genética, sino por el medio ambiente y la herencia de características adquiridas durante la vida. Así, por ejemplo, el trabajo duro produciría la mejora de las generaciones futuras. Pues bien, Schmalhausen también es conocido por su ley (ley de Schmalhausen), que establece que una población en su límite de tolerancia en un rasgo biológico se hace vulnerable a pequeñas diferencias en cualquier otro aspecto. Deberemos tener esto en cuenta para hablar de lo que pasa cuando los sujetos se desplazan cerca de ese límite de tolerancia (por ejemplo, cuando hacen muy poco o demasiado ejercicio). Sin embargo, en toda esta historia nos referimos siempre a poblaciones, es decir, el conjunto de sujetos de una especie. Cada sujeto, individualmente considerado, puede alterar muy poco sus constantes vitales y, como sabemos, su organismo intentará volver cuanto antes y cueste lo que cueste al nivel óptimo si estas constantes vitales cambian. ¿Cómo encajan entonces estos conceptos en nuestro interés principal, la actividad física?

El término medio de nuestras conductas

Volvamos a la historia principal. Una vez comprendido el principio por el que la selección natural estabilizadora hace que la mayoría de los sujetos de una población manifieste el valor óptimo de una variable (como el color del pelo de un animal), ahora introduciré la idea de que esos valores óptimos también lo serán para variables conductuales, como nuestro estilo de vida. En el ámbito de la neurociencia del estilo de vida, para cada dimensión (actividad física, dieta, sueño, etc.), las especies se estabilizan (selección estabilizadora) en torno a un punto óptimo, por la simple razón de que es el más estable en las condiciones naturales en las que la especie evolucionó: así, la dieta óptima será la que más fácilmente permite tanto la subsistencia como el desarrollo del individuo en el entorno en que vive la especie. Por su parte, la actividad física óptima será la que equilibra el gasto energético del movimiento con el beneficio biológico obtenido con ese movimiento (alimento, sexo, etc.) en las condiciones naturales de la especie. De igual forma, el estrés óptimo es el que maximiza la supervivencia de la especie mientras minimiza las consecuencias fisiológicas del estrés; y, por último, el sueño óptimo es el que más fácilmente genera tanto la reparación cerebral como la regeneración, en las condiciones en que la fisiología ha evolucionado para las anteriores dimensiones. La conclusión es que, para unas condiciones ambientales dadas, los individuos de cada especie tendrán que hacer una cantidad óptima de ejercicio, comer una cantidad óptima de comida, tener un nivel óptimo de estrés y dormir una serie óptima de horas para estar en buenas condiciones. Y hacer poco o mucho ejercicio, comer poco o demasiado, tener demasiado o ningún estrés, y dormir poco o demasiado nos alejarán de nuestra adaptación ideal al entorno. No en vano, cuando se cronifica la vida de un individuo en alguno de esos extremos, comienzan a generarse problemas fisiológicos. La razón es que los organismos no están diseñados (no han sido seleccionados durante millones de años) para vivir confortablemente fuera del valor promedio óptimo de esas variables, y nuestra fisiología empieza a fallar a medida que intenta volver (alostasis, como explicamos en el capítulo 2) al nivel óptimo. Toda la historia de la filosofía, que loa las virtudes del término medio en detrimento del vicio de los extremos, bebe de este principio elemental de la biología del nivel óptimo.

Vivir en los extremos no está, pues, marcado como favorable por la selección natural (salvo para mantener vivos a unos pocos individuos «extremos» para la supervivencia de la especie en caso de cambio, pero no para la confortabilidad de cada individuo). Ciertamente, como indica la ley de Schmalhausen, vivir en esos extremos, cerca del límite de la tolerancia de un rasgo biológico, hace más vulnerable al sujeto a pequeñas diferencias en otras variables (aplicación al individuo de una ley poblacional). Así, vivir muy estresados nos hace más vulnerables a ligeras variaciones en la dieta (variaciones que no afectarían, en condiciones normales, a otros individuos, ni a nosotros mismos si no estuviéramos tan estresados), o alimentarse con una dieta muy pobre de manera crónica nos hace muy vulnerables a cualquier exceso en la actividad física. En una frase, nos habremos «desadaptado» de nuestro entorno. En lo que se refiere a las conductas de movimiento, ya vimos lo que la conducta sedentaria (una conducta extrema con valores bajos o ínfimos de actividad física) es capaz de ocasionar a nuestro organismo y a nuestro cerebro. Ahora, es el turno de averiguar lo que la otra conducta extrema del movimiento (el ejercicio extenuante) le causa a nuestro cerebro[174].

Como indicamos en el capítulo 1, hay varios tipos de conductas del movimiento en función de su intensidad (medida por el gasto energético que provocan, los MET): conducta sedentaria, ejercicio muy ligero, ejercicio ligero, ejercicio moderado, ejercicio vigoroso y ejercicio muy vigoroso o extenuante. La cuestión terminológica siempre causa trastornos en ciencia, por eso voy a definir los nuevos conceptos de los que vamos a hablar. Las conductas de movimiento descritas forman un continuo de MET, desde menos de 1,5 (conducta sedentaria) hasta más de 8 en el ejercicio muy vigoroso. Como se puede comprender, decir que por encima de 8 MET se trata de ejercicio muy vigoroso es un rango amplio, considerando que cortar leña o jugar al fútbol tienen 6 y 7 MET respectivamente, pero correr a 6 kilómetros por hora, a 7,5 kilómetros por hora o a 10 kilómetros por hora consume 10, 13 o 16 MET, respectivamente. Y todo esto es actividad muy vigorosa. Entonces, tendremos que apoyarnos en otro concepto aquí, el del porcentaje de la frecuencia cardiaca máxima requerida para cada actividad. Naturalmente, tanto la frecuencia cardiaca máxima de cada uno como qué porcentaje de ella empleamos para caminar, correr o subir escaleras dependerán de cada persona, de su forma física, de su capacidad cardiaca y pulmonar, de su historial de actividad física o deportiva, etc. Lo importante es que, como media poblacional, se considera que determinadas actividades se asocian estadísticamente para cada edad de un sujeto a unos rangos de frecuencia cardiaca determinados. Así, por ejemplo, subir escaleras lentamente consume 4 MET (ejercicio moderado) implicando, usualmente, un 65 % de la frecuencia cardiaca máxima en un adulto joven, mientras que correr a 7 kilómetros por hora consume 13 MET e implica un 95 % de la frecuencia cardiaca máxima en un adulto joven. Por lo tanto, más allá de los 8 MET (cuando empieza a considerarse ejercicio muy vigoroso), lo que nos ayuda a evaluar subrangos dentro de ese amplio espectro de actividades es el porcentaje de frecuencia cardiaca máxima empleado. Se considera que el ejercicio extenuante es el que lleva la frecuencia cardiaca por encima del 90 % de la máxima. Lamentablemente, estos rangos no son considerados por igual por los diferentes investigadores, que sitúan los límites en puntos ligeramente distintos cada uno de ellos.

¿Cuál es la trascendencia de este rango continuo de MET y porcentajes de frecuencia cardiaca máxima para cada actividad? Que podemos comparar sus efectos de una manera gradual sin solución de continuidad. Por ejemplo, se puede distribuir a varios sujetos de estudio en grupos: grupo de conducta sedentaria, grupo que hace una actividad o ejercicio a 4 MET y 65 % de frecuencia cardiaca máxima, y grupo de ejercicio a 12 MET y un 90 %, y luego comparar los efectos que esta actividad ha tenido para el cerebro. Como los tres grupos se componen por sujetos distintos, a este tipo de diseño experimental lo llamamos *transversal*. La otra opción es tomar los sujetos de estudio sedentarios y, después de analizar su cerebro, ponerlos a hacer ejercicio moderado, analizar su cerebro de nuevo y, después hacer que practiquen ejercicio muy vigoroso o extenuante, y volver a analizarlos. Como son los mismos sujetos los que estudiamos a lo largo del tiempo después de las diversas intervenciones, a este tipo de diseño lo llamamos *longitudinal*. Los dos diseños, transversal y longitudinal, tienen ventajas y desventajas. Lo más importante es que podemos representar gráficamente los diferentes efectos cerebrales de los distintos rangos de actividad y ver si existe un patrón. Lo hacemos observando la curva que aparece cuando trasladamos a un gráfico esa relación, que es una curva en U. La U estará invertida cuando los efectos que medimos son positivos y no invertida cuando los efectos que medimos son negativos. Así, por ejemplo, al representar en un gráfico los beneficios para la cognición de los distintos tipos de ejercicio en un ratón de laboratorio, aparece una U invertida, mientras que, al representar la probabilidad de muerte por cualquier causa según el número de pasos caminados de media al día, aparece una U normal. En ambos casos, lo crucial es que existe un valor óptimo (es exactamente el concepto que definimos al principio del capítulo) para el rango de actividad que produce los máximos beneficios. De hecho, es uno de los pilares conceptuales de este libro y tan crucial que tenemos que profundizar en este punto especialmente.

La hormesis

Con ello, llegamos a uno de los conceptos centrales: la hormesis. La hormesis es un fenómeno en el que una pequeña dosis de algo puede ser beneficiosa, pero en grandes cantidades sería dañina. Denominamos a esta acción *bifásica*. Se postula que el ejercicio físico es una típica conducta bifásica o intervención de perfil de efecto hormético. Se acuñó inicialmente el término en el ámbito de la toxicología y la farmacología, concretamente para determinadas sustancias que producían este efecto en el organismo. Es decir, si partimos en nuestro gráfico de una concentración cero de una sustancia (no hay efecto), al incrementar ligeramente la concentración, obtendríamos beneficios, pero, si seguimos aumentando la dosis, perderemos los beneficios (U invertida) o el sujeto incluso estará peor que sin la sustancia (J invertida).

Esta idea de la hormesis ha anidado en la mente del ser humano durante siglos. Paracelso dijo que la toxicidad de cualquier sustancia dependía de la dosis, con esa frase que trasciende épocas «Solo la dosis hace el veneno» y que, como veremos a continuación, está comprobada para muchos fitoquímicos (sustancias derivadas de plantas y que tienen potentes acciones en el organismo de los animales y el hombre)[175]. Parece que las obras de Paracelso fueron publicadas póstumamente, a partir de traducciones al latín de sus textos en alemán de uno de sus discípulos. Ello podría estar detrás de no pocos malentendidos en las aseveraciones del médico renacentista, como veremos más adelante.

En 1887, el farmacéutico alemán Hugo Schulz demostró que bajas dosis de sustancias (que a mayor concentración tenían reconocidos efectos tóxicos) estimulaban el metabolismo de la levadura. Esta idea cobró cuerpo en la ley de Arndt-Schulz y fue aceptada como una regla general de la toxicología química. Establece que la adaptación funcional de un organismo a una conducta (como puede ser el ejercicio físico) se logra como consecuencia de adaptarse a estímulos sucesivamente crecientes. Por ello se conoce como *ley del umbral* (umbral a partir del cual el cuerpo se adapta a algo). Más adelante encajaremos todas estas ideas en un postulado único común. El término hormesis fue usado por primera vez en 1943, en un artículo en el que investigadores de la Universidad de Idaho informaban sobre que bajas dosis de un extracto fenólico de cedro rojo aumentaban el metabolismo de los hongos de la madera, mientras que dosis elevadas lo inhibían. En la segunda mitad del siglo XX el concepto de hormesis sufrió un retroceso, pues fue objeto de dos ataques distintos. Por un lado, debido al problema intrínseco del concepto, que es difícil de distinguir de una acción monofásica, y, por otro lado, porque la homeopatía entró en juego y mimetizó parte de la narrativa. Mientras que la hormesis es un fenómeno científico real, la homeopatía es una práctica acientífica. La homeopatía se basa en la idea de que una sustancia que causa un síntoma en grandes cantidades puede curarlo si se diluye muchísimo (tantas veces que, al final, casi no queda nada de la sustancia original). No hay pruebas de que funcione en absoluto. La hormesis, por el contrario, trabaja siempre en el rango de dosis o concentraciones reales, no de diluciones impensables.

En cuanto al problema intrínseco, este consiste en que muchos factores pueden ser positivos (para ciertos parámetros) a una dosis baja controlada, pero, a mayores dosis, tienen efectos negativos (actuando sobre otros parámetros). Esto no es hormesis, sino que la razón es que ese factor en dosis altas puede estar afectando a procesos fisiológicos distintos de los que afecta a dosis bajas. Por el contrario, la hormesis consiste en que, en las dos fases, ese factor hace lo contrario sobre la misma variable. No es lo mismo. Y otro asunto que siempre se olvida es que, para ser considerado hormético, el proceso debe llevar asociada una respuesta adaptativa a dosis bajas que hace al sistema adaptarse a largo plazo. Por tanto, toda hormesis produce efectos buenos y malos según la dosis, pero no todo lo que tiene efectos buenos y malos según la dosis es hormético (porque puede no ser adaptativo y porque reservamos la palabra *bifásico* para efectos contrapuestos de la misma variable).

En el siglo XXI se ha reexaminado el concepto. El profesor de la Universidad de Massachusetts Edward Calabrese define la hormesis como una respuesta adaptativa a bajos niveles de estrés o daño, que resulta en una mejoría en la capacidad de algunos sistemas fisiológicos por un tiempo limitado. Aquí vamos a considerar la hormesis, de manera amplia, como el proceso fisiológico por el que bajas dosis (o una intensidad baja) de un agente o sustancia (o un comportamiento como el ejercicio) produce un efecto suave en el organismo, al cual este puede adaptarse, de suerte que va soportando progresivamente dosis superiores de dicho agente o comportamiento y siempre encontrando beneficios en su acción (a diferencia de una droga adictiva), hasta que llega un momento en que el agente o el comportamiento superan un punto a partir del cual todo incremento en la concentración de la sustancia (o la intensidad del comportamiento) generan un perjuicio, ya que el organismo no puede adaptarse a él y los beneficios se tornan en detrimentos para esos mismos parámetros biológicos. Si el lector encuentra un paralelismo con lo contado antes sobre el estrés, está en lo cierto.

El ejemplo paradigmático de sustancia que ejerce una acción con curva hormética es el de algunos venenos de origen vegetal. Existen ciertos venenos que, si bien producen una acción terapéutica a dosis bajas (dosis terapéutica), en mayor concentración producen graves efectos en las mismas variables (dosis toxicológica) e incluso pueden, en algún caso, acarrear problemas extremadamente serios como paros cardiacos[176].

Un buen ejemplo que servirá para ilustrar la problemática asociada a las sustancias de perfil hormético es el de la planta *Digitalis purpurea*, una escrofularácea original del hemisferio norte (a pesar de su nombre, las escrofularáceas incluyen plantas de hermoso porte y bellas flores como el verbasco, tan común en España, o la propia *Digitalis*). *Digitalis purpurea* tiene flores en forma de dedal (de ahí su nombre de *dedalera* o *digital*) y hojas rugosas de las que se pueden extraer varios compuestos, todos con acción hormética. Estos compuestos son glucósidos, moléculas compuestas por una parte glucídica (azúcar) y una parte no glucídica llamada aglicona, que es la que tiene las propiedades de interacción con nuestro organismo y que suele ser un esteroide lipídico). Destacaremos dos: la digitalina (que fue la primera en ser obtenida de la planta, en 1868, y en realidad es una mezcla de varios compuestos glucósidos, de los que el más potente es la digoxina) y la digitoxina, aislada en 1874[177]. Estos compuestos potencialmente tóxicos, que albergan las hojas de una sola especie vegetal, tienen la misión de mantener a la planta a salvo de los herbívoros. Pero también han servido para que el ser humano la haya usado por sus propiedades sobre el corazón. Así, plantas con este tipo de propiedades terapéuticas se conocen desde tiempos de los egipcios, aunque el uso de *Digitalis* está referenciado por primera vez en la extensa publicación del doctor Withering del hospital de Birmingham en 1785, que detalla uno a uno cientos de casos de uso de *Digitalis* en muy diferentes situaciones, así como su efecto exacto, en la que se considera una de las primeras obras de determinación sistemática del uso de una terapia[178]. El autor (y otros médicos de la época) prescribía infusiones de hojas de *Digitalis* para tratar hidropesía (dolencia que actualmente corresponde a lo que denominamos *edema*, y que puede darse en diferentes partes el cuerpo) y arritmias cardiacas. Hoy en día aún se usa en pacientes con insuficiencia cardiaca. Su efecto sobre el corazón se debe a su acción sobre la concentración de distintos tipos de iones en las células de este órgano, así como a su acción sobre el sistema nervioso parasimpático (nervio vago). Esto es importante porque nos permitirá comprender la acción bifásica, hormética, de los digitálicos. Su acción modifica la concentración de calcio dentro de las células del miocardio (músculo del corazón que lo hace contraerse) y, mientras que una mayor disponibilidad de calcio en el miocardio puede mejorar la contracción del músculo, un exceso de este puede producir arritmias anormales. Es decir, los mismos compuestos químicos digitálicos actúan sobre una misma variable en sentido contrario en función de la dosis usada, lo que es la definición paradigmática de una acción hormética. Si nos extendemos con la descripción del caso de *Digitalis* es porque resulta ejemplar no solo por su acción bifásica, sino también porque esta depende de la sensibilidad individual de cada sujeto, ya que se han descrito numerosos casos de intoxicación, incluso con niveles plasmáticos intermedios de digitálicos clínicamente aceptables. Es muy relevante de cara a lo que hablaremos sobre el ejercicio personalizado y la curva hormética personalizada, como veremos.

Para comprender la problemática del efecto hormético del ejercicio, debemos entender que nuestras referencias comparativas para la curva de perfil hormético son la curva sigmoidea (Figura 4) y la recta lineal.

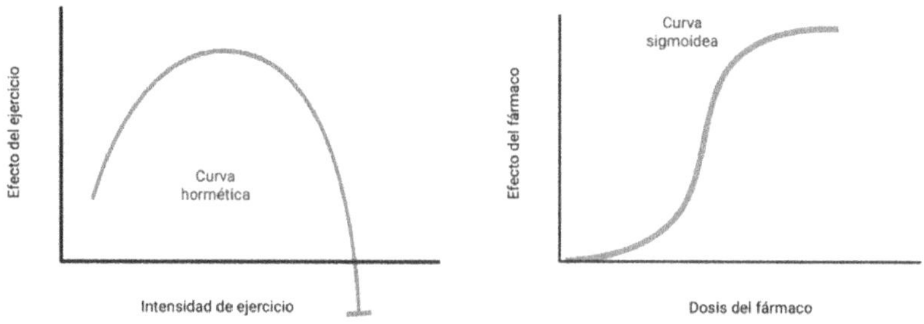

Figura 4: Curva hormética y curva sigmoidea (© Created in BioRender)

Como podemos ver, la curva sigmoidea tiene un techo máximo de acción, más allá del cual los incrementos en la dosis ya no producen más incrementos en la variable de estudio. Podemos entenderla como la acción de aquellos fármacos que producen un efecto nulo a dosis bajas (como parece lógico) y su máximo efecto se produce en un punto de dosis alta, cerca del cual el efecto empieza a ralentizarse. Un ejemplo perfecto con el que comparar la curva hormética de *Digitalis* sobre el corazón es la curva sigmoidea de los betabloqueantes. Los betabloqueantes son un tipo de sustancias conocidas como *antagonistas de su receptor.* Es decir, la inmensa mayoría de las sustancias que citamos aquí actúan uniéndose a un receptor que se encuentra en la membrana o en el interior de la célula. Pero los hay que activan dicho receptor y los hay que lo bloquean. Los activadores se llaman *agonistas* (del griego *agōnistḗs*, que significa 'combatiente' o 'luchador') y de ahí viene su acción en el organismo —desencadenan efectos dentro de la célula idénticos a los que ejercería el compuesto original, endógeno, que la naturaleza ha dispuesto para unirse a ese receptor—. Por el contrario, los bloqueadores desactivan dicho receptor y se llaman *antagonistas* (del griego *antagōnistḗs*, *anti* + *agōnistḗs*, 'lo opuesto al luchador'), y de ahí viene su acción, bloqueando lo que ese receptor hace dentro de la célula. Pues bien, los betabloqueantes son antagonistas beta-adrenérgicos, bloquean la acción de los receptores beta-adrenérgicos, que son los receptores del corazón que aumentan la frecuencia cardiaca. Son cruciales cuando se necesita que el corazón incremente su contracción, por ejemplo, en situaciones de estrés, cuando necesitamos un aporte extra de bombeo de sangre a nuestros órganos (el lector recordará a la presa huyendo del depredador y al depredador persiguiendo a su presa). Sin embargo, hay patologías en las que el corazón tiene una frecuencia cardiaca peligrosamente alta y la activación excesiva de los receptores beta-adrenérgicos conduce a hipertensión e insuficiencia cardiaca. En estos casos, esos receptores pueden ser bloqueados mediante fármacos betabloqueantes (como el propanolol)[179]. Estos betabloqueantes tienen una acción de perfil muy similar. La curva dosis-respuesta tiene forma de S. En dosis bajas tiene muy poca acción, incrementándose su efecto dentro de un rango óptimo, y luego, una vez se alcanza una dosis alta, el efecto ya no se incrementa más, pero no se pierde la acción beneficiosa a dosis altas. La diferencia fundamental de la curva hormética con la curva sigmoidea es que, a dosis altas, la hormética (curva en U invertida) pierde los beneficios, mientras que la sigmoidea (curva en S) deja de aumentar, pero no pierde el efecto. Diremos que las sustancias con perfil de acción sigmoideo siempre tienen el mismo efecto (mayor o menor, pero siempre en la misma dirección), mientras que las sustancias con perfil hormético tienen efectos contrarios (medidos sobre la misma variable) a baja y alta dosis. Hay muchísimos más fármacos de perfil de acción sigmoideo, como las benzodiacepinas o la insulina, que no detallaremos.

El concepto clave, pues, viene del término *bifásico* en cuanto a la curva dosis-respuesta. Los compuestos con curva hormética tienen dos fases en sus dosis, en las cuales ejercen efectos contrarios sobre la misma variable (tienen una fase —unas dosis— de efectos beneficiosos y otra fase —otras dosis— de efectos perjudiciales). Este último punto también es importante, porque no significa en absoluto que aquellas sustancias que tienen efecto beneficioso cuyo abuso conduce a intoxicación sean todas horméticas. Por ello, he insistido en su efecto sobre la misma variable. Así, por ejemplo, el ibuprofeno es analgésico, antiinflamatorio y antipirético, fundamentalmente debido a sus acciones sobre las enzimas ciclooxigenasas en tejidos periféricos y cerebro. Estas enzimas son necesarias para la síntesis de prostaglandinas. Las prostaglandinas sirven para luchar contra la infección y en casos de lesiones. Por ello, contribuyen a la inflamación y al dolor, lo cual es necesario para nuestro organismo. Pero, en caso de inflamación o dolor excesivo, resulta adecuado minimizar la acción de las prostaglandinas y para ello se utiliza el ibuprofeno, que bloquea las ciclooxigenasas. Sin embargo, su abuso puede ocasionar daños gastrointestinales, renales y hepáticos, derivados de su efecto sobre las ciclooxigenasas, pero en órganos diana distintos de aquellos en los que tiene su efecto terapéutico. Digamos que, si su efecto a dosis terapéuticas es antiinflamatorio, a dosis altas no se convierte en proinflamatorio (o sea, no es hormético), sino que causa problemas en otros órganos. No es que el medicamento tenga dos fases de acción. Tiene solo una fase, solo unos efectos terapéuticos. Su intoxicación a dosis altas o abuso en el consumo deriva de sus efectos secundarios en otras variables distintas de aquellas en las que tiene su efecto usual a dosis normales (en este caso particular, en otros órganos).

La hormesis en nuestras conductas

Una vez comprendidos los conceptos de curva hormética y curva sigmoidea aplicados a sustancias, moléculas y fármacos, ahora toca aplicarlos a intervenciones no farmacológicas, como la actividad física y el ejercicio.

Como en tantos otros casos, este aspecto suscita cierta controversia. Una parte de la literatura científica sugiere que los efectos del ejercicio *para el cerebro* presentan un perfil de curva hormética, pero por otra parte hay numerosos estudios que defienden que los efectos del ejercicio son beneficiosos también a intensidades altas (incluso algunas evidencias apuntan a que *solo* se obtienen a intensidades altas).

A nivel académico, la polémica parece innecesaria por cuanto ambas aseveraciones (que el ejercicio es hormético en el cerebro y que el ejercicio de alta intensidad es bueno) pueden no ser contradictorias. Sin embargo, es muy relevante para el público en general, porque lo que se está debatiendo es nada menos que la respuesta a la pregunta «¿Cuánto ejercicio hay que hacer?». La curva hormética del ejercicio sobre el cerebro lleva a la conclusión de que habrá un nivel de ejercicio muy alto a partir del cual este ya no resulte beneficioso, e incluso podría ser perjudicial en algún caso. Y parece que esta conclusión choca con algunas evidencias de que el ejercicio de alta intensidad también puede ser beneficioso. El problema está en que ambas aseveraciones no son dos caras de la misma moneda, sino que hablan de cosas ligeramente distintas. Lo que la curva hormética del ejercicio establece es que hay «alguna» cantidad, duración o intensidad de ejercicio a partir de la cual el ejercicio no producirá beneficios en nuestro cerebro. Pero no dice cuál es. Porque esa cantidad, duración o intensidad de ejercicio dependerá de cada cual, no es la misma para todo el mundo. En cambio, todos nuestros cerebros responderán con ese mismo perfil de curva dosis-respuesta al ejercicio, independientemente de cuál sea nuestro umbral. Y cuando el ejercicio físico que hagamos supere ese umbral, la respuesta obtenida estará en la parte derecha de la curva (véase figura 4, en la página 151). Por el contrario, las evidencias de que el ejercicio de alta intensidad puede ser beneficioso no analizan en qué punto de la curva hormética se encuentra, simplemente determinan qué rango de ejercicio es «alta intensidad» o «muy vigoroso» y analizan sus efectos. Si son beneficiosos, el resultado es positivo, y nada indica que, por el hecho de ser intenso o muy vigoroso, ese ejercicio esté en el lado derecho de la curva hormética. Así que ambas aseveraciones son compatibles. Es más: el ejercicio muy vigoroso podría estar en el lado derecho de la curva y, aun así, estar muy arriba en cuanto a los beneficios potenciales que el sujeto obtiene.

Vamos a mencionar algunas evidencias relevantes de ambos paradigmas, ilustrativas para responder a la pregunta de cuánto ejercicio es bueno. Desde el punto de vista de la curva hormética, varias investigaciones han demostrado que el entrenamiento intenso a largo plazo es perjudicial para la salud cerebral en comparación con el moderado. Condensaremos esta idea (común a muchas publicaciones científicas) en un trabajo llevado a cabo a principios de la década de 2020[180]. Unas ratas fueron sometidas a un protocolo de ejercicio moderado o intenso durante dieciséis semanas y comparadas con ratas sedentarias; las ratas que realizaron ejercicio moderado resultaron las más hábiles para aprender las tareas conductuales, se encontró mejor irrigación sanguínea en su corteza cerebral y se demostró una mejor conectividad neural con MRI. Por el contrario, las que habían hecho ejercicio intenso mostraban estos parámetros igual que las sedentarias. Asimismo, todas las variables biológicas observadas en los cerebros de estas ratas (fundamentalmente el estrés oxidativo y la regulación mitocondrial) estaban en desequilibrio o, directamente, estaban alteradas, comparadas con las observadas en las ratas que habían hecho ejercicio moderado. En un estudio similar llevado a cabo con ratones, mi laboratorio ha demostrado que solo el ejercicio moderado es capaz de incrementar la capacidad cognitiva de estos[181]. De hecho, la investigadora Elisa Cintado (que realizó su tesis doctoral en mi grupo), al poner de manifiesto dicho resultado, observó que solo el ejercicio moderado aumentaba la neurogénesis hipocampal adulta, y solo este modificaba la composición de la microbiota de los sujetos, mientras que, si los ratones hacían ejercicio durante mucho más tiempo, o el mismo tiempo, pero corriendo más deprisa, los beneficios desaparecían y se encontraban igual que los sedentarios. Y no menos importante: cuando la doctora Cintado llevó a cabo un experimento de trasplante de microbiota fecal de animales ejercitados (con diferentes intensidades) a animales sedentarios, los que recibieron la microbiota fecal de un animal que había llevado a cabo ejercicio moderado incrementaron su capacidad cognitiva, aun cuando ellos mismos no habían corrido. Por el contrario, en los sedentarios que recibieron la microbiota fecal de un animal sometido a ejercicio de larga duración, la capacidad cognitiva fue igual que la de los controles.

Estos efectos reportados del ejercicio tienen en común que los beneficios del ejercicio moderado se acumulan cuando ratas o ratones corren a una velocidad que supone poco más que un trotecillo ligero (35 centímetros por segundo para las ratas, 12 centímetros por segundo para los ratones) y durante 40-45 minutos. Si la velocidad se duplica o se corre durante una hora, los beneficios se pierden. En el primer caso, estamos alrededor del 60 % de la VO_2max (que veremos en el capítulo 12), mientras que, en el segundo, alrededor del 85-90 %. Es decir, el segundo protocolo de ejercicio, que hemos denominado muy intenso, es realmente extenuante. Pero solo una hora de ejercicio extenuante (en ratas) y unos pocos minutos (en ratones) bastan para perder los efectos beneficiosos del ejercicio.

¿Es esto similar en seres humanos? Aquí viene la gran discusión. Primero, permítaseme adelantar que los neurobiólogos intentamos siempre ahondar en los mecanismos biológicos del cerebro independientemente (si es posible) de cuestiones culturales. No cabe la menor duda de que la «moda» del deporte en las sociedades modernas es una cuestión cultural. Y cualquier asunto cultural tiene un peso enorme en cómo nuestro cerebro evalúa y procesa cualquier información, tanto si esta es externa a nosotros como si es interna (si estamos cansados o no, si estamos exhaustos o no, si merece la pena el cansancio o no, etc.). Hablaremos de todo ello en el capítulo 11 «Sociología del ejercicio: crónicas del ejercicio global», pero aquí nos ceñiremos a la neurobiología y dejaremos aparte nuestro mayor o menor convencimiento subjetivo acerca de las bondades del ejercicio muy intenso, del beneficio de «testar nuestros límites» y de la importancia de «salir de nuestra zona de confort», y todos esos mensajes culturales.

Las evidencias indican que, por ejemplo, los corredores de triatlón sufren una reducción (afortunadamente transitoria) del 6 % en el volumen cerebral[182] cuando practican su deporte, o que los corredores de maratón pierden un tercio de la mielina que rodea los axones de sus neuronas (imaginen el impacto en su capacidad cognitiva) tras cada prueba[183], pérdida que dura hasta dos semanas (y que, afortunadamente, remite pasados dos meses). Pero estos estudios hablan de una única prueba de triatlón o una única maratón. Recuerden que centenares de miles de personas en todo el mundo hacen esto varias veces al año (de hecho, hay ya una cultura de turismo de maratón[184]: los corredores se dedican a ir de ciudad en ciudad a lo largo de todo el año, de prueba en prueba).

Los defensores de la postura contraria argumentarán que también hay evidencias que indican que un ejercicio intenso o muy intenso es beneficioso. Ciertamente, hay numerosas publicaciones en ese sentido, que, igual que hemos hecho antes, condensaremos en un estudio que demuestra que un protocolo de seis meses de duración en sujetos de entre sesenta y cinco y ochenta y cinco años denominado HIIT (por las siglas en inglés de *high intensity interval training*, y que consiste en introducir unos instantes de ejercicio de alta intensidad en medio de un protocolo que, en toda otra circunstancia, es moderado) fue capaz de producir una mejora cognitiva en el hipocampo y una disminución de la pérdida volumétrica típica de la edad en el cerebro[185]. Es decir, los sujetos de entre sesenta y cinco y ochenta y cinco años no mejoraron su cerebro ni su capacidad cognitiva por la mera ejecución de ejercicios suaves, y solo lo hicieron aquellos que alternaban una rutina de ejercicio moderado (55-65 % de la frecuencia cardiaca máxima) con cuatro minutos en cada sesión de ejercicio muy intenso (85-95 % de la frecuencia cardiaca máxima). El lector encontrará en el capítulo 12 una descripción del significado de la frecuencia cardiaca máxima, así como un método sencillo para calcularla para sí mismo. Lo relevante aquí es que hay otros estudios en el mismo rango de edad, con protocolos de ejercicio muy similares, que sí han obtenido beneficios cognitivos y cerebrales para el ejercicio moderado. Y no menos relevante: siempre que la alta intensidad se incorpora al debate sobre sus beneficios en humanos suele ser en forma de HIIT, nunca o casi nunca de protocolos de larga duración a alta intensidad.

En este sentido, los protocolos HIIT de entrenamiento han demostrado conseguir mejoras en todo el organismo, no solo en el cerebro, más que un *simple* protocolo de ejercicio moderado en muchos casos. En un importante estudio de 2015, el ejercicio HIIT en humanos consiguió mejorar la capacidad cardiorrespiratoria más que el ejercicio moderado normal, y la conclusión del trabajo es que el protocolo HIIT es mejor que el moderado continuo. Sin embargo, en el propio trabajo se reporta que, si bien el flujo sanguíneo cerebral global aumentó con la intensidad del ejercicio hasta aproximadamente el 70 % del VO_2max, a intensidades superiores al 70 % del VO_2max se produce una vasoconstricción cerebral que reduce el flujo sanguíneo hacia valores de reposo[186] (de nuevo, una curva de respuesta hormética típica). Nunca debemos olvidar que el ejercicio de alta intensidad también conlleva un mayor riesgo de eventos cardiovasculares agudos[187]. Este mismo perfil hormético (bifásico) se observa también en la respuesta inmune al ejercicio, ya que se produce un aumento en la cantidad de interleucinas ante el ejercicio moderado que se pierden con el intenso[188], y el efecto inmunosupresor natural del ejercicio agudo puede llegar a adquirir dimensiones peligrosas en protocolos muy intensos a largo plazo, como se conoce desde hace cuarenta años[189].

Aunque ciertas polémicas científicas no parecen acabar nunca, mi opinión en este caso es que hay una serie de elementos de altísimo consenso en el ámbito de la neurobiología del ejercicio: 1) el ejercicio moderado tiene efectos beneficiosos en la inmensa mayoría de los paradigmas estudiados; 2) el ejercicio intenso o vigoroso tiene también muchos beneficios, aunque hay que incorporar ciertas consideraciones en función del riesgo cardiovascular y la edad de los sujetos, y 3) el ejercicio de alta intensidad o muy vigoroso solo manifiesta beneficios consistentes en protocolos HIIT (en los que la alta intensidad tiene lugar solo unos instantes, intercalada con descansos o ejercicio moderado). En suma, una idea repetida en este libro: el ejercicio físico debe ser personalizado y supervisado, y, ante la duda, hacer ejercicio moderado, que no tiene consecuencias o efectos colaterales potencialmente perjudiciales, que casi siempre aporta beneficios físicos y cognitivos, y que permite, además, un incremento continuo y sistemático del estado de forma física del sujeto, como veremos a continuación.

¿Y por qué el ejercicio moderado tiene este efecto? Porque el ejercicio físico es una forma de estrés. Recomiendo (con un guiño) al lector que no juzgue esta idea hasta llegar al final de la historia. A intensidades y cantidades bajas (ejercicio moderado o, dependiendo de la forma física de cada cual, intenso o vigoroso) es un estrés adaptativo (*eustrés*). Nuestro organismo se adapta a él, y con ello no solo mejora sus capacidades físicas y mentales, sino que aumenta su capacidad para hacer más ejercicio. Si pensamos en la curva hormética (una U invertida), al hacer ejercicio moderado (o discretamente intenso-vigoroso), la parte alta de la U invertida se desplaza a la derecha y hacia arriba, es decir: a largo plazo, podremos hacer más ejercicio (o más intenso y más vigoroso), obteniendo más beneficios físicos y cognitivos, y sin entrar en la parte derecha de la curva (en la que los beneficios empiezan a perderse). Esa parte derecha en la que los beneficios físicos y cognitivos empiezan a perderse es la fase de estrés no adaptativo (*distrés*) o estrés perjudicial, o el estrés nocivo del que todos hemos oído hablar en nuestra sociedad. ¿Quiere esto decir que el ejercicio es un estrés *bueno* y de ahí se siguen todas sus propiedades y características, como la curva hormética? Exactamente *eso* es lo que quiere decir. Por ello, hacer demasiado ejercicio (demasiado intenso o demasiado tiempo) convierte ese estrés en un estrés *malo* no adaptativo, con todas sus consecuencias.

Ahora puede el lector comprender por qué permanecer dentro del límite personal (de cada uno) de la intensidad y cantidad de actividad física que produce beneficios para su cerebro es útil, mientras que estar fuera de esa «zona de confort» es contraproducente. O sea, por qué «testar nuestros límites» no conduce más que a perder los beneficios del ejercicio (los beneficios de ese estrés «bueno»). Además, como acabamos de ver, el estrés bueno es adaptativo, por lo que permanecer dentro de la zona de confort (o, si lo prefieren, en el límite superior de la zona de confort) nos mejora con el tiempo.

CAPÍTULO 9

ESCULTORES DEL CEREBRO... DE OTROS. LA HERENCIA DEL ESTILO DE VIDA

«En mi opinión, no existe absolutamente ninguna prueba confiable de que los talentos hayan sido mejorados por su ejercicio a lo largo de una larga serie de generaciones. La familia Bach muestra que el talento musical, y la familia Bernoulli que el poder matemático, pueden transmitirse de generación en generación, pero esto no nos enseña nada sobre el origen de tales talentos. En ambas familias, el punto más alto del talento no se encuentra al final de la serie de generaciones, como debería ser si los resultados de la práctica se transmitieran, sino en el medio. Además, los talentos frecuentemente aparecen en algún miembro de una familia que no había sido previamente distinguido.»

A. WEISMANN, 1893[190]

«Solo porque hayas nacido con un cierto conjunto de genes, eso no significa que estés en una prisión biológica por culpa de esos genes: se pueden hacer cambios en cómo funcionan esos genes, y eso puede ayudar. La idea es muy simple, y la gente la expresa todo el tiempo. Cuando a alguien le ocurre algo muy fuerte, suele decir: "Ya no soy la misma persona. He cambiado. No soy la persona que era antes". La epigenética nos da el lenguaje y la ciencia para empezar a entender eso.»

R. YEHUDA, 2017[191]

Suele considerarse a August Weismann, biólogo alemán de la segunda mitad del siglo XIX, como el que desmontó cualquier defensa (de la época) sobre el lamarckismo. El lamarckismo (Lamarck, 1809) postulaba que los sujetos heredan los caracteres adquiridos por sus progenitores a lo largo de su vida, caracteres que se adquirían en función de si se habían usado más o menos. Si tus ancestros se habían dedicado con fruición a una actividad concreta, probablemente desarrollaron habilidades específicas para esa actividad y esas habilidades se transmitieron a tu generación. De esta manera, las especies de seres vivos podían evolucionar a lo largo del tiempo. En contraposición, el fijismo de Cuvier (1817) establecía que las especies siempre eran iguales, no cambiaban y no evolucionaban. Y, entre estas disputas, llegó Darwin.

Darwin demostró, primero, que las especies sí evolucionan y cambian a lo largo del tiempo, adaptándose al entorno; debido a la presión por la supervivencia (ya que suele haber recursos limitados), sobreviven los mejor adaptados al entorno. La cuestión es cómo y por qué cambian las especies. Darwin postuló que los sujetos de una población tienen variaciones y que, a lo largo de las generaciones, se produce una «selección natural» de los sujetos mejor adaptados al entorno. Por lo tanto, una vez se establece que las especies cambian (y, por lo tanto, dejamos ya a un lado a Cuvier), la disputa es acerca de cómo lo hacen: o bien cambian en función del uso o desuso de los caracteres adquiridos durante la vida por los progenitores (lamarckismo), o bien cambian porque los más adaptados a un nuevo entorno o a un nuevo nicho ecológico predominan y pasan sus genes a su descendencia (darwinismo). Pero los genes «adaptados» ya los tenían los progenitores, no los «adquirieron» durante su vida. El lamarckismo postulaba que las características que los sujetos utilizaban más eran heredadas por su descendencia. Por ejemplo, si una especie intentaba vivir bajo tierra, usando el olfato y no la vista, muchas generaciones después la especie se habría adaptado a ello y sería ciega y con un olfato hiperdesarrollado. El darwinismo postulaba que en la población de «topos primitivos» habría algunos que tenían mejor olfato que vista, y eso haría que estuvieran más adaptados a vivir bajo tierra, mientras que los demás seguirían viviendo en superficie. Esto permitiría a los primeros evolucionar progresivamente por selección natural en ese entorno bajo tierra y, muchas generaciones después, habría una nueva especie entera completamente ciega y con un olfato hiperdesarrollado. Generación tras generación, se irían seleccionando los más adaptados porque tendrían los genes correspondientes. Sin embargo, en la teoría darwinista quedaba pendiente averiguar qué es lo que genera la diversidad en los individuos de una especie. Lamarck sí postuló su hipótesis al respecto, diciendo que la adquisición de un carácter por los progenitores se transmite a la descendencia[192]. Pero el darwinismo no avanzaba sobre cuál era la manera de trasmisión intergeneracional. El primer atisbo de mecanismo de transmisión intergeneracional lo proporcionó Weissman en 1892. Sin embargo, el lector atento se preguntará cómo es posible que no citemos antes a Mendel. Muy poco después de publicarse las teorías de Darwin (finales de 1859[193]), Mendel publicó sus leyes de la herencia (1866[194]). Estas postulaban la manera en que se transmitía la herencia de los caracteres entre generaciones, pero no explicaba cuál era el mecanismo o la vía por la que se produce dicha transmisión.

Cuando August Weissman enunció su teoría del plasma germinal en 1892, estableciendo que la herencia se transmite solo a través de células germinales, respaldaba que solo aquellas características que están en los genes pasan a la siguiente generación (las variaciones postuladas por Darwin ya estarían escritas en el acervo genético de la especie). Por el contrario, si durante la vida del individuo se han desarrollado los músculos de manera específica, esto no pasará a la siguiente generación, porque en los genes del sujeto no estaba escrito que fuera a poseer, de manera específica, unos músculos más o menos desarrollados. Y, lo que es igual de importante, no hay nada en los músculos (sean de un tipo u otro, se hayan entrenado a lo largo de la vida o no) que vaya a llegar a las células germinales, pase lo que pase en el músculo durante la vida, no se va a heredar. Como suele ejemplificarse: si durante mi vida sufro un accidente y pierdo un dedo de una mano, mis hijos seguirán naciendo con cinco dedos en ambas manos. Porque no hay nada dentro de mis dedos que llegue a las células germinales. En suma, durante los siguientes cien años se pensó, fundamentalmente, que solo se hereda lo que está en los genes, que lo que se adquiere en vida no pasa a la siguiente generación si no está escrito en el ADN.

Esta aseveración se ha mantenido como cierta prácticamente en todo el mundo y en todas las épocas[195]. Pero, a lo largo de la historia de la ciencia, no dejan de aparecer casos con evidencias experimentales que no siguen la corriente de pensamiento principal (eso que denominamos el consenso científico en un campo de conocimiento) y, aunque su proporción sea minúscula, en ocasiones son la semilla sobre la que futuros científicos pueden trabajar y desarrollar nuevos experimentos y evidencias. A lo largo del siglo XIX y hasta la década de los ochenta, la corriente principal de pensamiento se centró, como decía, en que solo se hereda lo que está en los genes. Sin embargo, a lo largo de dicho siglo, algunas evidencias ponían de manifiesto que en determinadas circunstancias esto no era así. Por ejemplo, en 1868 Darwin publicó un trabajo en el que postulaba su teoría de la pangénesis, en él las plantas manifestaban en su progenie la herencia de características adquiridas por los progenitores[196]. Este planteamiento es, en cierto sentido, una especie de lamarckismo, ¡pero lo enunció Darwin! La diferencia estriba en que para Darwin este tipo de herencia era una excepción. Y no es mal comienzo, porque a lo largo de los siguientes cincuenta años hallamos numerosos ejemplos de informes científicos de injertos vegetales en los que las características adquiridas por una planta procedentes del injerto de otra pasaban a la descendencia (así, por ejemplo, la resistencia al frío ambiental que, de manera natural, poseen ciertas plantas era transferida a otra especie por medio de un injerto de la primera en la segunda, a juzgar por los informes de Burbank y Michurin[197]). Todos estos estudios reportan un fenómeno, pero no tenían la capacidad de ahondar en cuáles eran los mecanismos mediadores. Además, se extendió la idea de que estas observaciones eran excepciones afortunadas.

Durante toda la primera mitad del siglo XX, esporádicas publicaciones científicas continuaron reportando este tipo de herencia de vez en cuando, y siempre se consideraron o bien fraudes (como el caso de Kammerer[198]), o bien excepciones. Un aspecto intrigante de toda esta carrera por revelar los tipos de herencia intergeneracional es por qué la historia oficial de la ciencia sigue rastreando (nosotros mismos lo estamos haciendo) en las publicaciones de la primera mitad del siglo XX cuando hubo un entorno en el que se llevaron a cabo ingentes cantidades de publicaciones al respecto. Hablamos de la biología rusa de las décadas de los veinte, los treinta, los cuarenta y los cincuenta. Parece que, fuera de Rusia, se desdeñan esas investigaciones por estar contaminadas política y filosóficamente por el régimen soviético. ¿Indujeron los regímenes políticos de la época esos estudios por convicciones sociopolíticas? ¿O realmente la ciencia rusa encontró evidencias que demostraban lo que los demás consideraban excepciones (y que, a diferencia de los trabajos de Kammerer, nadie corroboró)? Este libro no tiene vocación sociopolítica, así que no trataré de resolver estas disquisiciones; me limito a mencionar la existencia de dichas publicaciones[199] y que el lector decida.

Sin embargo, se ha considerado a Charles Waddington como el primero en reportar evidencia científica sólida de la transmisión hereditaria de un carácter inducido ambientalmente. Waddington publicó en 1942 y 1948[200] sus trabajos al respecto, en los que inducía fenotipos específicos en la mosca Drosophila que luego se harían heredables. Bien podría ser que el reconocimiento actual que hacemos de este hallazgo provenga de que también se considera a Waddington el padre del concepto de epigenética, estrechamente asociado (tal como lo entendemos hoy día) al concepto de herencia de caracteres adquiridos. El concepto acuñado por Waddington se refería a la interacción de la genética con el medio ambiente[201], fruto de la cual se desarrollaban los organismos hasta conformar los seres vivos que hay en el planeta. Dicho de otro modo, los genes determinan lo que ha de ser, pero solo la suma de su acción con los factores ambientales produce finalmente el ser vivo que es. Es decir, somos la suma de nuestros genes más el ambiente. Y la razón, tal como sabemos hoy, es porque el ambiente condiciona cuánto se expresa un gen. Por tanto, aunque no podemos ser ni más ni menos que lo que dictan nuestros genes, estos nos dan unos márgenes que se pueden ejecutar en función del ambiente. Un ejemplo sencillo es la altura de los seres humanos. No podemos ser ni más bajos ni más altos de lo que dictaminen nuestros genes heredados. Pero tendremos una altura concreta (dentro de esos márgenes) en función de, por poner un ejemplo, nuestra dieta, que es algo ajeno a nuestros genes y constituye un factor ambiental (en este caso, es el factor epigenético).

Entonces, si somos la suma de nuestros genes más los factores ambientales (epigenéticos), lo que Waddington sugirió con aquellos primeros experimentos fue que esos factores ambientales que sufre nuestro cuerpo *pueden* generar caracteres adquiridos que se hereden (o no, naturalmente). Es decir, si los factores ambientales como la dieta nos hacen más o menos altos, *puede* que nuestra descendencia herede una mayor altura por la transmisión intergeneracional de algo que, *a priori*, no estaba escrito en los genes. Esta es la esencia de la epigenética de la herencia de los caracteres adquiridos. Pero surgen dos preguntas elementales: ¿está confirmado por la ciencia, ochenta años después de aquellos trabajos, que esto realmente sucede? Y, no menos importante, ¿cómo es esto posible? ¿Qué es lo que se transmite entre generaciones para generar dicho cambio que no sea un gen?

Ya hemos visto que los injertos en plantas y los experimentos en moscas de Waddington sugieren que sí sucede. Pero de esto, como decía, hace entre un siglo y ochenta años. ¿Qué ha pasado desde entonces? Lo primero es que, conforme a las ortodoxas reglas de la corroboración científica, sí se han encontrado ejemplos de transmisión intergeneracional de caracteres adquiridos en varias especies: gusanos (*Caenorhabditis elegans*), ratones y seres humanos, entre muchas otras. Sí, en seres humanos también, y la historia que hay detrás es absolutamente fascinante. Lo segundo, que en las últimas décadas se han conocido algunos de los mecanismos de esta herencia; más concretamente, en los últimos años se han conocido incluso los mecanismos de esta herencia en el cerebro, y causados por el factor epigenético que nos interesa: el ejercicio físico.

Hablemos, primero, de los ratones. Hay varios aspectos fundamentales que aprender de esta línea de investigación y, aunque hay literalmente docenas de estudios que reportan este tipo de evidencias, vamos a repasar solo algunos cuyas características los hacen especialmente interesantes. En un estudio llevado a cabo en el Instituto Karolinska de Estocolmo y la Universidad de Copenhague y publicado en 2016[202], se alimentó a ratas macho de laboratorio con una dieta alta en grasas (concretamente, un 45 % de su dieta) y se compararon con ratas control que seguían una dieta equilibrada estándar de laboratorio. Esta misma dieta la ingirieron las hembras con las que cruzaron a los machos, y también fue con la que se alimentó a las crías de estos cruces. Es decir, todas las ratas comían dieta normal (abuelos control, todas las madres e hijos) excepto los abuelos del grupo experimental. Pues bien, cuando examinaron a la descendencia, las hembras (madres y nietas) nacidas de los abuelos con dieta alta en grasa eran intolerantes a la glucosa (tenían un alto riesgo de desarrollar diabetes de tipo 2), presentaban mayor riesgo cardiovascular, resistencia a la insulina y disfunción metabólica. ¡Y estos efectos llegaban a los nietos, aun cuando sus padres ya afectados habían consumido una dieta normal y los únicos con dieta alta en grasa habían sido los abuelos! ¿Y cómo se había transmitido semejante fenotipo a partir de un carácter adquirido por los abuelos? Los investigadores encontraron que los espermatozoides de los abuelos con dieta alta en grasa contenían varios genes con signos de metilación diferencial comparados con los controles. La metilación consiste en que un grupo químico metilo se une al ADN, concretamente a un gen que controla el metabolismo. Esto es importante, porque esta metilación puede suponer que el gen en cuestión se metila más (hipermetilación) o menos (hipometilación) que el control, y esto determina que se exprese más o menos que en el grupo control. No importa si es un aumento o disminución de la expresión, lo que importa es que unos genes se activan más y otros menos, y el conjunto de estos cambios induce otros en el metabolismo que son negativos para el organismo. En la investigación mencionada, los cambios de metilación tuvieron lugar en genes que controlan el metabolismo celular y el metabolismo lipídico. Consecuencia: alteración del metabolismo de hijas y nietas. Pero no es el único mecanismo. También se alteraron en los espermatozoides de los abuelos algunos microARN. Los microARN son ARN de cadena corta (de ahí «micro») que se adhieren a los ARN de transcripción (los que se fabrican desde los genes de ADN y sirven como un plano con el que sintetizar proteínas) y esto determina que se expresen más o menos que el control. Tanto la mayor o menor metilación del ADN como la mayor o menor existencia de microARN no cambian en absoluto los genes, sino cuánto se expresan. Y solo esta «sencilla» modificación de la dinámica celular determina que cambie el metabolismo entero. Lo importante, para el caso que nos ocupa, es que los genes no se cambian de una generación a otra y, por tanto, se transmitirán intactos a la descendencia, pero la mayor o menor metilación, que son moléculas pegadas al ADN, y la mayor o menor cantidad de microARN flotantes en el citoplasma pueden ir a parar a los espermatozoides y así llegar tras la fecundación a la siguiente generación, en la que seguirán regulando el metabolismo del mismo modo que en los padres o en los abuelos, aun cuando los genes, en sí mismos, no han cambiado en absoluto.

Por decirlo de una manera sencilla, los factores ambientales generan cambios en las células (metilación del ADN o microARN) que alteran cuánto se expresa un gen. Pero como estos cambios (grupos metilo y microARN) se pueden transmitir por los espermatozoides a la siguiente generación, esos cambios inducidos por cambios ambientales se transmiten inter- y transgeneracionalmente. Es decir, los cambios inducidos por el ambiente en nuestros padres y abuelos pueden determinar cómo nos funciona el organismo a nosotros. Por tanto, sí que hay herencia más allá de los genes.

Aquí surgen, de inmediato, dos preguntas. ¿Qué se sabe de la herencia de caracteres adquiridos por las madres a través de sus óvulos? Y, no menos importante, tanto en machos como en hembras, ¿por qué la biología ha hecho que se pueda heredar un rasgo negativo adquirido por nuestros padres o madres? Si la evolución parece proceder favoreciendo a los más adaptados, ¿por qué permite que se hereden características negativas? La respuesta a la primera de las preguntas es que las madres, a través de sus óvulos, transmiten del mismo modo los rasgos adquiridos. En todos los casos en que se ha analizado la transmisión intergeneracional o transgeneracional de un rasgo adquirido por el sujeto a su descendencia, siendo los protagonistas ratones de laboratorio hembras, se ha constatado que realmente sucede. La respuesta a la segunda pregunta es más complicada. No existe manera aún de testar experimentalmente, salvo en modelos de laboratorio muy limitados, cómo es posible que esto suceda. Pero sucede. Y aunque los científicos nos movemos como pez en el agua intentando averiguar *cómo* se desarrolla la vida y *cómo* tienen lugar los mecanismos biológicos, nos sentimos muy incómodos intentando averiguar *por qué* las cosas son como son. Y la razón es que esa pregunta no se puede responder experimentalmente. Solo cabe elucubrar teorías acerca de *por qué* la vida es como es. Pero, aun así, cabe exponer cuál es el consenso al respecto hoy en día en este campo de conocimiento.

Como hemos visto, se heredan los efectos metabólicos negativos de una dieta alta en grasa, pero también se heredan los efectos nocivos del estrés, la predisposición a la adicción a las drogas y los efectos beneficiosos del ejercicio físico. Y muchísimos otros cambios que no caben en el espacio limitado de este libro. Resulta intuitivo que los rasgos positivos de aquellas conductas o cambios ambientales que generan un beneficio para los sujetos puedan ser heredados por la descendencia. Incluso aunque no se sea un especialista en biología, parece de sentido común que algún mecanismo evolutivo se haya desarrollado a lo largo de millones de años para que, si algo es bueno para la especie, sea heredado por la descendencia. Aunque no se herede por los genes, es igual. A fin de cuentas, ¿acaso la evolución no intenta favorecer la herencia de caracteres que aumentan la supervivencia de la especie? Pues sí, y por eso no es intuitivo que se hereden caracteres perjudiciales para nosotros, precisamente porque no parece de sentido común que estos puedan aumentar nuestra supervivencia. Pero así es. En determinadas ocasiones, heredar algo malo aumenta nuestras posibilidades de supervivencia. Aunque sea negativo para nosotros como sujetos. Y ahí está el quid de la cuestión: como individuos, puede que lo heredado sea perjudicial, pero, como especie, es beneficioso para nuestra supervivencia. Esa es la razón: la evolución procura, a lo largo de millones de años, la supervivencia de la especie, no que nosotros seamos más felices. Esto es la biología. Veamos un ejemplo.

Supongamos una especie adaptada a vivir en un entorno natural normal, en el que hay alimento, pero también peligros, como depredadores naturales de la especie. Cuando un sujeto de la especie detecta la presencia de un depredador cercano, se estresa, porque debe huir del depredador. El estrés es malo para el sujeto, pero es beneficioso en cuanto ayudará a que este escape del depredador. Como mencioné en su momento, a fin de cuentas, la huida dura un instante y, si se escapa del depredador, habrá merecido la pena. Pero ¿qué sucede si aumenta drásticamente la densidad de depredadores, por las razones que sean, en el entorno ambiental de nuestra especie? Pues que las situaciones en las que la presa tendrá que estresarse para escapar de depredadores se incrementarán notablemente. Al final, en todo caso, si la presa escapa, habrá valido la pena. Finalmente, si todo ello ha valido para que la presa, por medio de ese mecanismo biológico de estrés y escape, sobreviva hasta poder reproducirse, transmitirá a su descendencia, una generación más, este mecanismo biológico beneficioso para la especie. No importa si el sujeto está muy estresado y esto le trae consecuencias negativas en su «estado de ánimo». Lo importante es que habrá sobrevivido lo suficiente para transmitir esta capacidad de respuesta a su descendencia, que es de lo que se trata. Todo esto, hasta aquí, está escrito en los genes. Pero, si la presión de los depredadores aumenta mucho, cabe la posibilidad de que el estrés sea muy alto y se generen marcas epigenéticas (metilación del ADN y/o microARN) en las neuronas de su cerebro, que le causen una permanente atención al entorno para intentar escapar de sus depredadores. Este estado de estrés elevado es potencialmente perjudicial para el sujeto, pues le genera serios problemas de estado de ánimo, problemas cognitivos e incluso problemas fisiológicos. Todo con objeto de estar «sobreexcitado» para reaccionar ante los depredadores con la máxima eficacia posible (recordemos que el rango entre la máxima o mínima eficacia posible lo determinan los genes, pero reaccionar mejor o peor lo determina cuánto se expresan esos genes, y eso es la epigenética y lo que está modulado por la metilación del ADN y los microARN). Y aquí entra en juego la herencia. Esa metilación y esos microARN pueden transmitirse a la descendencia. Y esa descendencia desplegará conductas de sobreexcitación ante los estímulos ambientales del mismo modo que hacían sus padres. Pero esta descendencia ni siquiera ha estado expuesta aún a los depredadores y ya lleva en su organismo la desgracia de esos problemas del estado de ánimo, cognitivos e incluso fisiológicos serios. ¿Por qué? Si estas consecuencias son malas para el sujeto, ¿por qué se heredan? Porque son malas para el sujeto, pero determinan que tenga mayor probabilidad de escapar de los depredadores. Es malo para el sujeto, pero es bueno para la especie. Y esta es la razón. No hay más. Excepto un aspecto muy importante. Si se hereda algo en un sentido (positivo o negativo) una vez, también se puede heredar lo contrario otra vez. Si la densidad de los depredadores desciende en las siguientes generaciones, aunque los genes estén hiper- o hipometilados y aunque las células tengan más o menos microARN, la ausencia de presión de los depredadores iniciará el cambio en sentido contrario (menor hipervigilancia, menor estrés y un estado de ánimo más relajado, ausencia de problemas cognitivos y fisiología del metabolismo normal) y eso se heredará a su vez por la siguiente generación, que no tiene la necesidad de vivir «con miedo» si no hay tanta presión de los depredadores.

Lo descrito hasta ahora nos ayuda a comprender por qué existen dos tipos fundamentales de rasgos adquiridos en cuanto a su heredabilidad. Algunos rasgos deben ser heredados de manera fidedigna y sin variaciones debido a su relevancia para la biología de la especie, y, por tanto, casi ningún cambio ambiental en ellos modifica su herencia. Por ejemplo, si yo pierdo un dedo de la mano en un accidente. La biología de nuestra especie no está diseñada para hacerlo hereditario y nuestros hijos e hijas seguirán teniendo cinco dedos en las manos, ya que este es un rasgo para el que nuestra genética no ha previsto la posibilidad de ajuste a la variabilidad ambiental. Por el contrario, otros rasgos deben ser ajustados a las circunstancias ambientales, porque no está claro si es más beneficioso o perjudicial tener mucho o poco de ello de antemano, sino solo en función de las necesidades que surjan.

Como hemos visto, ha de haber un equilibrio en cuánto estrés generamos. Si no generamos estrés, nada de estrés, puede que vivamos muy felices, pero el entorno nos liquidará con facilidad, puesto que el estrés es un recurso de defensa fundamental de la biología. Pero si, por el contrario, generamos por defecto mucho estrés, puede que vivamos más seguros ante los peligros del medio ambiente, pero, sin la menor duda, seremos más infelices. Vivos pero infelices. O eso, o muertos felices. Por ello, parece haber resultado beneficioso para las especies, a lo largo de la selección natural, generar mecanismos biológicos en los que el nivel de estrés y la respuesta a los retos ambientales se ajusten en función de sus necesidades. Y que eso se herede para condicionar esa capacidad de respuesta en su descendencia, «preparándola» para lo que se le avecina. Pero, si las condiciones cambian, la descendencia también reaccionará cambiando su respuesta. Por eso se hereda el estrés, pero no se hereda perder un dedo de una mano en un accidente.

Tras esta exposición, podemos comprender los límites de algunas aseveraciones habituales y que suelen usar evidencias científicas para intentar convencernos de una realidad que no siempre es tan simple como la pintan. En las últimas décadas, son frecuentes afirmaciones como que podemos conseguir lo que nos propongamos, que el ser humano no tiene límites y que no estamos limitados por nuestros genes. Ahora podemos entender qué hay de verdad en ello. Como hemos visto, ciertamente algunas de nuestras características y rasgos pueden manifestarse en su máxima o mínima expresión dependiendo de nuestros actos. Así, por ejemplo, vivir con más o menos estrés va a condicionar mucho cómo funciona nuestro cerebro. Pero, como hemos visto también, nuestro cerebro no va a ser ni más eficiente ni más ineficiente que lo que determinen nuestros genes. No nos dejemos engañar. Nuestros genes determinan el rango máximo y mínimo, y que nuestro cerebro esté en el máximo o en el mínimo depende de nuestra conducta y nuestro estilo de vida. Pero solo en aquellas variables que estén genéticamente determinadas para ser modificadas por nuestros actos, porque aquellos rasgos que estén firme y férreamente predeterminados por nuestros genes no los vamos a cambiar hagamos lo que hagamos. Pasemos ahora a discutir cómo y por qué se heredan los efectos del ejercicio.

En nuestro laboratorio del Instituto Cajal del CSIC en Madrid, abordamos la cuestión de la heredabilidad de los beneficios del ejercicio físico para el cerebro en 2014. Nuestro planteamiento consistió en utilizar una cohorte de ratones macho (ahora veremos por qué) sedentarios y otra de ratones ejercitados de manera moderada (cuarenta minutos al día corriendo a una velocidad de lo que para un ratón sería trote ligero). Utilizamos machos inicialmente para no introducir en la experimentación variables de confusión, como la influencia epigenética de la madre en su progenie a través del líquido amniótico, entre otras. De esta manera, los ratones macho corrían o no, y luego eran cruzados con hembras sedentarias y se obtenía la descendencia. Los ratones macho solo podían transmitir algo a la descendencia a través de sus células germinales, ya que nunca convivían con la prole. Y tampoco podían transmitir nada a la descendencia a través de sus madres, a las que pudieran haber contagiado algún cambio conductual en la convivencia con ellas, ya que machos y hembras solo permanecían juntos unas horas, el tiempo mínimo imprescindible para reproducirse. La descendencia también era sedentaria. Y luego se examinaba el cerebro y la capacidad cognitiva de padres e hijos. Como esperábamos, los ratones macho que corrían desplegaban en diferentes test conductuales una mayor capacidad cognitiva que los sedentarios, además de tener más neuronas nacidas en el hipocampo adulto (neurogénesis hipocampal adulta). Lo importante llegó cuando examinamos a la descendencia, porque esta era sedentaria. En los mismos test que sus padres corredores, desplegaron mayor capacidad cognitiva que los hijos sedentarios de padres sedentarios, y también presentaron más neurogénesis hipocampal adulta.

Sin embargo, la ortodoxia científica determina que se tomen el máximo de precauciones posibles para aseverar un descubrimiento, así que, para poder determinar completamente que correr incrementaba la capacidad cognitiva de la descendencia, había que descartar que ese cambio de la progenie derivara de un artefacto debido a estar usando cohortes independientes de padres. Dicho de otra manera, como habíamos usado grupos de animales sedentarios o ejercitados y lógicamente sus hijos eran completamente independientes entre sí, quedaba sin resolver la pregunta de si los hijos del mismo padre, por haber corrido o no dicho padre, manifestarían realmente alguna diferencia. Así que repetimos el experimento completo, pero esta vez con la siguiente estrategia: se usó una única cohorte de padres, todos sedentarios. Se hizo que se reprodujeran (con hembras igualmente sedentarias) y su camada (los hijos «mayores» de este experimento) era, por tanto, de hijos de sedentarios. A continuación, los padres (hasta ahora sedentarios) comenzaron a entrenar y, después de un tiempo similar al entrenamiento del experimento anterior, se volvieron a cruzar con hembras sedentarias; su camada (los hijos «pequeños» de estos mismos padres) era, ahora, de hijos de corredor (pero se trataba de los mismos padres, antes y después de haber hecho ejercicio). ¡Y la diferencia entre hermanos fue la misma que entre cohortes independientes! Los «hijos del ejercicio paterno» manifestaron mayor capacidad cognitiva y tenían más neuronas que los «hijos del sedentarismo paterno», aun cuando el padre era el mismo. Similares resultados se han encontrado cuando las que se ejercitan son las madres.

Pero el afán por la calidad científica es incesante. Había, también, que demostrar que esta herencia no derivaba de «algo» que no fuese la transmisión por vía germinal. O sea, que no fuese a través del contacto físico del padre con la madre y, luego, de la madre con las crías. Así que se repitió el experimento completo (y van tres), pero esta vez la reproducción de los padres corredores y sedentarios fue por fecundación *in vitro*, extrayendo sus espermatozoides, llevando a cabo el proceso de fecundación en el tubo de ensayo e implantando los embriones en unas madres distintas de las donantes de los óvulos. Es decir, tanto padres sedentarios como ejercitados, así como las madres sedentarias, solo fueron donantes de espermatozoides u óvulos, sin que hubiera más contacto con el resto de sujetos del experimento en ningún momento. Por su parte, cuando la gestación terminó y las crías nacieron, sus madres de gestación también fueron sustituidas por unas madres nodriza que nada tenían que ver con ninguna de las anteriores y que fueron las que criaron a las camadas. Cuando estas crías llegaron a adultas, no había en sus vidas ni rastro de sus padres o madres biológicos desde el más lejano principio de sus ciclos vitales, salvo las propias células germinales (que es de lo que se trataba). Pues bien, el análisis reveló que mostraban más capacidad cognitiva y tenían más neuronas los hijos *in vitro* de ejercitados que los de sedentarios. Este trabajo nuestro que acabo de describir se publicó en 2019[203].

Procediendo del mismo modo que antes en este capítulo, vamos a elucubrar sobre el *porqué* de este fenómeno biológico. Como la generación paterna se mueve más que los sedentarios, el organismo interpreta que estos sujetos necesitan recursos (neurales y no neurales) para hacer frente a los retos diarios y, por lo tanto, incrementa la neurogénesis adulta, así como una batería de cambios de expresión génica en consonancia. Esto ya lo hemos analizado sobradamente en capítulos anteriores. Y ahora lo que añadimos es que, además, el organismo actúa en modo «necesitamos un gran consumo de recursos *y* que pase esta señal a la siguiente generación».

Aunque nuestra intención era continuar la línea de descendencia tanto como fuera posible, llegó la pandemia mundial de COVID de 2020. Habíamos concluido el experimento con los nietos, pero, en medio de tal drama humano, debido al confinamiento desapareció la posibilidad de disponer de bisnietos o tataranietos para nuestra línea de investigación. Por eso, a fecha de hoy podemos contar qué pasó con los nietos de los ratones corredores, pero no podemos ir más allá.

Al analizar la capacidad cognitiva de los nietos de los ratones corredores, observamos que era superior a la de sus coetáneos nietos de ratones sedentarios. Y, aunque los efectos sobre la neurogénesis habían desaparecido, esto significa que los nietos de corredores tienen mejor cognición que los nietos de sedentarios aun cuando ellos mismos son sedentarios e incluso sus propios padres también lo fueron. Dos generaciones de sedentarismo se ven superadas por la práctica sistemática de ejercicio de sus abuelos. Sin embargo, el efecto va perdiendo fuerza. Sospechamos, aunque ya no podremos comprobarlo, que en la siguiente generación de bisnietos los efectos habrían desaparecido. Y la razón es muy evidente: igual que se hereda el efecto del ejercicio, se hereda el efecto del sedentarismo, y, de acuerdo con lo dicho en este capítulo, el mensaje que nuestro cuerpo les está enviando a nuestros genes es: «No necesitamos tal consumo de recursos *y* que pase esta señal a la siguiente generación».

En suma, algunos cambios en el estilo de vida permiten modificar en un gran número de especies de animales analizadas, así como en plantas (y hasta el límite que les permiten sus genes), algunas de las características anatómicas y funcionales de sus cuerpos y, además, esto puede ser transmitido a la descendencia. Podemos decir que los ratones que hacen ejercicio o se estresan «esculpen sus propios cerebros». Para bien (por el ejercicio) o para mal (como bajo la influencia del estrés). Pero siempre para el bien de la especie. Y ahora añadimos «y esculpen los cerebros de otros, en la medida en que esos cambios son heredados por sus descendientes». Pero ¿y en los seres humanos? ¿Cómo vamos a averiguar si esta herencia es posible en el *Homo sapiens*? No podemos hacer experimentos de este tipo con seres humanos, pero podemos observar lo que ha sucedido durante el siglo XX y el XXI.

Durante la Segunda Guerra Mundial, y en medio de todos los dramas humanos, sociales, económicos y morales que conlleva una guerra, tuvo lugar un suceso bastante terrible (como tantos otros derivados de cualquier guerra). Se trata del Invierno del Hambre en Holanda (1944-1945). Aquel invierno, los alemanes invadieron Holanda, los ferroviarios holandeses se pusieron en huelga para intentar perjudicar a los alemanes y favorecer a los aliados, y, como consecuencia de ello, se produjo escasez de alimentos básicos y hubo una hambruna. Esta duró «solo» unos meses, hasta que se restableció la normalidad. Pero no se restableció jamás para aquellas madres que estaban embarazadas en Holanda justo durante ese invierno. Y tampoco para los hijos que llegaron a nacer entonces (porque casi el 60 % de las gestaciones acabaron en aborto). Estos hijos, y aun los que serían sus hijos (nietos de la hambruna), padecieron mayor riesgo de obesidad, de diabetes de tipo 2 y de disfunciones metabólicas, así como mayor incidencia de problemas de salud mental, que los gestados en el mismo lugar (incluso nacidos en los mismos hospitales) justo antes o después de la hambruna[204]. Esta primera indicación podría sugerir que las consecuencias negativas de una desnutrición severa se heredan. Se trata, sin la menor duda, del mayor experimento sociológico y biológico involuntario en tiempos modernos al que se le ha podido seguir la pista de una manera científica seria. Hay, sin embargo, dos consideraciones interesantes que hacer. La primera de ellas es que, puesto que se trata de un experimento puntual único (afortunadamente) y cuyos pormenores no pueden repetirse (esperemos), algunas de sus conclusiones, sobre las que hay varias interpretaciones discrepantes, no pueden testarse de nuevo. Así que, en honor a la verdad científica, debe decirse que una interpretación alternativa a la herencia intergeneracional de la disfunción metabólica podría ser que, puesto que una enorme proporción de gestaciones acabaron en aborto y solo se ha podido estudiar a los que sobrevivieron, puede que los perfiles genéticos y epigenéticos de estos (que permitieron su supervivencia) llevaran asociadas las características metabólicas que hoy conocemos de aquellos supervivientes, y no que ese metabolismo fuera consecuencia de la hambruna. Lamentablemente, no podemos volver a testar en otras condiciones aquel suceso. No obstante, se han aportado evidencias recientes de que la hipótesis original de la herencia de los efectos metabólicos es correcta[205]. Pero aún queda otra duda. Puesto que el efecto tuvo lugar en mujeres embarazadas, la hambruna la padecieron, lógicamente, las madres, la padecieron sus fetos y, en última instancia, también pudieron verse afectadas las células germinales en formación de los fetos hembra, que, prospectivamente, serían luego las futuras nietas o nietos de las madres del Invierno del Hambre. Por lo tanto, cabe pensar que ese efecto «físicamente directo» sobre el cuerpo de la madre, el cuerpo en desarrollo de los hijos y las células germinales en formación de las hijas (células que luego serán nietos y nietas) no puede ser considerado «herencia», puesto que hay un efecto directo sobre un sujeto. Solo podrían considerarse como herencia, desde un estricto punto de vista científico y biológico, los cambios que sucedieran en los bisnietos de las madres del Invierno del Hambre. Esos bisnietos tienen ahora (salvando lo insalvable, que es lo impredecible de la edad de reproducción de cualquier ser humano) alrededor de veinticinco años de media. Desgraciadamente, los últimos estudios publicados son del 2013[206] y solo llegan hasta los nietos, y los datos avanzados del estudio de los bisnietos no son aún concluyentes.

Tenemos otro, igualmente desgraciado, caso «ejemplar»: las guerras entre hutus y tutsis en África a finales del siglo XX. En toda esa larga sucesión de cruentos hechos bélicos de más de cuatro décadas, cuando exiliados tutsis invadieron Ruanda en 1994 tuvieron lugar numerosos episodios que han pasado, lamentablemente, a la historia, especialmente el genocidio de cientos de miles de tutsis y hutus moderados en solo cien días, entre el 7 de abril y el 15 de julio de 1994. Las madres embarazadas supervivientes sufrieron estrés postraumático. Sus hijos, analizados años después, también[207]. Y las madres sufrieron cambios epigenéticos en sus cuerpos, concretamente en el patrón de metilación de genes que controlan la expresión de receptores glucocorticoides (que son los que controlan el eje del estrés desde el cerebro, que ya conocemos de los casos en ratones). Sus hijos, también[208]. Pero el lector atento ya habrá notado que, si el cambio en el patrón de metilación lo sufre la madre por el estrés sufrido ante la persecución del genocidio, también lo sufre el feto. Y, en tal caso, es lógico pensar que los hijos también tienen el patrón de metilación distinto y, en consonancia, también sufren estrés postraumático. Para que haya herencia real en los términos que estamos tratando aquí, la cuestión es qué pasa con los nietos (al menos los nacidos de hijos varones de aquellas madres del genocidio) e incluso los bisnietos (en el caso de bisnietos nacidos de hijas de aquellas madres). De nuevo, hasta la fecha solo se han reportado los efectos en las madres y los hijos e hijas, no en los nietos (que ahora deben rondar los 5-10 años de edad, de media).

A pesar de estas disquisiciones, la investigadora Rachel Yehuda ha llevado a cabo numerosas investigaciones en las que ha analizado los cambios epigenéticos sufridos en el cerebro de sujetos sometidos a diferentes tipos de estrés y traumas psicológicos graves. También ha analizado si en los casos en que este trauma ha afectado a los sujetos mucho antes de ser padres o madres (por ejemplo, en los casos de supervivientes del Holocausto judío en manos de los nazis durante la Segunda Guerra Mundial), y cuyos hijos por tanto no han sufrido el efecto directamente, existe herencia verdaderamente intergeneracional o transgeneracional por vía germinal. Así, por ejemplo, ha encontrado que el patrón de metilación de los genes que controlan los receptores glucocorticoides de las supervivientes que fueron madres mucho después del Holocausto, y cuya desregulación ocasiona hipersensibilidad al estrés en la descendencia, está alterado (como en el caso de las madres embarazadas durante el genocidio de Ruanda de 1994). Lamentablemente, no se puede descartar que los cambios sufridos por el estrés de los campos de concentración en aquellas mujeres jóvenes que sobrevivieron alteraran su fisiología hasta el punto de generar anomalías fetoplacentarias en el embarazo posterior[209]; aunque este sería, por tanto, un caso de transmisión intergeneracional, no es herencia por vía germinal. Conclusiones similares se han obtenido en diversos estudios analizando la transmisión de sintomatología de estrés postraumático (PTSD, por sus siglas en inglés *postraumatic stress disorder*). Se pensaba que, puesto que la mayoría de las víctimas de PTSD analizadas eran varones veteranos de guerra cuyos hijos fueron concebidos mucho después de la guerra, no cabría argumentar que se tratara de efectos directos sobre ningún feto ni ninguna alteración de la placenta. Aunque se han observado síntomas de PTSD en la descendencia de estos veteranos, hasta 2018 no se habían podido encontrar de manera concluyente variaciones epigenéticas determinantes del fenotipo en su esperma (Yehuda, 2018, *op. cit.*). De nuevo, hacen falta más estudios.

Para rematar este capítulo recordemos, primero, que aquellos ratones que hicieron ejercicio moderado durante la vida adulta, justo antes de tener descendencia, no solo incrementaron su capacidad cognitiva, sino también la de sus hijos y la de sus nietos, incluso aunque los nietos y sus padres fueran sedentarios. La conclusión evidente de esta sección es que, en modelos de ratones de laboratorio, sabemos a ciencia cierta que la herencia inter- y transgeneracional de alteraciones cerebrales (positivas y negativas) existe y conocemos su mecanismo. En seres humanos, si bien sabemos que la transmisión existe, no sabemos su mecanismo y, por lo tanto, no podemos conocer (aún) si es una auténtica herencia por vía germinal.

Capítulo 10

SUDOR Y GLORIA: FILOSOFÍA DEL ESFUERZO EN EL CAMINO

> «El conjunto de creencias y sentimientos comunes al promedio de los miembros de una misma sociedad forma un determinado sistema que tiene vida propia; se le puede llamar conciencia colectiva o común.»
>
> Émile Durkheim

A lo largo de la historia, muchos filósofos y otros pensadores han practicado actividad física y han manifestado que les ayudaba en sus reflexiones. Aunque en este capítulo quiero referirme a de qué manera las corrientes filosóficas y de pensamiento han influido en la práctica de ejercicio por el ser humano, es interesante detenerse antes en cómo los autores de esas corrientes de pensamiento conducían sus propias vidas.

Nietzsche (1844-1900) es un buen ejemplo en relación con los paseos largos. Empezó caminando para distraerse y aliviar sus terribles dolores de cabeza, y lo acabó convirtiendo en un método sistemático para pensar y reflexionar[210]. Como apunta Frédéric Gros (*op. cit.*): «Nietzsche anda, anda como se trabaja. Trabaja andando». Al principio caminaba cerca de lagos y montañas al sur de la Selva Negra, y en la última etapa de su vida lo hará durante seis horas al día en la Engandina (Alpes suizos) en las épocas de calor, y en Génova o Niza en las épocas de frío, donde, según su testimonio, «paseo una hora antes del mediodía y tres horas por la tarde, a paso vivo»[211]. En esa época (1879-1889) escribió *Aurora*, *La genealogía de la moral*, *La gaya ciencia*, *Más allá del bien y del mal* y *Así habló Zaratustra*, entre otras obras. Nietzsche explicó en muchas ocasiones en su nutrida correspondencia cómo las largas caminatas y ascensiones a los puertos de montaña, el aire puro, la luz y la vista despejada, le ayudaron en sus pensamientos y hasta fueron origen y motor de sus ideas. Valga este ejemplo: «Exceptuando algunas líneas, todo ha sido pensado y esbozado a lápiz en seis pequeños cuadernos, mientras caminaba[212]». Nietzsche concedió buena parte del mérito de su trabajo y sus ideas a las largas caminatas cuesta arriba.

Thoreau estimaba que caminar hacía al hombre sentirse «natural» y abogó toda su vida por las bondades del paseo largo, contemplativo y meditativo. Dejemos que sea él mismo quien exponga sus ideas al respecto, en un fragmento maravilloso (resume algo de lo que se expone con datos científicos en este libro en tan pocas palabras que resulta admirable) que he tomado y traducido de su bellísimo texto «Walking» (transcripción de una conferencia impartida en Concord en 1851[213]), publicado en *The Atlantic Monthly* en 1862[214]: «El caminar al que me refiero tiene poco que ver con el ejercicio [...] más bien deberías caminar como un camello, del que se dice que es la única bestia que "rumia" (en el sentido de pensar) mientras camina...». Kant utilizaba los paseos para hacer un descanso y dejar de pensar durante un rato para poder volver luego al trabajo en su despacho; Dickens sostenía que necesitaba sus caminatas para mantenerse «cuerdo», etc.

En la conducta y las ideas de todos estos pensadores subyace un principio común. Pareciera que pasear fuera un tipo de «meditación» muy particular. Para ellos, el efecto del ejercicio suave sobre su pensamiento estaba fuera de toda duda y muy cercano a la meditación activa enfocada en sus disquisiciones intelectuales de cada momento. ¿Qué sabemos de cómo funciona un cerebro cuando se camina o se hace ejercicio? Los registros electrofisiológicos han demostrado, en experimentos hechos hasta la saciedad en roedores de laboratorio, que los circuitos neurales producen una actividad típica identificable por el experimentador cuando el animal o el ser humano se mueve, distinta de la que existe mientras está inmóvil. Hay, específicamente, ciertos tipos de ritmos cerebrales (el ritmo *theta*) que se modifican cuando el sujeto se mueve o camina. Sin embargo, averiguar qué suponen estos cambios para el funcionamiento cerebral es aún objeto de investigación.

Por el contrario, en términos conductuales observables externamente, cabe la posibilidad de que nuestro cerebro funcione de manera diferente cuando se camina a cuando se está sentado. En un clásico experimento de la Universidad de Stanford en 2014, los autores revelaron que caminar aumentó el 81 % de la creatividad de los participantes en el experimento. En un segundo experimento, los participantes completaron un test de creatividad cuando se sentaron y luego caminaban, o bien caminaban y luego se sentaron, o cuando se sentaron dos veces. Nuevamente, caminar condujo a mejores puntuaciones en el test. Además, cuando se sentaron después de caminar, los participantes exhibieron un impulso creativo residual. En un último experimento, se probó el efecto de caminar en la generación creativa de analogías (inventar parecidos razonables entre objetos, por ejemplo). Los participantes se dividieron en cuatro grupos: unos se sentaron en el interior de una sala, los de otro grupo caminaron sobre una cinta de correr dentro de la misma sala, un tercer grupo caminaron en el exterior y, por último, los del cuarto grupo fueron empujados sentados en una silla de ruedas en el exterior. Los investigadores encontraron que caminar en el exterior produjo las analogías más novedosas y de más alta calidad. Los efectos de la estimulación al aire libre y la caminata fueron separables y diferenciables[215].

Por su parte, el trabajo intelectual que se desarrolla sentado presenta otros beneficios potenciales. En un par de estudios llevados a cabo en 2015, unos investigadores hallaron que pensar sentado producía mejores resultados que pensar mientras se caminaba en un «escritorio con cinta de correr» en tareas que requerían alta concentración, debido a una mayor velocidad de procesamiento cognitivo, memoria de trabajo y atención[216]. Además, como era de esperar, el resultado también fue mejor sentado si las tareas requerían el uso de habilidades motoras finas (como escribir o teclear), aunque esto se debe a un puro efecto motriz no relevante, que podría solucionarse con un dispositivo más adecuado, del mismo modo que resulta incómodo e ineficaz beber de un vaso o taza normal cuando se camina, pero se soluciona fácilmente utilizando un vaso con tapa y agujero para beber directamente o mediante una pajita. Aunque a fecha de hoy no existen muchos dispositivos de escritorio con cinta de correr que eviten completamente los problemas motrices de escribir mientras se camina, las trabas que conlleva el trabajo intelectual caminando están relacionadas más bien con las tareas de alta concentración, como la lectura profunda de textos complicados. No obstante, los estudios revelaron también que, aunque los sujetos que realizaron tareas intelectuales caminando en cinta de correr tardaron más en aprender información nueva, una vez aprendida, era retenida por su cerebro con la misma eficiencia[217]. En suma, parece que hay evidencias científicas que sugieren que la forma óptima en que trabaja nuestro cerebro cambia en función de nuestra conducta de movimiento en el momento de la tarea intelectual. Por ello, no es de extrañar que numerosos pensadores y filósofos hayan empleado a lo largo de la historia el paseo como forma de cambiar su forma de pensar y sus ideas. ¿Cuáles han sido, pues, estas ideas filosóficas acerca del ejercicio a lo largo de la historia? El deporte es la manifestación histórica más extendida a través de culturas y civilizaciones que nos puede informar acerca de cómo pensaban las generaciones anteriores sobre el papel de la actividad física en nuestro cuerpo. Por ello, me detendré ahora en el concepto de deporte y su relación con el pensamiento de la sociedad.

¿QUÉ CONSIDERAMOS DEPORTE?

Puede que nos sorprenda, pero no hay un consenso firme acerca de qué se considera deporte y qué no. Según la RAE, «deporte» es «la actividad física, ejercida como juego o competición, cuya práctica supone entrenamiento y sujeción a normas»[218], pero también lo acepta como «recreación, pasatiempo, placer, diversión o ejercicio físico, por lo común al aire libre». El hecho de que históricamente, y aún hoy, el deporte se encuentre imbricado en la economía, la política, la educación y en toda nuestra sociedad, en cualquier parte del mundo, contribuye a la indefinición del término, tanto desde un punto de vista popular como técnico. Todo el mundo tiene una idea bastante fidedigna de lo que se entiende por deporte, sin embargo, no podemos definirlo adecuadamente. Un repaso bibliográfico de sus definiciones nos da buena cuenta de lo inaprensible y dispar que resulta el concepto[219]. De hecho, nuestra definición original (capítulo 1) de «deporte» debe ahora ser matizada.

«Deporte» es la actividad física que no se hace por sí misma (por la propia actividad física en sí), sino por algo más, externo al organismo físico y mental del sujeto, como por ejemplo competir contra otros o contra uno mismo, mejorar marcas, mejorar el rendimiento durante el ejercicio, etc. Si el sujeto hace una actividad física porque es bueno para la salud física o mental, no es deporte hasta que no entra en juego la competición o el interés en batir marcas (ya sean individuales o colectivas), el interés por ganar a un contrario, el interés por ser el primero en hacer algo o el interés por hacer algo que ya han hecho muchos otros, pero esta vez hacerlo más rápido, más alto o más fuerte[220]. Definir el concepto es relevante por la enorme diferencia cualitativa existente entre prescribir «actividad física» (o más concretamente «ejercicio físico», frente al sedentarismo) y prescribir «deporte». «Haga usted ejercicio físico» es una prescripción terapéutica y preventiva que, como explicamos a lo largo de este libro, tiene enormes beneficios para nuestro cerebro. Por el contrario, «haga usted deporte» conlleva competición y, lamentablemente, en la enorme mayoría de los casos, eso significa estrés. La intención declarada de mejorar nuestra capacidad de ejecución física y mental mediante la competición es ajena a la actividad física en sí misma. Pero lo más importante no es que sea ajena o propia, lo relevante es que esa mejora intencional requiere someter al sujeto a un estrés específico, en concreto, el estrés derivado tanto del entrenamiento como de la competición en sí. El entrenamiento puede producir ese estrés al intentar obtener esa mejora en un tiempo determinado, cuanto antes, y, en todo caso, antes de que se lleve a cabo la confrontación competitiva con otros o con uno mismo. El estrés de la competición contra uno mismo resulta, por su parte, obvio. Podemos decir que supone forzar la máquina física del sujeto para que evolucione y mejore en el menor tiempo posible. Por consiguiente, lleva asociado frecuentemente el trabajo en la zona más alta posible de nuestra capacidad física y mental. Como vimos en el capítulo dedicado a la hormesis, esto significa que las dosis de ejercicio estarán fuera del rango óptimo para nuestro cerebro. El cerebro no tiene tiempo (ni capacidad) para adaptarse a ese estrés. Por el contrario, el ejercicio físico realizado dentro de ese rango óptimo produce una adaptación natural a ese leve «estrés» que supone el ejercicio moderado o vigoroso (pero no extenuante o muy vigoroso) en nuestro organismo y nuestro cerebro, y, por lo tanto, genera una mejora de nuestra condición física y mental lenta y constante, natural, sin incurrir en un distrés perjudicial. En cambio, el deporte promueve que la mejora sea lo más amplia y rápida posible. Aunque sea físicamente viable, las consecuencias para el cerebro no son las óptimas, como he explicado. Puesto que las ventajas del ejercicio moderado a vigoroso sin estrés ya se han explicado sobradamente en otro capítulo, ahora es el turno de revisar el estrés asociado al deporte.

Deporte y estrés

Aclarémoslo cuanto antes: el estrés asociado al deporte de competición no es un factor inherente a este, sino que se lo añadimos nosotros. Por decirlo brevemente: se practica deporte y se compite para ganar y batir marcas, pero esforzarse al límite de nuestras posibilidades es lo que estresa a nuestro cerebro. Si jugamos un partido de cualquier deporte y queremos ganar o batir nuestra marca, esto no es intrínsecamente malo, salvo cuando se producen dos situaciones psicológicas: 1) cuando nos ponemos al límite durante el entrenamiento o durante la competición; 2) cuando nos frustramos si perdemos o no batimos la marca. Todo el mundo ha practicado alguna vez un deporte (de hecho, en el juego se produce el mismo efecto, piénsese en una partida de cartas) y, por supuesto, el objetivo es ganar o batir una marca, todo el mundo lo desea de manera natural (en eso consiste el deporte), pero puede que no todo el mundo fuerce su organismo y su cerebro al límite, y, por supuesto, puede que no se disguste exageradamente si pierde o no consigue batir la marca. Por lo tanto, ¿cuál es el problema? El problema estriba en que, como apuntan estudios científicos recientes, la mayoría de las personas sufren estrés debido al miedo a perder y a la presión autoinducida por ganar; esto hace que se sientan debilitados y, además, en muchos casos, que consideren que necesitan ayuda médica por ello (como veremos a continuación).

Si bien cada cual debe ser capaz de juzgar hasta dónde se compromete física y mentalmente en una competición, al menos los datos relativos a nuestros jóvenes deberían hacer saltar las alarmas. Las cifras dan que pensar: el 90 % de los practicantes de deporte en edad juvenil sienten estrés, y, aunque un tercio de estos sujetos estresados manifestaron que dicho estrés les hacía mejorar, otro tercio expresó que les hacía requerir asistencia médica[221]. Si esto puede parecer anecdótico es porque aún falta lo más importante: esta situación puede conducir a padecer ansiedad o depresión. Un trabajo de 2015 recopiló todas las consecuencias del estrés en algunos jóvenes atletas en Estados Unidos, incluyendo problemas de sueño, pérdida de apetito, alteraciones del estado de ánimo, mal genio, pérdida de interés en el entrenamiento y la competición, disminución de la autoconfianza e incapacidad para concentrarse[222]. Los autores también revisaron las causas de ese estrés, entre las que destacan el sobreentrenamiento, el excesivo compromiso con el deporte para el futuro del sujeto, la amenaza de ser separado del equipo, la de sufrir una lesión, el miedo a cometer errores, el manejo del éxito cuando se da, la presión por la sobreespecialización, etc. Estas causas tienen habitualmente un origen físico (experiencia en lesiones o miedo a sufrirlas, por ejemplo) o mental (exigencia de los entrenadores, expectativas autoimpuestas, atención de los medios de comunicación o redes sociales, relación con la familia y amistades) e incluso académico (en Estados Unidos es muy frecuente que, para continuar becado en un curso académico, deba alcanzarse un determinado nivel de rendimiento deportivo)[223]. En estos estudios se analiza la salud cerebral de los atletas comparándolos siempre con estudiantes de la misma edad e incluso el mismo centro que no hacen deporte de competición, para evitar así una supuesta sobreestimación de los problemas de ánimo usuales en los adolescentes. En todo caso, resulta lamentable que, según muestra la evidencia científica, buena parte de esta presión negativa sobre los atletas adolescentes (e infantiles) viene de los padres (el 50 % de los cuales aparecían, en un estudio reciente, como muy influyentes en el deporte que los hijos elegían, y eran mayoría los que esperaban que sus hijos se dedicaran profesionalmente a dicho deporte, algo para lo que numerosos padres contrataban entrenadores personales con el objetivo de favorecer dicha aproximación profesional)[224]. Como apunta el sociólogo del deporte Jay Coakley, cuando los adolescentes son conscientes de cuánto tiempo, dinero y esfuerzo ponen sus padres en ello, es más probable que continúen la práctica de la competición más allá de sus fuerzas, de sus gustos y sus deseos reales, en una espiral que, de producirse finalmente el abandono o la lesión, les genera un sentimiento de fracaso que puede conducir a una conducta depresiva[225].

Muchas personas, especialmente adultos, son sobradamente capaces de afrontar la presión inherente al deporte de competición, la presión por ganar, por batir marcas y por entrenar más y más duro a diario. Sin embargo, no parece correcto pensar que esto solo supone un problema en niños o adolescentes.

En los últimos tiempos, se han acumulado ostensibles ejemplos de excesiva presión en el deporte de competición de élite. Aunque nuestro interés se centra en los efectos del deporte para el cerebro y su funcionamiento, no dejaré aquí de mencionar (por listar solo algunos casos) que varios atletas de talla internacional no participaron en los Crossfit Games en 2025 después de que Lazar Đukić muriera ahogado en los mismos juegos en 2024 en Texas[226]; para quien piense que esto fue un mero accidente impredecible, consideremos la incidencia de muertes súbitas en la práctica de deporte de alta competición antes de volver al cerebro. La miocardiopatía hipertrófica y la displasia arritmogénica del ventrículo derecho son la causa más frecuente de muerte súbita asociada al deporte. El 96 % de las muertes súbitas durante la práctica de cualquier deporte en España tiene lugar en deportistas «recreativos» (deportistas no federados que practican deporte por placer u ocio), consignándose la cardiopatía isquémica como la causa más común (63 % de los casos)[227]. El estudio que aquí citamos encontró que el riesgo era mayor en futbolistas menores de treinta y cinco y en ciclistas o corredores a pie a partir de los treinta y nueve años. En España, la Sociedad Española de Cardiología estimó en 167 casos al año (en 2021) los eventos de muerte súbita asociada a la práctica deportiva[228]. Somos conscientes de que la incidencia es minúscula (afortunadamente), pero tengamos en cuenta que, en el mismo año del estudio, los fallecidos por accidentes de tráfico en España fueron 1500[229], lo que es casi diez veces más, pero estamos hablando de un país de 47 millones de habitantes[230], por lo que estamos comparando una incidencia de 3,5 fallecidos por cada 10 000 habitantes (deporte) con 35 fallecidos por cada 10 000 (tráfico), cifra que parece a todas luces no desdeñable ni admisible, tratándose de una práctica «recreativa». A nivel mundial las cifras no son mejores. Solo en la práctica de fútbol, entre 2014 y 2018 se produjeron un promedio de 121 muertes súbitas al año en todo el planeta[231]. El lector decidirá si le parecen números asumibles. Pero volvamos al cerebro.

Simone Biles se retiró (momentáneamente) de la competición de gimnasia de los Juegos Olímpicos de Tokio en 2021.

Naomi Osaka se retiró del Abierto de tenis de Francia en 2021. Filipe Toledo (surf), Ricky Rubio (baloncesto), Caeleb Dressel (natación) y muchos otros pasaron también por ese trance. Todos alegaron problemas de salud mental. Es importante tener en cuenta que los deportistas de élite sufren la misma incidencia de depresión y ansiedad que la población general[232], el punto clave estriba en que, en su caso, la causa es la presión por el rendimiento deportivo, el impacto de las lesiones y las expectativas ajenas[233]. No entraré aquí en valoraciones prácticas acerca del tema, pero son cifras dramáticas si consideramos que la práctica de conductas del movimiento (que, como estamos viendo, deberían ser beneficiosas para el cerebro) se convierten en la causa (asociada a la competición tal como se entiende actualmente) de problemas de salud mental. La conclusión es que el problema no está en el deporte de élite, ni en el de alta competición, sino en cómo nuestra sociedad entiende la competición. Para comprenderlo, hemos de retrotraernos a la historia del deporte.

Breve historia del deporte y la actividad física. ¿Qué corrientes filosóficas animaban el espíritu de los deportistas a lo largo de la historia?

Comenzaremos por Mesopotamia, donde existen hallazgos como la tabla Kikkuli, del 1400 a. C., que contiene un texto en hitita sobre arcilla en el que se detalla el deporte por excelencia, que eran las carreras de carros tirados por caballos (aunque en él a quien se entrenaba, realmente, era a los caballos). Otras inscripciones, bajorrelieves y figurillas aún más antiguas indican la existencia de prácticas de boxeo, natación, carrera y lucha. Todos ellos parecen estar relacionados con la guerra.

En el Egipto de los faraones, por su parte, existían tres tipos de prácticas deportivas: 1) las que llevaban a cabo algunos faraones, especialmente la dinastía XVIII con Amenhotep II o Amenophis II (versión helenizada del mismo nombre, quien vivió y reinó en torno al 1400 a. C.), y que se han encontrado representadas en la Gran Estela de la Esfinge en Giza: se trata de alabanzas al faraón deportista, el atleta perfecto, que referían las hazañas de las que era capaz, como carreras de carros, remo, tiro con arco, carro de caballos, equitación y carrera a pie, en lo que parece una suerte de pentatlón o decatlón antiguo. En cuanto a otros faraones, las referencias encontradas eran una demostración de su capacidad para la guerra, especialmente las carreras de carros de caballos, así como su práctica deportiva favorita, la caza de animales y aves de todos los tamaños; 2) los deportes en los que se entrenaba directamente para la guerra a los soldados, como tiro con arco, equitación, carreras a pie, boxeo y lucha (hallamos numerosas imágenes de parejas de luchadores en tumbas de faraones), y, por encima de todos, esgrima con bastones; 3) finalmente, las prácticas de ocio. En hombres, fundamentalmente la lucha, la esgrima con palos, la natación (aunque no se han encontrado referencias de que hubiera competición en sentido estricto) y el atletismo. Había carreras, salto de altura y de longitud, y levantamiento de pesos. Existió, también un juego con pelota pequeña y palos, parecido al actual *hockey*. Entre las mujeres se practicaba la acrobacia y la danza.

De manera recurrente, estas actividades estaban estrechamente relacionadas con prácticas bélicas. Mención especial merece la «carrera del faraón», que tenía lugar treinta años después de que el faraón hubiera subido al trono, como una manera ritual de infundir renovadas fuerzas al ya ajado rey tras esos años de reinado. Esta carrera se celebraba antes de la dinastía III, hacia el 2700 a. C., y nos indica que hace casi cinco mil años en Egipto ya se manejaba la idea de que una carrera pudiera formar parte de los recursos del rey para recuperar fuerzas en la vejez (aunque fuera un recurso ritual y solo para el faraón).

Volviendo a la Estela de Amenophis, en ella se representa al faraón practicando de manera ejemplar y «divina» diversas actividades deportivas, como he mencionado[234]. Representa, sin duda, una de las primeras indicaciones históricas de la práctica deportiva que ha llegado a nuestros días. Pero lo relevante es que estas actividades estaban destinadas tanto a entrenar como a demostrar la invencibilidad del faraón, que era materia ritual y religiosa. La práctica del deporte como forjador de guerreros invencibles parece que era una cuestión de creencia religiosa. Con la excepción de las acrobacias y de la danza, todas las demás actividades deportivas tienen que ver con la guerra y se trata al atleta como se haría con los soldados, considerándolo una especie de héroe local o nacional. La figura del faraón atleta (sobre todo en la dinastía XVIII) se enmarca en el Nuevo Reinado, época en la que la figura del faraón continúa un inexorable descenso iniciado muchas dinastías antes, pasando de ser un dios a rey omnipotente, hasta llegar a ser humano que triunfa en el deporte. El deporte es visto, pues, como la «más baja» de las prácticas excelsas donde el ser humano aún puede manifestar su grandeza.

Pasemos ahora a la Grecia antigua. La primera (y honorable) mención al deporte de la Grecia clásica está en la *Ilíada* de Homero. Como bien indica Juan Rodríguez López[235], los deportes que en ella aparecen son ya una lista de juegos olímpicos clásicos. Se trata de carreras de carros tirados por caballos, boxeo, lucha, carrera, combate, lanzamiento de peso, tiro con arco y jabalina. Todas ellas prácticas íntimamente relacionadas con la guerra (aunque originariamente se trataba de eventos organizados con motivo del fallecimiento de alguien relevante, como actividades en su honor). No está claro si los poemas homéricos y la cultura griega en que se enmarcan son anteriores o posteriores a la creación de los propios juegos olímpicos clásicos. En cualquier caso, a juicio de este autor, estamos ante un ejemplo más del deporte como práctica noble y aristocrática de la que el pueblo debe tomar ejemplo. El deporte se integra en la educación, al menos de los más nobles y ricos, como parte fundamental de la formación de los adolescentes. Quedémonos pues con dos ideas fundamentales del deporte en Grecia: que se trataba básicamente de formar a la juventud, tanto física y mentalmente como en términos prácticos para la guerra; y que era una práctica de las clases altas de la época, aunque buscaban dar ejemplo al resto de la sociedad. Precisamente por ello, también en la Grecia clásica los deportistas podían llegar a ser considerados héroes locales o nacionales.

En el continente americano en época precolombina encontramos el juego de pelota, que estaba muy extendido por toda la región mesoamericana. Sorprende (aunque *La rama dorada* de Frazer nos ha ilustrado sobre que este tipo de hallazgos son más frecuentes de lo que inicialmente cabría pensar[236]) que también existiera en América del Norte un juego de pelota y bastón similar al *hockey* del Egipto de los faraones. Tanto los incas como algunas tribus del Brasil practicaban carreras de diferente longitud, de velocidad y de resistencia, y se cree que en la mayoría de los casos cumplían una función social y de inspiración religiosa. De hecho, la carrera ritual también estaba presente en la mitología de algunas tribus americanas. Como ejemplo, cabe destacar la curiosa historia de los selk'nam de Tierra del Fuego[237]. Relataban que en tiempos de sus antepasados existió un personaje mitológico llamado Sakanusoyin, que era el mejor corredor de todos y gracias a ello proveía de carne a todo su pueblo (esto trae reminiscencias de lo relatado en capítulos anteriores sobre la persecución de caza como práctica ancestral que moldeó nuestra existencia). Llegó a realizarse una carrera en pos de la caza entre Sakunusoyin y otro gran corredor, Talilsusoyin, y finalmente el primero ganó la competición. Muerto Sakanusoyin, concluye el relato, el pueblo debió fabricar arcos y flechas para poder ir a cazar, pues la capacidad de la carrera de este era inimitable, y debieron adiestrar perros para que arrearan a las reses hacia los cazadores.

En la China antigua, además de las artes marciales clásicas como el taichi chuan o el kung-fu, que se remontan a hace varios milenios, durante los siglos anteriores a Cristo se practicó el cuju, consistente en patear una pelota hasta una red, similar al fútbol moderno. Por su parte, Japón practicó el sumo, el judo y el kendo, así como el tiro con arco. Curiosamente, tanto en China como en la India, hubo una versión arcaica del polo. De nuevo, estas prácticas estaban íntimamente relacionadas con el entrenamiento para el combate y su inspiración era social y religiosa, especialmente en el caso de las artes marciales, dotadas de un fuerte componente filosófico que impregnaba las técnicas específicas de cada una (en el caso del kung-fu, por ejemplo, el budismo y el taoísmo).

Todos los estudios publicados hasta la fecha sobre la historia del deporte en estas civilizaciones coinciden en la apreciación de que el deporte en estas épocas era un entrenamiento para la guerra y partía de la idea esencial de que el ser humano podía entrenar tanto el cuerpo como el espíritu (*mens sana in corpore sano*). Un poco más adelante, en la Edad Media, algo cambia (al menos, en Europa). Los campesinos y trabajadores de gremios urbanos realizaban una gran cantidad de trabajo físico, siempre asociado con su labor. Aparte de esto, eran populares ciertos juegos en los que se realizaba actividad física intensa de manera puntual, como por ejemplo los torneos de fuerza, de destreza física, los juegos de pelota y similares. Por su parte, los nobles y caballeros empleaban su tiempo entre la guerra y los torneos o justas (en definitiva, entrenamiento bélico), así como cazando en sus cotos. Podemos pensar que el cambio fundamental con respecto a la época anterior es que la actividad física recreativa disminuye al mínimo (aparte del trabajo físico) en la cultura popular y el disfrute lúdico como espectadores de actividades deportivas también desaparece (mientras los nobles seguían entrenándose para la guerra, como siempre). Cuesta imaginar que los cambios en los grandes paradigmas históricos no tuvieran enorme influencia, como la aparición del cristianismo, la caída del Imperio romano, la expansión de los bárbaros por toda Europa y las guerras religiosas contra el islam. No parece este el ambiente más favorecedor para el desarrollo de deportes o ejercicios.

En el siglo XV se produce un cambio de mentalidad que anuncia una nueva era, el Renacimiento. En la transición entre la Edad Media y el mundo moderno tras el descubrimiento de América, encontramos un documento que describe la actividad física tanto de nobles como de las clases populares. Se trata de la *Crónica del Condestable Iranzo* (*Relación de los hechos del muy magnífico e más virtuoso señor, el señor don Miguel Lucas de Iranzo, muy digno condestable de Castilla*)[238]. En ella se detallan las prácticas lúdicas asociadas con la actividad física de los nobles, básicamente las monterías y «correr monte», el juego de cañas (pelea entre caballeros usando como armas afiladas cañas), así como asistir a corridas de toros; y las propias de las clases populares, fundamentalmente danza y baile en fiestas repartidas a lo largo del año con diferentes motivos y a menudo ejecutados al final de un banquete. Podemos concluir que las dos facetas ya establecidas en Mesopotamia, Egipto, Grecia y Roma con sus gladiadores (prácticas de entrenamiento cuasimilitar para los nobles, junto a espectáculos de tipo «circense», en el sentido del circo romano, con hombres y animales juntos en la plaza) reaparecen en esta transición entre el Medievo y el Renacimiento, mientras el gran público se emplea en bailes tras los banquetes y juegos ocasionales en las fiestas anuales. Algunos autores atribuyen a la organización, por parte de reyes y nobles del Renacimiento, de estas fiestas y banquetes para el pueblo (con sus actividades físicas lúdicas) un afán de «control de la plebe»[239], que se nos antoja muy similar al de la antigua Roma y que se mantiene en esencia sin más cambios hasta el siglo XVII. Sin embargo, durante el Renacimiento tiene lugar una transformación antropocéntrica (el ser humano se convierte en el centro de los intereses culturales e intelectuales) que marcará indefectiblemente la manera de entender el mundo. Además, en esta época aparece el dualismo cartesiano. Descartes estableció que el ser humano —aunque fuera el centro de todo— está compuesto por cuerpo y mente, dos sustancias diferentes, visión de la naturaleza humana que marcaría las tendencias del tratamiento de la salud durante siglos.

Entre los siglos XVII y XVIII este cambio de mentalidad antropocéntrica había calado en la sociedad hasta el punto de llevar el foco a la salud tanto física como mental. Con ello, por un lado, se exploran, se enuncian y se expanden los conceptos del culto a la educación física procedentes de la antigua Grecia (según un texto anónimo del 1674, «el ejercicio debe ser moderado, ni demasiado suave, ni demasiado vehemente, ni demasiado rápido, ni demasiado lento, suficientemente vigoroso para conseguir los beneficios del movimiento, no demasiado vigoroso porque disminuye los espíritus vitales»[240]). Por otro lado, se promueve dicho culto mediante el empleo de dispositivos específicamente dedicados a la ejercitación del cuerpo y que, por primera vez (a diferencia de jabalinas u otros objetos clásicos), no tienen otra finalidad que no sea la propia gimnasia, como las mancuernas, cuyo uso se generaliza en la segunda mitad del siglo XVIII (aunque ya se empleaba en la Grecia clásica un objeto vagamente similar, la pesa —halterofilia viene del griego *halteros* ('pesas') y *philos* ('amor')—, pero solo por parte de los atletas en los juegos).

El conocimiento humano en esta época ya se podía sistematizar y compilar en libros fáciles (comparativamente hablando) de editar y distribuir en los centros de saber de la época (fundamentalmente bibliotecas y universidades), por lo que aparecen grandes obras en este sentido. Vale la pena detenerse a analizar «Medicina gimnástica o Tratado sobre el poder del ejercicio»[241], de Francis Fuller (1711). En él se exponen los perjuicios de la vida sedentaria tanto como las bondades del ejercicio y el movimiento para el cuerpo y para el cerebro (el autor usa constantemente la palabra *brain*, no *mind*), en lo que constituye un ejemplo impactante de una modernidad pionera (que no se limita ya al dualismo cartesiano). Sin embargo, en paralelo, algunos conceptos e ideas de esta obra eran más acordes con el nivel de la medicina de la época, como que el auténtico beneficio del ejercicio para el cuerpo se ejercía sobre los «fluidos animales», en «la sangre» o en los «humores secretados por pulmones, bazo o cerebro», que se consideraban animados por un cierto espíritu. Esta forma de explicación, que dota de «ánima» o «espíritu» a cualquier fenómeno natural inexplicable, adjudicándole una intención que justificaría por qué suceden las cosas, alcanza también al cuerpo humano: en él las cosas sucederían porque los órganos o sus humores están dotados de un espíritu o ánima. Este patrón de explicación mecanicista se ha utilizado en todas las civilizaciones desde los albores de la cultura humana hasta casi nuestros días. Al menos, Fuller manifiesta en su obra una predilección por el cerebro a la hora de exponer los efectos del ejercicio físico. Un ejemplo paradigmático de explicación mecanicista de los efectos del ejercicio sobre el cerebro dice así:

> [...] si la sangre llega a las partes más extremas del cuerpo doce veces en una hora cuando el cuerpo no se mueve, y el movimiento del cuerpo incrementa esto a quince o dieciséis veces en una hora, se sigue necesariamente que la cantidad de secreciones de los órganos y resto de glándulas debe aumentar[242] [...] y si ello se convierte en un hábito [...], cuanto más se mueva un hombre, más «espíritus animales» se fabricarán en el cerebro, así como habrá un desperdicio de «espíritus» por la transpiración, que no descompensará el beneficio del aumento de espíritus animales infusionados en la sangre desde el cerebro [...][243].

En este magnífico ejemplo de lo que era la ciencia a comienzos del siglo XVIII, a pesar de incurrir en la práctica habitual (a veces arcaica) de explicar los fenómenos naturales mediante causas desconocidas («espíritus animales»), el autor reconoce más adelante: «Quizás no podamos saber nunca lo que son los espíritus animales». El mero hecho de compilar los beneficios del ejercicio en una obra de 300 páginas en 1711 sugiere un cambio radical en la manera de entender la salud, la enfermedad y cómo el ser humano puede influir en ellas. Esta idea procede, como hemos visto, de la Grecia clásica, pero la novedad reside en sistematizar dicho conocimiento, dotarlo de explicaciones mecanicistas (aunque sean «espirituales») y divulgarlo en un libro.

También en el siglo XVIII, Abraham Buzaglo patentó «máquinas e instrumentos para hacer ejercicios que curaran la gota» a través de actividad física intensa y la correspondiente sudoración[244]. Esta sudoración nos recuerda a la recién mencionada transpiración de Fuller, medio siglo antes, y coincide con él en la idea de que tanto la salud como la enfermedad son cosa de humores: los buenos humores son positivos, como los secretados por el cerebro durante el ejercicio; los malos son negativos (y causan, por ejemplo, gota) y pueden eliminarse a través de la transpiración. En consonancia con este cambio de paradigma y de mentalidad (la actividad física influye en la salud y el ser humano puede contribuir a una mejor o peor salud), la gente común del siglo XVIII practicaba una forma rudimentaria de fútbol, el críquet tal como lo conocemos hoy comenzó a mediados de ese siglo, se jugaba informalmente al tenis, se peleaba en una variedad de boxeo sin guantes y, después de que los principios de la Ilustración se extendieran por Europa, la costumbre «aristocrática» de pasear por parques, jardines e incluso por las afueras campestres de las urbes se popularizó. Esta propagación de las costumbres consideradas «sanas» de los ricos aristócratas de la época continuó en décadas posteriores (y hasta nuestros días) y recuerda, en cierto modo, al espíritu formativo de la Grecia clásica. Así, los viajes de ocio por toda Europa comenzaron a ser una práctica habitual entre los ricos en ese mismo siglo XVIII. Hoy día, medio mundo viaja continuamente por todo el planeta.

Podemos concluir que, a lo largo de la historia, el principio filosófico dominante en cada época sobre el ser humano ha influido de forma determinante en cómo se concebían la salud y la enfermedad, y en qué podía hacer el sujeto para mantener la primera o curar la segunda. Esta idea ha sido expuesta en numerosas ocasiones. Émile Durkheim pensaba que la vida en sociedad generaba una «conciencia colectiva» que, a su vez, determinaba la conducta de los miembros de esa sociedad[245]. En las épocas en que la cultura se centró en el ser humano, la salud física y su impacto sobre la mental cobraron especial importancia (Grecia, Renacimiento, época moderna, etc.). En siglos recientes se revitalizó la perspectiva humanista y, como consecuencia de la revolución científica, las explicaciones mecanicistas sin fundamento (a partir de espíritus o ánimas) fueron sustituidas poco a poco por otras basadas en la evidencia científica y comenzó la experimentación sobre el efecto del ejercicio en el cuerpo y el cerebro de manera sistemática. Esto ha permitido ir más allá de la idea de que «el ejercicio es bueno» para centrarse en por qué es bueno y (lo que más puede interesarnos) en «cuánto, cómo, cuándo y dónde» el ejercicio es bueno o malo, a partir de los resultados de experimentos científicos específicos y sus correspondientes metaanálisis.

Esta información científica (aunque sea contrastable, debatible y discutible, e incluso reformable por experimentos posteriores que hacen avanzar la ciencia) ha conducido a un modo de pensamiento relativo a nuestra salud centrado en aspectos que ya no son solo genéticos (o capricho de los dioses), sino que están parcialmente en nuestras manos por medio del estilo de vida. Y parte fundamental de este estilo de vida es nuestra actividad física habitual. Desde el siglo XX confluyen varias mentalidades (o filosofías de vida) en los ciudadanos de todo el mundo. Así, junto con la religión a lo largo de la historia, el placer y la diversión son probablemente los *leitmotivs* más poderosos que dirigen el comportamiento humano (podríamos incluir aquí el sexo y el ansia de poder y control). Muchos de estos poderosos determinantes de nuestra conducta compiten entre sí, desgraciadamente. Y no olvidemos los condicionantes sociales impuestos por las condiciones laborales. Se puede afirmar con poco temor a equivocarse que, aparte del sexo y el ansia del poder (que pueden considerarse comunes a los animales), la religión, el placer y la diversión son profundamente humanos y han sido el motor del mundo durante milenios, junto con la carga del trabajo en nuestras vidas. En lo que toca al placer y la diversión, las nuevas formas de entretenimiento, basadas en la contemplación de una pantalla, compiten directamente con nuestra intención de hacer ejercicio y también con el tiempo que nuestras jornadas laborales nos ocupan. En ello también influye que, a lo largo de la historia, la mayoría de las masas populares no han tenido acceso directo al deporte, que solo era práctica habitual de ricos, nobles o reyes, excepto en los últimos siglos y, de manera generalizada, solo en las últimas décadas. El pueblo llano se ocupó a menudo del ejercicio, pero como espectáculo que practicaban otros, en los juegos (griegos), el circo (romano) o, en época moderna, asistiendo a torneos profesionales y campos o estadios de todo tipo de deportes, y ahora, además, a través de miles de horas de contenido deportivo disponible por televisión (de nuevo, una pantalla). La manera en que entendemos el mundo condiciona nuestra conducta, y eso también comprende el ejercicio que practicamos.

Pero, antes de concluir este capítulo, debemos abordar otro aspecto fruto de la civilización y la época que nos ha tocado vivir. Del mismo modo que determinada manera de entender la vida hoy implica que no hagamos suficiente ejercicio, hay también otra manera de mirar al mundo que hace que determinadas personas se tomen el ejercicio como una práctica extenuante. Durante siglos, el principio rector de la filosofía en Occidente ha sido el de que el esfuerzo es imprescindible para sobrevivir. Dicho de otra manera, la vida estaba inextricablemente unida a la necesidad de esforzarse para sobrevivir. En siglos recientes, una derivada de esta idea ha sido que alcanzar la «excelencia» requiere un esfuerzo enorme. Sin entrar en la mayor o menor bondad de este principio, el asunto deviene más interesante cuando se ha producido (al menos en Occidente y durante los últimos siglos) una aparente confusión entre esfuerzo y sufrimiento. No cabe duda de que el influjo de la religión cristiana ha sido determinante a la hora de introducir en nuestras mentes la idea de que lo bueno, lo excelso y lo divino necesitan tanto del esfuerzo como del sacrificio. Esta idea ha permeado en la manera en que nuestra civilización entiende cómo la actividad física, el ejercicio y el deporte deben diseñarse para conseguir los beneficios esperados. De ahí procede la noción ampliamente extendida de que sin dolor no hay beneficio, sin dolor no mejora nuestra forma física. El problema se agrava cuando se considera que este dolor «necesario» para conseguir una gran forma física puede, quizá, estar relacionado con la manera en que trabaja el músculo. Pero, como ya hemos visto en el capítulo de la hormesis, esto no es cierto en lo que respecta al cerebro, ya que, más allá de nuestra «zona de confort» (la parte alta de la curva hormética), cerca de nuestros límites (que siempre parecemos interesados en testar) y más allá del ejercicio moderado y vigoroso, lo único que hay es la parte negativa de la curva hormética, en la cual no solamente no estaremos acumulando beneficios, sino que podemos incluso acabar acumulando una situación de salud mental peor que con una conducta sedentaria. De nuevo, los principios filosóficos inspiran lo mejor y lo peor del ser humano. Así somos.

Un cambio de paradigma acerca de nuestra actividad (sedentarismo, pantallas, espectáculos, ejercicio, condiciones laborales, contaminación, sueño, dieta, etc.) es necesario para desarrollar conductas que no induzcan enfermedad, sino que generen buena salud y, si no longevidad, al menos sí mayor duración de nuestro período vital en esas condiciones.

CAPÍTULO II

SOCIOLOGÍA DEL EJERCICIO. CRÓNICAS DEL EJERCICIO GLOBAL

> «Cultura es el sistema vital de las ideas en cada tiempo. Importa un comino que esas ideas o convicciones no sean, ni en parte ni en todo, científicas. Cultura no es Ciencia.»
>
> ORTEGA Y GASSET, *MISIÓN DE LA UNIVERSIDAD*

El ejercicio físico se practica de forma muy desigual en nuestro mundo. Ya sea por continentes, por países dentro de cada continente y, en todo caso, por edad, por sexo o por capacidad económica, la verdad es que los porcentajes de personas que practican ejercicio físico o que, por el contrario, son inactivas varían enormemente. Analizaré algunos datos con la intención de ir más allá de la observación de las enormes diferencias entre grupos e intentar explorar la razón de esas diferencias, por su potencial para aportar información sobre cómo animar a nuestra sociedad a hacer ejercicio físico. Y por su potencial, también, para ayudarnos a entender cómo la sociedad y la cultura influyen en nuestro estilo de vida.

En Europa, resulta esclarecedor que los países nórdicos (Suecia, Dinamarca, Noruega, Islandia) y centroeuropeos (Alemania, Austria, Luxemburgo) estén muy por encima de la media europea en porcentaje de la población que practica actividad física al menos una vez por semana[246]. Por el contrario, los países del ámbito mediterráneo (Croacia, Italia, Malta, Grecia, Serbia, Turquía) están muy por debajo de la media. A este grupo se unen Bulgaria, Polonia y Rumania. Pero como la media europea de práctica de ejercicio mínimo es del 44 %, lo importante no es estar «por encima» o «por debajo» de la media, sino cuánto. Los países del primer grupo rondan el 70 % de la población (lo que supone una cifra razonablemente alta), mientras que los países del segundo grupo están en torno al 25 % y algunos no llegan ni al 10 % (lo que representa un dato francamente malo, ya que hablamos de hacer actividad física al menos una vez a la semana). El sesgo regional puede deberse a muchos factores: la región centro y norte de Europa es más fría, con mayor PIB per cápita, con mayor proporción de la población con educación superior y se practica la actividad física mínima analizada en este estudio en una altísima proporción; mientras la región mediterránea y el este de Europa, más cálida en el sur, con menor PIB per cápita y menor proporción de su población con formación académica alta, practica el mínimo semanal en muy baja proporción. Resulta tentador pensar que hay una relación directa (de hecho, existe una correlación estadísticamente significativa[247]) entre el PIB per cápita (datos de 2025) y el porcentaje de población que practica actividad física al menos una vez a la semana (datos de 2019). A mayor renta per cápita, mayor proporción de la población practica actividad física. Como en todo análisis de este tipo, ese factor no puede ser la única razón, ya que entre los que practican poca actividad física hay algún país de renta alta (Italia, por ejemplo) y algún otro cuya renta per cápita está en la media europea (Croacia y Polonia).

Una de las mayores fuentes de variación en estos parámetros es la edad. Así, por ejemplo, en Europa los jóvenes menores de veinticuatro años practican actividad física al menos una vez a la semana en un 54 %, mientras que la proporción va disminuyendo con la edad hasta llegar a un escaso 20 % entre los mayores de cincuenta y cinco años[248]. Sin embargo, este sesgo no explica el dato regional de práctica mínima de actividad física, porque, de ser así, los países con mejor proporción poblacional de actividad mínima deberían tener una pirámide poblacional más joven, y viceversa. Sin embargo, varios de los países con población más joven tienen algunos de los peores porcentajes de actividad mínima (Rumanía, por ejemplo), mientras que alguno con mayor porcentaje poblacional de actividad mínima es de los más envejecidos de la Unión Europea (como Alemania)[249]. A pesar de todo, esta correlación está más próxima que otras a la explicación del sesgo regional. Muchos países europeos con mayor proporción de población con actividad física mínima son de los más jóvenes (Irlanda, Francia, Suecia, Bélgica, entre otros) y muchos con baja proporción son de los más envejecidos (Italia, Portugal o Grecia). España se encuentra en cifras medias en ambos parámetros. La observación de la juventud de los países a la hora de explicar la actividad física semanal mínima no es perfecta, pero se acerca notablemente. Este sesgo por edad cabe explicarlo por motivos puramente biológicos, ya que la vitalidad y la energía se reducen considerablemente al pasar los años.

Del mismo modo, el sexo es una variable determinante en la práctica de actividad física, pero tampoco explica el sesgo regional, puesto que todos los países están muy cerca de la cifra de un 50 % de cada sexo. En este sentido, los hombres realizan actividad física al menos una vez a la semana en un 45 %, mientras que las mujeres solo en un 35 %[250]. Esta diferencia de 10 puntos porcentuales preocupa a la OMS, y no es para menos: en un trabajo publicado en 2022 conjuntamente con un grupo de investigadores, esta organización determinó también que las tasas de inactividad de hombres y mujeres son del 29 % y el 34 %, respectivamente (más inactividad en mujeres), y esta diferencia entre sexos se incrementa en algunos países hasta llegar a un 20 %[251]. Con motivo de esta misma publicación, su director general, Tedros Ghebreyesus, manifestó: «Hemos perdido la oportunidad de reducir la incidencia del cáncer y las cardiopatías y de mejorar el bienestar y la salud mental de las personas gracias a la actividad física»[252]. Esperemos que el panorama mejore en el futuro. Sin embargo, toda estrategia de intervención pública en el ejercicio tiene un pasado. Y, para nuestra desgracia, las cifras no solo no están mejorando, sino que han empeorado desde los anteriores Eurobarómetros. Es plausible que un porcentaje de los ciudadanos europeos considere que los expertos estamos obsesionados con el tema, pero es que las cifras indican que vamos a peor en los últimos años. Una peor salud física y mental asociadas a una menor práctica de actividad física y ejercicio significan más dependencia de la farmacología y otras terapias costosas, y, lo peor de todo, se asocian a peores resultados de las terapias, ya sean farmacológicas o psicoterapia[253].

Sorprendentemente, la OMS no declara explícitamente que el ejercicio rinda iguales o incluso mejores resultados que la farmacoterapia en, por ejemplo, el tratamiento de la depresión y la ansiedad, pero sí cita de manera usual trabajos científicos que lo demuestran para defender que la práctica del ejercicio puede ser muy útil para la salud mental[254]. Cuesta comprender el apego que instituciones como esta mantienen aún hoy hacia la farmacoterapia para este tipo de dolencias, cuando ellas mismas publican que «si no cambia la prevalencia de la inactividad física, se producirían a nivel mundial 499,2 millones de nuevos casos de ENT importantes prevenibles para 2030» (las ENT son las enfermedades no transmisibles, como por ejemplo las enfermedades que afectan a la salud mental, la diabetes, el cáncer, etc.).

A continuación, no hay que pasar por alto el nivel socioeconómico. A mayor poder adquisitivo, mayor proporción de la población practica actividad física, y viceversa[255]. Este sesgo tiene lugar dentro de cada país del que se tienen estudios y en todo el continente europeo en general. Sin excepción. Por ello, es uno de los factores que, sin desdeñar los anteriores, impacta más directamente en el sesgo de práctica de ejercicio físico. Precisamente por esto, llama poderosamente la atención que las políticas públicas para detectar y paliar el peor acceso a las oportunidades de práctica de actividad física por parte de la población económicamente desfavorecida no lleguen a buen término. Por una parte, la Comisión Europea detecta que hay desigualdades en la salud, concretamente, en lo que respecta a la diversidad de capacidad adquisitiva y nivel socioeconómico. Es lo que ellos llaman *gradiente social de salud*: «La salud tiende a estar inversamente relacionada con el estatus socioeconómico», es decir, a menor capacidad adquisitiva, peor salud. En el estudio de la Comisión Europea se señalan como variables determinantes de la salud derivadas del menor poder adquisitivo las siguientes: menor acceso a la educación y al sistema de cuidado de la salud, menor estatus de empleo, peor calidad de hogares y comunidades vecinales, y peor entorno medioambiental. Es por ello llamativo que, cuando llegamos al apartado del informe europeo en que se esbozan las políticas públicas para facilitar el acceso a los medios públicos para la práctica de actividad física, solo aparece una lamentable y claramente insuficiente mención a una política pública implementada en Inglaterra para facilitar el acceso a las piscinas y polideportivos a residentes en suburbios de bajos ingresos[256].

Cabe preguntarse si se trata de una falta de recopilación de datos y que en otras instancias sí se estén llevando a cabo políticas públicas de facilitación del acceso a la práctica deportiva y el ejercicio físico. Así, por ejemplo, en España existe una «Estrategia nacional de fomento del deporte contra el sedentarismo y la inactividad física 2025-2030» del Ministerio de Educación, Formación Profesional y Deportes que reporta un 57 % de práctica deportiva entre las clases «acomodadas», frente al 32 % de las clases «más vulnerables»[257]. Una de las líneas estratégicas de este documento está dedicada a la igualdad, la inclusión y la integración social. Prometedor. Pero ¿en qué consiste esta línea estratégica? Cuando el documento llega al meollo de la cuestión, establece que se «impulsará la creación de guías para fomentar el conocimiento sobre los beneficios de la práctica de la actividad física y un estilo de vida saludable en general... mediante campañas de comunicación y programas de promoción de la salud... etc.». La única medida que, en la práctica, la Estrategia nacional esboza es la de impulsar la accesibilidad a la actividad física de las personas con discapacidad y riesgo de exclusión (que básicamente se centra en incrementar la captación de talento deportivo en personas con discapacidad y en el desarrollo de proyectos privados de fomento de la actividad física en personas con discapacidad y riesgo de exclusión). En resumen: divulgación de los beneficios de la actividad física para la salud y fomento de la participación de personas en riesgo de exclusión a través de entidades privadas. O sea, poco resultado en la práctica.

Exponemos aquí este caso tan particular de España porque, lamentablemente, es el denominador común en la mayoría de países. Así, por ejemplo, en el informe de Adrián Neubauer de 2022 sobre la integración social de colectivos vulnerables en la Unión Europea a través del deporte[258], se listan las propuestas de intervención social de la UE para la integración a través del deporte de migrantes, jóvenes en riesgo de exclusión social, personas con diversidad funcional, mujeres, colectivo LGTBI y adultos mayores. La conclusión del trabajo es que «el deporte no integra por sí mismo, requiere partir de las características culturales-religiosas y las necesidades específicas de cada colectivo». Ciertamente, estas políticas se resumen en muy buenas palabras y pocas prácticas efectivas. El responsable de la implementación de dichas políticas de la Estrategia nacional española era el Consejo Superior de Deportes, que gestó la Ley 39/2022, de 30 de diciembre, del Deporte, en la que se consolida un marco normativo y una estrategia coordinada para reducir las desigualdades de acceso a la práctica del deporte y la actividad física de las clases menos favorecidas[259]. A fecha de hoy, y siguiendo los dictámenes de dicha Ley, algunas federaciones deportivas reportan la situación de igualdad de género en sus deportes, o el deporte inclusivo en colectivos paralímpicos, o informes similares[260]. Es decir, en 2025, en España, solo se han empezado a implementar medidas reales y eficaces sobre facilitación de acceso al deporte de clases socioeconómicamente desfavorecidas.

Y justo en este punto empezamos a ver una luz. Exactamente, ¿cuánto se están aplicando las recomendaciones para la promoción de la actividad física en los países? En el informe de 2016 de la Comisión Europea sobre esta cuestión, solo 10 países de la Unión Europea habían aplicado marcos específicos para favorecer el acceso a instalaciones de ocio o de ejercicio a grupos de bajo nivel socioeconómico repartidos entre inmigrantes y personal socialmente vulnerables[261]. Casualmente (¿o quizás no?) muchos países que registran porcentajes de práctica de actividad física mínima semanales más altos (Dinamarca, Bélgica, Suiza, Noruega, Alemania, Inglaterra, etc.) son los más avanzados en la ejecución de estas medidas, a través de subvenciones y precios reducidos en las instalaciones deportivas, involucrar a los municipios y poner el foco en la integración y reducción de desigualdades[262].

Se puede concluir que, en Europa, una de las razones más determinantes para la inactividad física es el bajo nivel socioeconómico y, asociada a ello, la falta de tiempo y de ánimo para la práctica de actividades deportivas o ejercicio físico mínimo diario o semanal. Ciertamente, existe una relación directa entre la precariedad laboral, los sectores laborales vulnerables, la sobreexplotación y los bajos salarios con jornadas extensas de más de cuarenta horas efectivas de trabajo a la semana[263]. Como dice la OMS, si difícilmente se pueden conciliar la familia y el trabajo con jornadas laborales extensas, imaginémonos si se incluye además la práctica diaria o, al menos, habitual de actividad física. Si sumamos todo lo dicho —a saber, mayor inactividad en personas mayores, mujeres, sectores sociales vulnerables y socioeconómicamente desfavorecidos, y trabajos de largas jornadas, frente a mayor práctica de actividad física en países con mayor PIB per cápita, mayor nivel académico y, de manera muy relevante, mayor implementación de políticas públicas que faciliten el acceso a instalaciones deportivas a sectores desfavorecidos—, el cuadro general de la práctica de ejercicio físico empieza a cobrar sentido. Al menos, en Europa.

Podemos extender, ahora, nuestra observación a otras regiones del mundo y ver si se vislumbra un patrón; para sorpresa de casi nadie, es el caso. En todo el planeta se ha reportado[264,265,266,267] mayor inactividad en personas mayores (aunque en los últimos cinco años, desde la pandemia, el índice de inactividad en adolescentes crece a un ritmo alarmante), las mujeres presentan mayores tasas de inactividad, las personas con menor poder adquisitivo y que viven en zonas desfavorecidas reportan más inactividad, y se detecta menor inactividad y mayor igualdad de acceso a instalaciones deportivas en los países con políticas activas en este ámbito. Nos encontramos ante un fracaso mundial. El estilo de vida, en lo que atañe a la práctica de actividad física, está fracasando (y empeorando año tras año) a nivel global. Y, lamentablemente, no es un problema estrictamente restringido al ejercicio físico, sino a todo el estilo de vida (que escapa al propósito de este libro).

En este sentido, hay datos que indican que la incidencia de los problemas de salud mental en Europa tiene cierta relación con variables que podrían estar directamente asociadas con la práctica de actividad física. Por ejemplo, los países con mayor proporción de personas con depresión son Polonia, Grecia, Chipre, Croacia y Portugal[268], que puntuaban bajo en la proporción de personas que practican actividad física. Sin embargo, también presentan cifras altas de depresión Suecia y Alemania, cuya proporción de practicantes de actividad física era buena. Ninguna correlación es perfecta. En este caso, otros factores, como la falta de luz en los países nórdicos, pueden estar jugando un papel. Lamentablemente, aquí no se trata de buscar correlaciones indicativas, sino potenciales causas desencadenantes de enfermedades mentales, y cualquier probabilidad debe ser considerada seriamente. Si la mayor o menor práctica deportiva puede determinar (aunque sea por evidencias indirectas no definitivas) la mayor o menor salud mental de un país, no hay que pasarlo por alto. No en vano, las cifras apuntan a un patrón midiendo distintas variables. Así, por ejemplo, Reino Unido e Italia reportan los mayores porcentajes de adultos con estrés, mientras que Alemania lidera los de ansiedad.

Del mismo modo, el bajo nivel socioeconómico cursa con un mayor riesgo psicosocial y una mayor incidencia de problemas de salud mental[269]. Naturalmente, si los sujetos no son capaces de gestionar sus ingresos y su nivel de vida de manera adecuada, la probabilidad de sufrir enfermedades mentales se incrementa directamente. Esto se suma a que, como hemos visto, los estratos más empobrecidos de nuestra sociedad tienden a practicar menos ejercicio físico, por lo que las manifestaciones de sintomatologías psiquiátricas cuentan con menor respaldo o protección fisiológica de la que tendrían si se practicara regularmente ejercicio. El reto es, una vez más, gestionar que «toda» nuestra sociedad disponga de trabajos que permitan una vida sin estrés y que, además, permitan acceder a «todo» el mundo a recursos preventivos de salud natural como es la práctica de actividad física y ejercicio.

Este ámbito de estudio es, en todo caso, muy delicado. Pensemos que un bajo nivel socioeconómico conducirá al mismo tiempo a que la población no tenga tiempo, ganas ni recursos para realizar actividad física, e, independientemente, a una mayor incidencia de enfermedades mentales. Esto no quiere decir que la falta de ejercicio debida a un nivel socioeconómico bajo sea la causa de la mala salud mental. No solo, al menos. Se puede ejemplificar con los casos de Corea del Sur y Japón (un 58 % y un 45 %, respectivamente de población con insuficiente actividad física), que sufren altísimos índices de prevalencia de cualquier trastorno mental[270], así como de suicidios. Esta correlación debe tomarse con cautela, considerando que Japón y Corea del Sur ostentan unas de las tasas más altas del mundo en insatisfacción laboral[271]. De nuevo, el patrón, se cumple.

En conclusión, a un 40 % de la población (nada menos que 180 millones de personas), de acuerdo con el último Eurobarómetro sobre actividad y ejercicio físico, que manifiesta abiertamente que llega a casa por la noche tras su jornada laboral sin ánimo ni ganas para realizar las tareas mínimas del hogar y la atención de la familia, ¡le estamos pidiendo, por el bien de su salud, que dedique varias horas a la semana al ejercicio físico! Estadísticamente hablando, no parece una cuestión de excusas vagas. Desde el punto de vista de la neurobiología, nuestra misión como expertos es difundir y divulgar las bondades del ejercicio físico y los perjuicios del sedentarismo para nuestro organismo, para nuestro cerebro y para nuestra salud mental.

Pero desde el punto de vista social, antes hay que aportar a los ciudadanos las facilidades (laborales, sociales, familiares y personales) para que no lleguen a casa tras su jornada laboral exhaustos, estresados, ansiosos y sin ánimo de hacer nada. No es una cuestión que ataña exclusivamente a los científicos. Es un reto social global[272]. Nos va en ello la salud de nuestro cerebro, en otras palabras, nuestra salud personal.

CAPÍTULO 12

PRÁCTICA DEL EJERCICIO. ¿CÓMO? ¿CUÁNDO? ¿CUÁNTO? ¿DÓNDE?

«Por diversos caminos se llega a semejante fin.»

MICHEL DE MONTAIGNE, *ENSAYOS*

Digámoslo cuanto antes: el ejercicio es medicina[273]. Y, como hemos visto a lo largo del libro, medicina tanto curativa como preventiva. Cuando uno estudia la prescripción de regímenes de ejercicio y protocolos de actividad física al ciudadano medio, se da cuenta de que la competencia de tales tareas no está clara ni bien establecida[274]. En este capítulo hablaremos del qué o el cómo, el cuánto, el cuándo y el dónde de la práctica de ejercicio. Pero faltaría el quién. No me refiero a quién debe hacerlo, sino a quién debe prescribirlo. El asunto se dirime entre neurocientíficos, médicos, entrenadores formados en Ciencias de la Actividad Física y el Deporte y técnicos en Acondicionamiento Físico. Y la conclusión suele girar siempre en torno a que deben ser equipos multidisciplinares compuestos por médicos, fisiólogos, terapeutas físicos y entrenadores físicos. Por tanto, lo que vamos a repasar en este capítulo es cuáles son los criterios que esos profesionales utilizan habitualmente para prescribir. La primera razón es la idea de la personalización del ejercicio. Cada persona debe seguir un régimen de ejercicio diferente, que, además, debe ir cambiando a lo largo de la vida en función de la forma física adquirida. De ahí la conveniencia de abordar esos criterios. Lamentablemente, la práctica médica habitual aún hoy se limita a indicaciones como «haga usted ejercicio» (eso cuando lo prescriben[275]), sin explicar, o haciéndolo de forma insuficiente, cómo, cuánto, cuándo o dónde[276]. Y los que sí suelen explicarlo (el resto de los profesionales mencionados) no son médicos. Algunos se lamentan ya de las numerosas consultas al respecto a los modelos de inteligencia artificial generativa (como ChatGPT), que se han hecho tan populares desde finales de 2023[277]. Sigue quedando, por tanto, una laguna que podemos tratar de iluminar exponiendo estos criterios y, a partir de ahí, que cada uno decida.

Para abordar el tema, vamos a seguir un protocolo. Primero citaré las recomendaciones actuales de la Organización Mundial de la Salud; seguidamente, las de la iniciativa Exercise is Medicine®, para terminar con los datos basados en la evidencia científica acerca de los criterios actuales más empleados en la práctica clínica. Mi opinión es que la OMS afronta una difícil tarea en lo que a prescripción del ejercicio físico se refiere, y es hacer recomendaciones generales, lo más concisas posible, para 8500 millones de seres humanos. Al intentar hacer una prescripción que valga para 8500 millones de personas, esta no vale para ninguna, porque han de ser personalizadas; por esta razón, en los últimos tiempos la OMS hace prescripciones más categorizadas[278] (divide a los destinatarios en cuatro grupos: mujeres embarazadas y postparto, infancia y adolescencia, adultos jóvenes y adultos mayores), además de recomendaciones para todos en conjunto).

Empecemos definiendo el qué o el cómo. En el capítulo de Introducción, definimos qué consideramos actividad física o ejercicio moderado, vigoroso y muy vigoroso. Eran definiciones pulcras y útiles para la experimentación científica, así como para el propósito de este libro, para que todos sepamos de qué estamos hablando. Sin embargo, para la práctica real de la actividad física, considerando que la mayoría de los expertos en divulgación de recomendaciones sobre ejercicio aspiran a llegar a la mayor y más diversa cantidad de público posible, las definiciones deben basarse en otras apreciaciones. Si estos expertos basaran sus recomendaciones solo en los MET o en porcentajes de frecuencia cardiaca máxima (como vimos en su momento), mucha gente no tendría nunca la capacidad para averiguar qué tipo de ejercicio está haciendo.

Autotest para definir la intensidad del ejercicio

Por ello, vamos a exponer aquí el método más sencillo (pero muy útil) y más comúnmente utilizado con este propósito. Se trata del método de hablar durante la actividad («test del habla», en inglés *talk test*)[279], cuyo único objetivo en nuestro caso será determinar el rango óptimo de intensidad de ejercicio que causa beneficios para la salud física y mental. Voy a describir este test, que podría ser previo a cualquier prescripción de actividad física. En nuestro caso, haríamos este test una sola vez, para determinar la intensidad de ejercicio que llevaremos a cabo después, en nuestro día a día. El test consiste en comenzar la actividad que sea (veremos un ejemplo más adelante) y hablar en voz alta durante su ejecución, idealmente controlando la frecuencia cardiaca en cada momento (con un reloj deportivo o pulsera de actividad, aunque no es estrictamente necesario). Si podemos hablar de manera fluida durante la práctica de esa actividad física, podemos incrementar un poco su intensidad y probar a hablar de nuevo. Iremos incrementando progresivamente la intensidad del ejercicio mientras hablemos fluidamente, hasta que alcancemos el nivel en el que nuestra habla se entrecorte (porque nos falte un poco el aire para respirar al mismo tiempo que hablamos) y solo seamos capaces de pronunciar frases cortas (lo que denominaremos *umbral ventilatorio*). Justo en ese momento estaremos en el límite entre el ejercicio moderado y vigoroso. Así de simple. Exactamente en ese momento, si nos mantenemos en ese nivel de intensidad de ejercicio, estaremos haciendo ejercicio moderado y, si incrementamos un poco la intensidad, nos encontraremos ya realizando ejercicio vigoroso. Este sencillo truco se ha utilizado recientemente como un método útil para determinar el nivel de intensidad de ejercicio ideal para el público sano en general. Pero no nos dejemos engañar por la palabra «truco», pues está basado en evidencia científica que demuestra su utilidad. Como han indicado trabajos científicos que medían variables fisiológicas durante la actividad física, alrededor del umbral ventilatorio nuestra habla se entrecorta, ya que compiten por el aire, de un lado, nuestro organismo realizando ejercicio y, de otro, nuestro aparato fonador para hablar y eso se correlaciona con respuestas fisiológicas concretas al ejercicio físico[280]. Una vez determinado dicho umbral, obviamente ya no es necesario que sigamos hablando, este test solo sirve para determinar el nivel, nada más. Además, no deberíamos seguir intentando hablar si traspasamos el umbral y nos adentramos en el ejercicio vigoroso. Pero la segunda gran ventaja que tiene este sencillo método del test del habla es que es específico de nuestro nivel de forma física actual. Es decir, la determinación de este umbral es solo para nosotros y para un momento concreto de nuestra existencia. No sirve como referencia para otros. Por tanto, a medida que vayamos entrenando y mejorando nuestra forma física, este umbral podría cambiar, e iremos ajustando el nivel de intensidad del ejercicio que hagamos en paralelo. Por este motivo, implementar la personalización de los protocolos de ejercicio (para el público sano en general) es tan asequible.

Como el lector podrá imaginar, hay varias cautelas que observar con este método. Una de las más obvias es que el umbral ventilatorio determinado por este método puede variar en función de la temperatura ambiente y la altitud a la que hagamos la prueba, así como también si estamos tomando alguna medicación o según sea nuestro estado de salud. No es que esto invalide la prueba, es solo que la determinación que hagamos será útil a esa misma temperatura, a esa misma altitud y mientras tomemos esa medicación o tengamos ese estado de salud. Si estos parámetros cambiaran, habría que calcularlo de nuevo. Otra cuestión sobre la que los científicos discutimos a menudo es la validación de los test. Este test debería ser validado previamente para cada individuo contrastando con su frecuencia cardiaca. Por eso debe simultanearse con la medición mediante una pulsera de actividad o reloj deportivo. En el momento en que el habla se entrecorta y empezamos a no poder decir más que frases cortas, debemos memorizar la frecuencia cardiaca que tenemos en ese momento. Nuestro nivel de intensidad del ejercicio, a partir de ese momento, la determinaremos llevando a nuestro organismo hasta esa misma frecuencia cardiaca (no tenemos que hablar cada vez que practiquemos la actividad). La validación consistiría en la evaluación por parte de un instructor experimentado de qué nivel de ejercicio (moderado, vigoroso o muy vigoroso) está llevando a cabo la persona en ese momento, de acuerdo con su nivel de forma física y esa frecuencia cardiaca. De esa manera, puede determinarse si se está sobreestimando o subestimando el umbral. Naturalmente, estamos hablando de lo que los científicos requieren para validar este test. Para el público en general, bastará con saber que el test del habla es útil si no hay un instructor experimentado que nos prescriba cuánto ejercicio hacer (como suele ser habitual, ya que ni están disponibles para todo el mundo ni los médicos prescriben cantidades exactas de ejercicio).

Pondré un ejemplo muy utilizado para la implementación del test del habla. Armados con nuestro reloj o pulsera deportiva, salimos a caminar (comenzamos a andar por la calle o, si lo preferimos, en un *treadmill* o cinta deslizante en el gimnasio o en casa). Caminaremos a una velocidad de paseo tranquila durante un par de minutos para que la frecuencia cardiaca se estabilice y veremos cuál es esta frecuencia cardiaca. A continuación, hablamos en voz alta el tiempo suficiente para determinar si hablamos con fluidez. Si es así, incrementaremos la velocidad de paseo hasta un ritmo más alto (lo más constante posible) durante otros dos minutos. Lo importante es que nuestra frecuencia cardiaca (que controlamos con nuestra pulsera o reloj) se incremente un 10 %, y a continuación empezaremos a hablar de nuevo. Iremos incrementando nuestra velocidad gradualmente de manera que la frecuencia cardiaca vaya aumentando un 10 % cada vez y hablando en cada período. Cuando se entrecorten las frases, estaremos en el nivel que consideramos ejercicio moderado y debemos recordar esa frecuencia cardiaca. Si al aumentar el ritmo (y la frecuencia cardiaca) solo podemos decir frases cortas, estaremos ya en el límite del rango de ejercicio vigoroso. Observaremos también esa frecuencia cardiaca. Pues bien, debemos realizar siempre nuestro entrenamiento moderado en los días sucesivos dentro de esas dos frecuencias. Este test debemos repetirlo cada cierto tiempo para ver si cambia, a medida que mejora nuestra forma física, y reajustar el nivel de ejercicio que hacemos si fuera necesario. Es importante recordar que este protocolo, con ser sencillo, es menos exacto que determinar nuestro nivel de ejercicio óptimo de formas más profesionales. Siempre bajo supervisión médica, lo más exacto sería determinar nuestra frecuencia cardiaca máxima mediante un test de ejercicio máximo (en *treadmill*, con un electrocardiograma simultáneo y asistidos por un experto o el propio médico). Una vez determinada esta medida, el rango de ejercicio moderado está en torno al 70 % de la frecuencia cardiaca máxima. Como esta fórmula no es asequible (ni recomendable) para todo el mundo, la aproximación del test del habla es muy común y está suficientemente validada desde un punto de vista científico[281].

Hay otras formas validadas de establecer el umbral ventilatorio. Consideraremos una especialmente útil porque sirve para determinar no solo un nivel (entre moderado y vigoroso), sino para fijar dos niveles, superior e inferior, del rango moderado. Se llama el «test del habla contando» (del inglés *counting talk test* o CTT). Se hacen dos tipos de mediciones, una en reposo y otras a los diferentes niveles de intensidad de ejercicio. La medición comienza con el sujeto en reposo, haciendo una inspiración profunda e, inmediatamente, comenzando a contar en voz alta: «Un-mil, dos-mil, tres-mil, cuatro-mil...», a una velocidad normal, hasta que tiene que parar para volver a coger aire. Si se interrumpe en medio de una palabra (dice, por ejemplo, «ocho...» sin terminar), la marca conseguida es la anterior, siete-mil, o sea, anota «7». A continuación, hará ejercicio por intervalos de intensidad. Empezará a caminar (del mismo modo que en el test del habla anterior) y, tras dos minutos, reanudará la cuenta desde «un-mil, dos-mil...». Es esperable que cese la cuenta antes que en la situación de reposo (porque la respiración durante el ejercicio se lo exigirá antes). Y lo anotará. Irá incrementando gradualmente la intensidad del ejercicio y repitiendo el proceso. Cada vez, será capaz de contar menos. Así, tendremos una pequeña lista de números, cada uno para un nivel de intensidad de ejercicio más el del nivel de reposo. Al terminar, basta con dividir las cuentas de cada tramo de intensidad de ejercicio por el número en reposo y encontraremos que estos porcentajes son altos con ejercicio muy moderado y gradualmente más bajos con ejercicios más vigorosos. Lo denominamos «%CTT». Pongamos un ejemplo científicamente probado[282]. Para sujetos adultos jóvenes sanos, los límites máximo y mínimo del rango de ejercicio moderado están en torno al 30 % CTT y el 55 % CTT. Esto quiere decir que si el sujeto en reposo fue capaz de contar completamente hasta el «veinte-mil», el nivel de ejercicio moderado para este sujeto es aquel que le hace cortar la cuenta entre «once-mil» (lo que sería un ejercicio moderado muy cómodo para el sujeto) y «seis-mil» (lo que sería un ejercicio moderado en el límite con el vigoroso). Tan sencillo como eso. Naturalmente, sería deseable validarlo de la misma manera que el test del habla simple. En todo caso, si este sujeto-ejemplo pudiera, a un nivel de ejercicio determinado, contar más de «once-mil», ese nivel de ejercicio es demasiado suave, y, si no puede llegar a «seis-mil», es muy vigoroso para su nivel de forma física. No es que no deba hacer ejercicio de este tipo, en absoluto. Por supuesto que puede. Solo indico cómo medir el nivel de intensidad del ejercicio que estamos haciendo. De esta manera, podremos determinar «qué» ejercicio estamos haciendo. Con esta información, ahora podemos ocuparnos de saber «cuánto» debemos hacer.

La cantidad y tipo de ejercicio saludable

En cuanto a la cantidad de ejercicio, el primer principio es que cualquier actividad es mejor que ninguna. Recientemente, la OMS ha establecido como objetivo viable a corto plazo reducir la inactividad física o sedentarismo en un 10 % en 2025 y un 15 % para 2030[283]. Concretamente, establece como conducta de movimiento ideal más de trescientos minutos a la semana de actividad física o ejercicio moderado-vigoroso (y ahora ya sabemos cómo medirlo para cada individuo) para todo el que pueda llevarlo a cabo, pero, si no, al menos las siguientes: ciento cincuenta minutos de actividad física moderada por semana para el grupo de mujeres embarazadas y en posparto; sesenta minutos al día de actividad física moderada para infancia y adolescencia; para adultos jóvenes, entre ciento cincuenta y trescientos minutos por semana de actividad física entre moderada y vigorosa, más dos días a la semana (al menos) de actividades de fuerza; y, para adultos mayores, los mismos 150-300 minutos por semana de ejercicio moderado, más tres días a la semana (al menos) de actividades multicomponente (equilibrio y fuerza).

La iniciativa «Ejercicio es medicina» del Colegio Americano de Medicina del Deporte recomienda unas «pautas generales de ejercicio (basadas en evidencia científica) como referencia para mantener la salud física y disminuir el riesgo de mortalidad por todas las causas»[284]. Específicamente, recomienda actividad aeróbica de intensidad moderada durante al menos treinta minutos al día, cinco veces por semana. Si la actividad aeróbica es vigorosa durante al menos veinte minutos al día, entonces el mínimo es tres veces por semana. A ello, añade ejercicios de resistencia para los grupos principales de músculos al menos dos veces por semana, y ejercicios de flexibilidad para los mismos grupos de músculos al menos dos veces por semana. La suma semanal del ejercicio aeróbico moderado recomendado aquí es de al menos ciento cincuenta minutos por semana (o más), que es el límite inferior que recomendaba la OMS.

En cuanto a la evidencia científica específica, es tan amplia y variada que sería impensable sistematizarla y condensarla en un resumen-consenso de cuánto ejercicio hacer semanalmente con validez experimental. Por ello, expondré a continuación un régimen medio, frecuentemente usado y que ha dado numerosos resultados positivos en un tipo de ensayos especialmente ilustrativo. Se trata de ensayos con controles aleatorizados, longitudinales (en los que se examina la salud de los sujetos antes y después de hacer el protocolo de ejercicio), y centrados en efectos para la salud mental. Podemos establecer como el programa de ejercicio más habitual aquel que incluye tres sesiones por semana, una hora por sesión, y sesiones compuestas por: cinco minutos de calentamiento (ejercicios suaves que movilizan los grandes grupos musculares de cabeza a extremidades, incluyendo cuello, hombros, abdominales-cadera y muslos); a continuación, treinta minutos de ejercicio aeróbico de intensidad moderada-vigorosa (con porcentajes entre el 60 y el 75 % de la frecuencia cardiaca máxima) y basado en cualquier tipo de actividad (correr, caminar, montar en bicicleta u otras); después, veinte minutos de ejercicios de fuerza, incluyendo los principales grupos musculares, especialmente hombros, brazos, pecho, abdomen y muslos, usualmente en 3-4 series de 20 repeticiones cada una, para cada grupo muscular; la sesión termina con cinco minutos de ejercicios de respiración o meditación.

Regímenes de ejercicio físico «similares» a este durante diez semanas han producido beneficios claros para la salud mental, incluso en pacientes con enfermedades mentales graves[285]. Pero, de la misma manera que he mencionado que la OMS da recomendaciones demasiado generales, no personalizadas, para miles de millones de personas, debemos entender el que acabo de exponer solo como un régimen medio de ejercicio ampliamente utilizado en estudios científicos y no como una recomendación particular concreta. Y es que hay evidencias de que se pueden obtener beneficios para el cerebro y la salud mental aun haciendo un número diferente de sesiones por semana, o con sesiones ligeramente más cortas o ligeramente más largas, o haciendo sesiones separadas para actividad aeróbica unos días y para ejercicios de fuerza otros, o con porcentajes de frecuencia cardiaca ligeramente más altos o también más bajos. Y, por último, también hay algunos pocos estudios que encuentran que estos regímenes no producen beneficios netos para la cognición o la salud mental.

Por lo tanto, ahora que hemos hablado extensamente de todos los pros y los contras, y explicado las evidencias científicas que los soportan o los ponen en cuestión, voy a incluir una recomendación genérica, a título personal, válida para la mayoría. Lo primero y principal sería solicitar el consejo de un médico o un profesional de la prescripción de la actividad física siempre que sea posible, y solo si no se encuentra o el asesoramiento no se considera suficiente, entonces tomar como resumen de todo lo expuesto en este libro lo siguiente: si la persona es sedentaria, que comience a hacer ejercicio aeróbico moderado de inmediato, minimizando el tiempo diario que transcurre sentada sin actividad física (con mayor urgencia si cabe si además no hace actividad cerebral como la mencionada en el capítulo 4). Si ya hace algo de actividad física moderada, que pruebe a incrementar su rango de intensidad de ejercicio gradualmente, siempre procurando que esté dentro del límite entre moderado y vigoroso, y preferiblemente solo moderado; que haga varias sesiones a la semana de al menos media hora o más y alterne ejercicios aeróbicos con ejercicios de fuerza. Si es una persona mayor, que además incorpore ejercicios de equilibrio. Por último, que caliente y enfríe (al comienzo y al final de cada sesión) adecuadamente, con ejercicios suaves para empezar y con respiración y meditación para terminar. Y que nunca, nunca, haga ejercicio que le estrese o le haga sentir incómodo (el cansancio ligero no cuenta) y jamás hasta la extenuación. La competición, solo si es por diversión, nunca para «ganar a toda costa». Recuerde: se trata de una medicina (tanto curativa como preventiva), no de «ocio».

El momento del ejercicio

Turno ahora para el «cuándo». Lo primero que nos viene a la cabeza es que, en las sociedades actuales, uno no puede elegir libremente cuándo hace ejercicio físico. En términos generales, hacemos ejercicio cuando nos lo permiten nuestras responsabilidades y compromisos laborales, familiares, sociales, o del tipo que sea. Por este motivo, la mayoría de los sujetos concentran el ejercicio físico que realizan en su tiempo de no-trabajo, a primera hora de la mañana o a última hora del día, o en el fin de semana. Sobre el modelo de sociedad que hemos construido y que nos ocupa demasiadas horas a la semana con responsabilidades laborales, familiares o sociales ya hemos debatido en el capítulo 11. Así que, teniendo en cuenta que cada uno hará el ejercicio cuando pueda, vamos a considerar aquí las evidencias científicas acerca de si los beneficios del ejercicio cambian con la hora del día o el período semanal en que se practica.

En contra de lo que podría pensarse, concentrar el tiempo de ejercicio físico en el fin de semana (o durante uno o dos días de la semana, sean cuales sean) produce los mismos beneficios para el cerebro, contra las enfermedades neurodegenerativas y la demencia, y para la salud mental (depresión y ansiedad) que hacer exactamente la misma cantidad total de ejercicio a la semana repartida en más de dos días y distribuida homogéneamente a lo largo de los siete días[286]. El estudio que así lo indica evaluó a más de 75 000 personas que realizaban ejercicio moderado-vigoroso y estableció tres grupos de personas: inactivas, activas que repartían su tiempo a lo largo de toda la semana, activas (misma cantidad de actividad) solo uno o dos días de la semana.

Mucho más determinante parece, sin embargo, la hora del día a la que se hace la actividad, aunque la mayoría de estudios son recientes y aún no hay un consenso claro al respecto. Por citar solo dos ejemplos, un estudio encontró que la mejor hora para que el ejercicio cause un efecto sobre la grasa abdominal y la presión arterial es la mañana, pero solo en mujeres, porque en los hombres el efecto era igual por la mañana que por la tarde-noche. Por el contrario, para que causara un efecto beneficioso a nivel cardiaco y metabólico, la mejor hora era la tarde, pero solo en hombres, porque en mujeres se obtenía el mismo beneficio. Para los músculos, era mejor la tarde, pero solo en mujeres. Estos curiosos resultados[287] adolecen de poca representatividad, pues se obtuvieron en una región muy restringida de Estados Unidos (Saratoga Springs). Es un claro ejemplo de la procedencia de la variabilidad que puede surgir *a posteriori*, cuando se comparen estos resultados con los de otros estudios, aparte de que el estudio no estaba enfocado en los beneficios para el cerebro. Por el contrario, en otro estudio que sí se centró en la cognición, los autores no encontraron que la hora del día en que se hacía el ejercicio influyera en la obtención de beneficios cognitivos[288], mientras que un ensayo control aleatorizado hecho en Japón halló que tanto la cognición como el estado de ánimo mejoraban más por el ejercicio si este se hacía por la tarde que si se practicaba por la mañana[289]. Es importante notar que este estudio se hizo en adultos mayores. En cuanto a los metaanálisis, que nos ayudan a saber si los resultados de varios estudios distintos se inclinan o no en la misma dirección, los hay que indican una mayor efectividad en el ejercicio por la tarde[290], mientras otros apuntan a que es igual de efectivo independientemente de la hora[291]. En una revisión sistemática reciente que englobó a un gran número de participantes (más de 17 000 personas en total), se analizaron 35 estudios, de los que 11 concluyeron que es mejor hacer ejercicio por la mañana, 12 que es mejor por la tarde y otros 12 que no hay diferencias[292]. Parece que por el momento no podemos sacar conclusiones definitivas acerca de la idoneidad de una u otra hora del día para la práctica del ejercicio, pues no contamos aún con suficientes trabajos ni metaanálisis que valoren este aspecto, y que no hay aún un consenso entre los especialistas. Queda, pues, claro que lo importante es hacer ejercicio, a la hora que sea (aunque evidencias recientes apuntan a que hay que vigilar el efecto del ejercicio físico realizado antes de irse a dormir sobre el sueño posterior[293], ya que, contrariamente a lo que se pensaba sobre que mejora el sueño y el insomnio, no todo el ejercicio produce este efecto, y especialmente el ejercicio vigoroso interfiere con el sueño).

El lugar para el ejercicio

Y, para terminar, analicemos el «dónde». También en este caso la conclusión última va a ser siempre que lo importante es hacer ejercicio, sea donde sea. Pero lo que aquí pretendemos es saber si existen evidencias científicas acerca de si es mejor una localización que otra. Y, como en el caso del cuándo, el análisis científico del dónde es demasiado reciente para extraer conclusiones definitivas o generar consenso entre los expertos. Aun así, merece la pena analizar varios casos muy interesantes. La primera diferencia, y la más obvia, es entre hacer ejercicio en el exterior o en interiores. Fijémonos en que no distinguimos dónde en el exterior ni dónde en el interior, sino solo si es fuera o dentro de un recinto cerrado. Pues bien, el ejercicio parece tener más efecto antidepresivo inmediato (después de un simple entrenamiento) en exteriores que en interiores[294], así como favorecer más la disminución de la ansiedad a largo plazo[295], además de fomentar la adherencia al ejercicio (que no se abandone el régimen de ejercicio con tanta facilidad). El siguiente aspecto a considerar es si hay diferencias entre el ejercicio practicado en entornos naturales o urbanos. Una revisión sistemática y metaanálisis reciente sugiere que la práctica del ejercicio en ambientes naturales, no urbanos, es más beneficioso para combatir la ansiedad, la fatiga, el afecto y el vigor físico, no encontrándose tanta diferencia en su efecto sobre la depresión[296]. Otro estudio muy particular fue llevado a cabo en Canadá y publicado en 2023. En él los autores emplearon a 30 voluntarios de veintiún años que caminaron durante quince minutos en el exterior y quince minutos en interior, siempre monitorizándolos mediante electroencefalografía. Así, pudieron medir la amplitud de la onda P300 (que, como explicamos en el capítulo 5, sirve para evaluar y cuantificar la atención y la memoria de trabajo). Tras solo quince minutos, la onda P300 no varía de amplitud cuando se han caminado los quince minutos en el interior, pero, si la caminata se hace en el exterior, la onda muestra incrementos significativos (mejora la atención y la memoria)[297]. Por último, hay que considerar también que practicar ejercicio en interiores con una alta densidad de personas (como puede ser el caso de un gimnasio concurrido) puede presentar contraindicaciones puntuales, como el mayor riesgo de infecciones por acumulación de gotitas en el aire, potenciales vehículos de patógenos, que se sabe que aumentan exponencialmente con el ejercicio físico vigoroso[298], así como también la exposición a una mayor concentración de CO_2, que puede empeorar el rendimiento del ejercicio físico realizado en estos espacios[299]. Una vez más, no se trata de promover un rechazo a los gimnasios (sobre todo si no están masificados y están bien ventilados), pero sí de establecer una preferencia por los espacios exteriores y verdes, ya que no solo mejoran la experiencia subjetiva de la práctica del ejercicio, sino también los beneficios cognitivos obtenidos con este.

EPÍLOGO

¡MÁS EQUILIBRIO! ¡ES SU VIDA!

Quiero terminar este libro con unas palabras finales que hagan hincapié en cuatro aspectos fundamentales que desearía retuvieran en su cabeza. Espero y confío en que, tras leer este libro, el lector tenga la certeza (y las evidencias científicas) de que

1) el ser humano posee la capacidad de esculpir epigenéticamente, mediante su estilo de conducta de movimiento, las capacidades cognitivas de su cerebro
2) para ello debe reducir al máximo posible el período de sedentarismo inactivo
3) seguir un protocolo de ejercicio moderado o vigoroso tantas veces a la semana como le sea posible
4) difundir en su entorno inmediato la idea de que nuestra sociedad debe cambiar la manera en que organiza el estilo de vida de sus ciudadanos en torno al ejercicio, en lugar de hacerlo en torno al estrés.

Las tres primeras mejorarán la vida del lector, la última contribuirá a mejorar la de todos.

El cerebro, como hemos visto, alcanza el máximo de su salud alternando entre el movimiento y el reposo mentalmente activo. Así es como se ha forjado desde que apareció el género *Homo* sobre la Tierra y se ha moldeado a lo largo de centenares de miles de años. Es lo que somos. Y hemos hecho muy mal, como individuos y como sociedad, en no atender a esa ancestral carga genética y epigenética que nos conforma como especie.

No solo debemos actuar en consonancia con lo que somos como individuos en beneficio propio, también debemos responsabilizarnos de lo que la sociedad ha hecho contra nuestra salud mental en el último siglo y medio. Además, los más jóvenes tienen la oportunidad de transmitir lo mejor de ellos mismos a su descendencia a través de los efectos positivos del ejercicio.

Para llegar a este punto, he tratado de desmontar mitos, cuestionar tópicos culturales y exponer debates científicos. Al final del viaje, espero haber contribuido a que el lector tenga una idea firme sobre las ventajas del ejercicio (moderado o vigoroso, pero nunca muy vigoroso o extenuante) para su cerebro y su salud mental. Además, ahora sabrá calcular cómo llevar a cabo, de manera personalizada y longitudinal a lo largo del tiempo, un entrenamiento adecuado adaptado a sus condiciones físicas. El viejo adagio *mens sana in corpore sano* puede ahora ampliarse: «mente sana en equilibrio entre el movimiento y el reposo».

La frase de Cajal con que iniciamos este camino («todo hombre puede ser escultor de su propio cerebro») ha resultado ser no solo real, sino quizás incluso más profunda de lo que parecía. Hemos visto cómo la plasticidad neural, la metaplasticidad, la capacidad de adaptación y cambio en todos los órdenes y escalas del sistema nervioso existe y no solo es una ruta ascendente. El cerebro puede esculpirse para bien (por el ejercicio), pero también puede deformarse, perder volumen, funcionalidad o potencia (por el estrés). Por ello, invito al lector formalmente a considerar que, puesto que, mientras haya vida, hay margen de acción, cada hábito en relación con sus conductas de movimiento produce un impacto, por modesto que sea, en la arquitectura del cerebro (que, en última instancia, somos nosotros).

No se puede, desde el rigor científico, afirmar que el ejercicio es siempre positivo o que existe una receta infalible y universal. El mensaje de la hormesis, de la virtud en la moderación, del peligro de los extremos, está más demostrado científicamente cada año que pasa. Vivimos en una época que exalta el máximo esfuerzo, el *no pain, no gain*, el desafío perpetuo de los límites como camino al éxito —físico, mental, social o incluso espiritual—. Pero la evidencia acumulada demuestra que esto no solo es falso, sino potencialmente contraproducente. Sabemos ahora el por qué científico de la virtud de la «zona de confort», y que, para nuestro cerebro, salir de la zona de confort puede ser una característica esencial para la sociedad, pero no para *todos* los individuos. Fuera de la zona de confort solo hay, como su propio nombre indica, pérdida de los beneficios que una mente equilibrada tiene. Nuestro cuerpo es sabio y, como hemos visto, se aclimata a ese ligero estrés adaptativo que supone el ejercicio moderado. El cuerpo, con ese ejercicio moderado, mejora y progresa día a día, así como lo hace nuestra mente. No hay la menor necesidad de forzarlo y sacrificarlo para obtener beneficios. De hecho, si lo hacemos, perdemos por el camino lo mejor que nos puede proporcionar nuestro estilo de vida y nuestras conductas de movimiento.

La personalización es la clave. Lo que para uno es un reto saludable, para otro supone un riesgo. Lo que para uno cura la mente y preserva la función cognitiva, para otro puede significar fatiga, estrés crónico, desencadenamiento de procesos degenerativos o, incluso, aparición de nuevas patologías. La ciencia actual (y este libro) solo puede ofrecer umbrales aproximados y pautas basadas en grandes grupos, pero nunca sustituir la autopercepción, el sentido común y, llegado el caso, el consejo profesional.

He tratado a lo largo del libro de delinear una metáfora vital con el movimiento y el reposo que trasciende lo fisiológico. Pretende ser un espejo de la vida interior, de los ritmos de nuestra vida y del tránsito entre los períodos de actividad y reposo. No podemos ser plenamente humanos (evolutivamente humanos) sin ese movimiento externo que posibilita el crecimiento y la exploración, pero tampoco sin esos momentos de reposo, a menudo denostados y malinterpretados, que nos permiten consolidar lo aprendido. Decía Gregorio Marañón que «descansar es empezar a morir». Pues espero que tras la lectura de este libro el lector pueda comprender por qué muchos pensamos, por el contrario, que «vivir sin parar es morir en vida», y, en última instancia, que vivir sin parar, sin detenerse, sin reposar, sin meditar, sin digerir lo vivido con descansos y, por encima de todo, con estrés es vivir a medias. Y, no menos importante, supone gestar a fuego lento una vejez insana. Vivir «parado» nos avejenta anticipadamente, pero vivir «sin parar» también. El ser humano ha convertido la vida en las últimas décadas en una competición. Una competición por ser mejores (¿mejor que qué o quién?), sin percatarnos de que nos sentiremos peor (peor que nuestra mejor versión posible, que es la equilibrada, la que se encuentra en nuestro punto medio, como ya explicamos). El cerebro reclama sus períodos de seguridad, de repetición, de reposo mental. Solo desde ahí puede después gozar el estímulo, el reto y la novedad, para posteriormente regresar enriquecido al equilibrio, que es su campamento base vital.

Como neurocientífico, sé lo difícil que es para alguien no especializado comprender las aparentes contradicciones, revisiones y debates de la ciencia. Uno de mis objetivos con esta obra ha sido no solo informar, sino también contribuir a que el lector vea la investigación como un proceso vivo, en el que las certezas son evaluadas constantemente ante nuevos datos y en el que la duda es el mejor signo de fortaleza, no de debilidad. Nuestra sociedad solo admite certezas y decisiones inmediatas. La ciencia no puede ni debe proporcionar eso. Acabaría con su única virtud: perseguir la verdad. Lo que hoy sabemos mañana podría ampliarse, matizarse e incluso revisarse en parte cuando la evidencia así lo aconseje.

Aquí termina este libro, pero empieza el momento del lector. Nunca he pretendido proporcionar solo una colección de datos para memorizar, ni persuadirle de que se convierta en un deportista profesional, ni reducir la pregunta sobre la salud cerebral a una doctrina moralista acerca del «bien» o del «mal» de la actividad física. La invitación es a explorar su propio rango de bienestar entre el movimiento y el reposo. Aprender cuándo el cansancio es saludable y cuándo comienza a ser destructivo, a distinguir la fatiga que repara de la que nos daña. También necesitamos profesionales que elaboren planes de actividad que cumplan estas pautas y que proporcionen estrategias prácticas de cómo llevarlos a cabo. Sanar el cuerpo sin dañar el cerebro. Pero, sobre todo, mostrar que hay evidencias científicas de por qué decimos lo que decimos. Lo demás es pensamiento mágico, alquímico o religioso.

No habré conseguido mi objetivo si, además de todos los aspectos sobre el ejercicio y el sedentarismo que aquí se han vertido, no he conseguido transmitir la idea de que el estrés nocivo, el estrés al que nuestro cuerpo no se puede adaptar, es lo peor para el ser humano. Espero que pueda calar en el ánimo del lector.

Gracias por embarcarse y acompañarme en este viaje. Si este libro ha servido para que mire su cuerpo y su mente como sistemas vivos, plásticos y siempre perfectibles, y le ha ayudado a buscar su propio equilibrio, habrá merecido la pena el esfuerzo.

Actívense (sin estresarse).

AGRADECIMIENTOS

Este libro pretende llenar un espacio todavía desatendido en español, el de los efectos positivos del ejercicio físico y los negativos del sedentarismo, y aportar una descripción detallada de los mecanismos por los que el equilibrio entre movimiento y reposo resulta beneficioso para nuestro cerebro. Pero, sobre todo, es un libro muy personal, porque se centra en aquellos temas de investigación científica sobre la neurobiología del ejercicio que han saltado a la palestra en las últimas décadas, que han revolucionado la manera de entender las conductas de movimiento y sus efectos en el cerebro, y a los que mi grupo de investigación se ha dedicado los últimos veinte años.

Por esta razón, el número de personas que a lo largo del camino han estado a mi lado contribuyendo a esta tarea de manera determinante es enorme, y sin ellas esta obra nunca hubiera llegado a llevarse a cabo. Agradezco a todos los miembros de mi grupo de investigación en el Instituto Cajal del CSIC en Madrid (desde 2026 el Centro de Neurociencias Cajal en Alcalá de Henares, Madrid) haber desvelado con su trabajo todos los datos científicos procedentes de nuestras investigaciones que leerán en este libro: María Llorens-Martín, Paloma Pérez-Domper, Simona Gradari, Kerry R. McGreevy, Sylvia Ortega, Anna Pallé, Ángela Fontán, Elisa Cintado, Patri Tezanos, Pablo Muela, Celia Blanco, y todos los estudiantes de grado y máster que a lo largo de los años han nutrido nuestra familia. Y, de manera relevante, también a nuestros estrechos colaboradores a lo largo de estas décadas: Ignacio Torres-Alemán, María L. de Ceballos, Lluís Montoliu, Alejandro Martín-Montalvo, Sacri Ferrón, María R. Aburto y John F. Cryan. A Joaquín Sancho por ser un gran compañero de fatigas dentro y fuera del Cajal. Quiero también agradecer de forma particular a Laura López-Mascaraque, que ha tenido un papel crucial en el proceso al ponerme en contacto con la editorial, además de revisar varios de los capítulos del libro y haberme apoyado durante más de quince años.

Es de justicia agradecer su trabajo a María C. Pérez-Medel, que además de compartir su vida conmigo, ha discutido hasta la saciedad muchos de los puntos de vista que, más allá de los datos científicos, se vierten en estas páginas. Y, por supuesto, por su ayuda para contribuir a la comprensión de todo el texto y hacer la primera revisión.

Debo reconocer a todo el personal de la editorial GeoPlaneta su atenta y cuidada labor en la edición del volumen y haber sido el vehículo perfecto para que el trabajo tomara su forma final. El libro incluye entre sus figuras una imagen de la sinapsis procedente del trabajo del profesor Constantino Sotelo que apareció publicado en la revista *The Anatomical Record* en 2020, por lo que agradezco al personal de Wiley la autorización para publicarla.

Agradezco también su enérgico e incondicional apoyo a todos los que a lo largo de estos años han asistido a mis conferencias y escuchado mis intervenciones en televisión y radio, ya que sus comentarios han sido inspiradores en algunos momentos. En definitiva, este libro se ha escrito, en buena parte, por todos ellos, pero también por todos aquellos que se preocupan por saber el porqué y el cómo de las cosas.

Finalmente, el libro está dedicado a mi esposa, el motor de mi vida y sin la cual yo ni siquiera habría empezado a escribir este volumen. A pesar de que al famoso neurobiólogo Robert Sapolsky no le entusiasma encontrar libros de científicos y científicas con dedicatorias a sus cónyuges empleando algún guiño o doble sentido relacionado con el tema del libro, yo no me resistiré a ello. Mi esposa me ha estimulado a correr en pos de la verdad, y es el corazón que mueve mi ánimo.

NOTAS

Capítulo 1

1. Zou, L. *et al.* Sedentary behavior and lifespan brain health. *Trends Cogn. Sci.* 28(4):369. 2024.
2. Jetté, M., Sidney, K., Blümchen, G. Metabolic equivalents (METS) in exercise testing, exercise prescription, and evaluation of functional capacity. *Clin Cardiol.* 1990 Aug; 13(8):555-65. doi: 10.1002/clc.4960130809. PMID: 2204507.
3. Caspersen, C. J., Powell, K. E., Christenson, G. M. Physical activity, exercise, and physical fitness: definitions and distinctions for health-related research. *Public Health Rep.* 1985 Mar-Apr;100(2):126-31. PMID: 3920711; PMCID: PMC1424733.

Capítulo 2

4. A lo largo del libro, me propongo informar de cada autor mediante citas útiles (para que puedan ser fácilmente consultadas). Sin embargo, en aras de saciar la avidez de conocimiento de los lectores más inquietos, intentaré proporcionar también información más elaborada. Esta frase de Cajal puede encontrarse rápidamente en su fuente real, el libro *Reglas y consejos sobre investigación científica*, fácilmente consultable en https://cvc.cervantes.es/ciencia/cajal/cajal_reglas/default.htm. Añadiré que la cita fue usada por primera vez en el prólogo a la segunda edición de 1912 del libro, que a su vez fue publicado por primera vez en 1899 (con el título ligeramente distinto de *Reglas y consejos sobre investigación biológica*). Esta primera edición de 1899 fue una versión ampliada y reestructurada del discurso de ingreso de Santiago Ramón y Cajal en la Academia de Ciencias Físicas, Exactas y Naturales de 1897 (y no contenía la famosa frase).
5. El concepto ya estaba presente en tiempos de Cajal, que fue de los primeros en usarlo... Sin embargo, y por razones prolijas de exponer, cayó en desuso durante no pocos años; por ello, cuando volvió a retomarse, se generó una discusión acerca de cuándo se usó por primera vez. El concepto en sí puede rastrearse en Cajal y sus contemporáneos, mientras que el nombre tal como lo conocemos hoy día puede haberse generado en 1948 (Berlucchi, G., Buchtel, H. A. Neuronal plasticity: historical roots and evolution of meaning.

Exp Brain Res. 2009 Jan;192(3):307-19. doi: 10.1007/s00221-008-1611-6. Epub 2008 Nov 12. PMID: 19002678).

6. Casualmente, en la médula del hueso se origina buena parte de nuestro sistema inmunitario, que, junto con el sistema nervioso, es probablemente el otro órgano con mayor capacidad plástica de adaptación al entorno, puesto que tiene que responder y defender al organismo del ataque de patógenos y moléculas completamente desconocidos para el sujeto la primera vez que entra en contacto con ellos, conservando la memoria inmunológica (capacidad para aprender y recordar patógenos) y generando una respuesta dinámica a estímulos internos y externos.
7. Y también de la genética, por supuesto. El fenotipo muscular de cada persona y la predisposición a tener músculos más adaptados para resistencia o velocidad tienen influencia poligénica y multifactorial, siendo la composición y función de fibras musculares el principal mediador. Se conocen ya varios genes que específicamente contribuyen a ello. Véase, por ejemplo, Yao J, Saraf F, Rathore VS, Darkazanli K, Liu Y, Korivi M, Bhaskar LVKS. Importance of selected genetic determinants on endurance performance and physical strength: a narrative review. Front Physiol. 2025 Jun 26;16:1568334. doi: 10.3389/fphys.2025.1568334.
8. Otro tipo celular del sistema nervioso central, los oligodendrocitos, son los encargados de fabricar mielina y con ella rodear (vainas de mielina) el axón de las neuronas. Son como el recubrimiento plástico que envuelve un cable eléctrico y sirven para aislar la corriente eléctrica que circula a través de los axones, de manera que «salta» entre hueco y hueco de estas vainas y circula aún más deprisa. Piénsese en el tiempo transcurrido desde que los ojos del lector han recibido la información lumínica que procede de la página de este libro, de la frase que está leyendo ahora mismo, y el momento en que ha comprendido, en lo más profundo de su cerebro, lo que acaba de leer. Ha sido algo que podemos describir eufemísticamente como «inmediato». Pues, bien, para ello dicha información ha viajado no menos de quince centímetros a través de sus células y atravesado al menos siete conexiones entre neuronas. Y esto es solo una simplificación.
9. Si la descripción da cierto vértigo, evitaré marear al lector describiendo todo lo que sucede desde que el impulso eléctrico llega al extremo del axón y conduce a la liberación del neurotransmisor al espacio sináptico —Südhof, T. C. Neurotransmitter release: the last millisecond in the life of a synaptic vesicle. Neuron. 2013 Oct 30;80(3):675-90. doi: 10.1016/j.neuron.2013.10.022. PMID: 24183019; PMCID: PMC3866025—, así como todo lo que sucede desde que el neurotransmisor se une a su receptor en la neurona de destino hasta que se genera el siguiente impulso eléctrico —Alexander, S. P., Mathie, A., Peters, J. A. *Guide to Receptors and Channels (GRAC)*, 5th edition. Br J Pharmacol. 2011 Nov;164 Suppl 1(Suppl 1):S1-324. doi: 10.1111/j.1476-5381.2011.01649_1.x. PMID: 22040146; PMCID: PMC3315626—. Y todo ello en menos de un milisegundo.
10. Los astrocitos tienen tres funciones fundamentales: sostener a las neuronas en sus necesidades metabólicas de equilibrio iónico y reparación, contactar con las células endoteliales de los vasos sanguíneos conformando una

barrera física que limita el libre paso de sustancias de la sangre al interior del tejido nervioso (que se conoce como barrera hematoencefálica) y transmitir información nerviosa a través de sinapsis entre astrocitos, del mismo modo que las neuronas (de hecho, hacen sinapsis astrocito-neurona).

11. La descripción de la transmisión del impulso nervioso a través del tejido neural llena las páginas de voluminosos libros de texto en todas las bibliotecas de las universidades de Biología. Se conocen cientos de moléculas que participan en el proceso, la dinámica de la transmisión y las peculiaridades de los diferentes tipos de sinapsis que existen a lo largo y ancho de la filogenia animal. Leer y comprender todo lo que se sabe que sucede en ese viaje de información por nuestro cerebro, algo que sucede en milisegundos, en cualquiera de esos libros de texto llevaría semanas. Recientemente, unos investigadores de Caltech (California) han podido medir, usando cámaras de vídeo que capturan billones de imágenes por segundo, que el impulso nervioso circula por el axón a velocidades entre 100 y 300 metros por segundo —Zhang, Y., Shen, B., Wu, T., Zhao, J., Jing, J. C., Wang, P., Sasaki-Capela, K., Dunphy, W. G., Garrett, D., Maslov, K., Wang, W., Wang, L. V. Ultrafast and hypersensitive phase imaging of propagating internodal current flows in myelinated axons and electromagnetic pulses in dielectrics. *Nat Commun.* 2022 Sep 6;13(1):5247. doi: 10.1038/s41467-022-33002-8. PMID: 36068212; PMCID: PMC9448739—.
12. Andrásfalvy, B. K., Magee, J. C. Changes in AMPA receptor currents following LTP induction on rat CA1 pyramidal neurones. *J Physiol.* 2004 Sep 1;559(Pt 2):543-54. doi: 10.1113/jphysiol.2004.065219. Epub 2004 Jul 2. PMID: 15235093; PMCID: PMC1665120.
13. Yoshihara, M., Adolfsen, B., Galle, K. T., Littleton, J. T. Retrograde signaling by Syt 4 induces presynaptic release and synapse-specific growth. *Science.* 2005 Nov 4;310(5749):858-63. doi: 10.1126/science.1117541. PMID: 16272123.
14. Yang, Y., Wang, X. B., Frerking, M., Zhou, Q. Spine expansion and stabilization associated with long-term potentiation. *J Neurosci.* 2008 May 28;28(22):5740-51. doi: 10.1523/JNEUROSCI.3998-07.2008. PMID: 18509035; PMCID: PMC2561912.
15. De acuerdo con una estimación de Koch, presidente del Allen Institute en 2019 (https://alleninstitute.org/news/5-unsolved-mysteries-about-the-brain/).
16. Geinisman, Y., Structural synaptic modifications associated with hippocampal LTP and behavioral learning. *Cereb Cortex.* 2000 Oct;10(10):952-62. doi: 10.1093/cercor/10.10.952. PMID: 11007546.
17. Megías, M., Emri, Z., Freund, T. F., Gulyás, A. I. Total number and distribution of inhibitory and excitatory synapses on hippocampal CA1 pyramidal cells. *Neuroscience.* 2001;102(3):527-40. doi: 10.1016/s0306-4522(00)00496-6. PMID: 11226691. El hipocampo es una región concreta del cerebro que presenta no pocas particularidades. Entre ellas, está implicada activamente en el aprendizaje, la memoria y el control de las emociones (relacionándose con la depresión y la ansiedad). Y, no menos importante, es de las pocas

regiones del cerebro que alberga neurogénesis adulta, la formación de nuevas neuronas durante la vida adulta tras el desarrollo posnatal.

18. Véase, por ejemplo, Balasubramanian, V. Brain power. *Proc Natl Acad Sci U S A*. 2021 Aug 10;118(32):e2107022118. doi: 10.1073/pnas.2107022118. PMID: 34341108; PMCID: PMC8364152.
19. El prefijo griego *meta* significa 'más allá' y se usa habitualmente para referirse a un tipo de conocimiento que versa sobre la misma categoría de información; por ejemplo, los metadatos son datos que se refieren a otros datos, como la información que acompaña a una fotografía acerca de quién hizo la foto, dónde, cuándo, etc. Esa información sobre la fotografía son metadatos, datos sobre los datos. El concepto de *metaplasticidad* fue introducido por el neozelandés Wickliffe Abraham y el estadounidense Mark Bear en 1996 (Wickliffe, C. Abraham, Mark, F. Bear. Metaplasticity: the plasticity of synaptic plasticity. *Trends in Neurosciences*, Volume 19, Issue 4, (1996).
20. Muchos autores atribuyen el concepto de *epigenética* al biólogo británico Conrad Waddington, a partir de un trabajo publicado en la revista de divulgación científica *Endeavour* en 1942 que puede consultarse en: Waddington, C. H. *The epigenotype*. 1942. *Int J Epidemiol*. 2012 Feb;41(1):10-3. doi: 10.1093/ije/dyr184. Epub 2011 Dec 20. PMID: 22186258). Como en tantos otros casos, hay estudios que rastrean el origen último de cada idea, de cada pensamiento, y pocas veces llegan a un único inicio, sino que diferentes investigadores de la historia de la ciencia proponen distintas vías de generación de una idea. Así, algunos opinan que el origen real del concepto de epigenética procede del biólogo ruso Nikolai Koltsov en 1934, que ciertamente ya había mencionado en 1915 la metilación como un posible mecanismo de variabiliad génica (Ptushenko, V. V., Ramensky, E. V. *Biologist Nikolai K. Koltzoff: the forgotten genius. Genetics*. 2023 May 4;224(1):iyad033. doi: 10.1093/genetics/iyad033. PMID: 36946062. Koltsov es a fecha de hoy toda una institución en Rusia, a pesar —o quizás también debido a— que fue perseguido por el régimen comunista de Lenin tras la Revolución de 1917, bajo la alegación de que sus ideas genéticas parecían argumentar contra la libertad del proletariado (y también, probablemente, por sus largas disputas con Lysenko, defensor del lamarckismo y punta de lanza soviética de lo que el Partido Comunista consideraba que debía ser el científico modelo para la Revolución; Soyfer, V. N., The consequences of political dictatorship for Russian science, *Nature Reviews Genetics*, 2001 Sep, 2:723).
21. Henderson, J., Hall, M., Lipton, H., Changing self destructive behaviors. En Stone, G., Cohen, F., Adler, E. (eds.), *Health psychology*, 1980, San Francisco: Jossey Bass.
22. Rodríguez Marín, J. Estilos de vida y salud. *Journal of Empirical Research in Psychology* 1992 3(3):233-237.
23. Bodai *et al.* Lifestyle Medicine: a brief review of its dramatic impact on health and survival. Perm. Journal 2017, 22:17-025. Walsh, R., Lifestyle and mental health, *American Psychologist* 2011, 66(7):579-592.

24. https://www.who.int/europe/news-room/fact-sheets/item/a-healthy-lifestyle-who-recommendations, consultado el 23 de enero de 2025.
25. Pearson-Fuhrhop, K., Kleim, J. A., Cramer, S. C. Brain Plasticity and genetic factors, *Top Stroke Rehabil* (2018) 16(4):282-299.
26. https://openstax.org/books/física-universitaria-volumen-1/pages/12-3-estres-tension-y-modulo-elastico, consultado el 23 de enero de 2025.
27. La cadena alimentaria no es el único caso en el que el estrés ataca más en la cúspide que en las zonas inferiores, la jerarquía de dominancia social también sigue un patrón similar. En determinadas circunstancias, el dominante sufre más estrés que el subordinado en algunas especies.
28. Van Reeth, O., Weibel, L., Spiegel, K., Leproult, R., Dugovic, C., Maccari, S. Interactions between stress and sleep: from basic research to clinical situations. *Sleep Medicine Reviews* (2000) 4(2):201-219.
29. Ahrberg, K., Dresler, M., Niedermaier, S., Steiger, A., Genzel, A. The interaction between sleep quality and academic performance, *Journal of Psychiat. Res.* (2012) 1-5. Zamore, Z., Veasey, S. C. Neural consequences of chronic sleep disruption. *Trends Neurosci.* 2022 Sep;45(9):678-691. doi: 10.1016/j.tins.2022.05.007. Epub 2022 Jun 9. PMID: 35691776; PMCID: PMC9388586. Whitehurst, L. N., Subramoniam, A., Krystal, A., Prather, A. A. Links between the brain and body during sleep: implications for memory processing. *Trends Neurosci.* 2022 Mar;45(3):212-223. doi: 10.1016/j.tins.2021.12.007. Epub 2022 Jan 21. PMID: 35074220.
30. Gómez-Pinilla, F. Brain foods: the effects of nutrients on brain function. *Nat Rev Neurosci.* 2008 Jul;9(7):568-78. doi: 10.1038/nrn2421. PMID: 18568016; PMCID: PMC2805706. Mattson, M. P., Moehl, K., Ghena, N., Schmaedick, M., Cheng, A. Intermittent metabolic switching, neuroplasticity and brain health. *Nat Rev Neurosci.* 2018 Feb;19(2):63-80. doi: 10.1038/nrn.2017.156. Epub 2018 Jan 11. *Erratum in: Nat Rev Neurosci.* 2020 Aug;21(8):445. doi: 10.1038/s41583-020-0342-y. PMID: 29321682; PMCID: PMC5913738.
31. Bray, N. Gut-brain communication: Making friends with microbes. *Nat Rev Neurosci.* 2016 Sep;17(9):533. doi: 10.1038/nrn.2016.93. Epub 2016 Jul 7. PMID: 27383687.

Capítulo 3

32. Lieberman D.E. "Exercised: Why Something We Never Evolved to Do Is Healthy and Rewarding? Ed. Diversified Publishing, London, 2021.
33. Ngene S. *et al. Home range sizes and space use of African elephants (Loxodonta africana) in the Southern Kenya and Northern Tanzania borderland landscape.* Int J Biodiv. Conservation 9(1):9-26, 2017.
34. Reppert SM, Guerra PA, Merlin C. *Neurobiology of Monarch Butterfly Migration.* Annu Rev Entomol. 2016;61:25-42. doi: 10.1146/annurev-ento-010814-020855. Epub 2015 Oct 16. PMID: 26473314.
35. https://www.nationalgeographic.es/animales/mariposa-monarca, consultado el 8 de julio de 2025.
36. Blight O. *et al., Potential of RFID telemetry for monitoring ground-dwelling beetle movements: A Mediterranean dry grassland study.* Frontiers Ecol Evolution, 11 (2023) https://doi.org/10.3389/fevo.2023.1040931.

37. Weiss, M. C. *et al.* The last universal common ancestor between ancient Earth chemistry and the onset of genetics. PLoS Genet 14(8): e1007518. https://doi.org/10.1371/journal.pgen.1007518, 2018.
38. Moody, E. R. R. et al. The nature of the last universal common ancestor and its impact on the early Earth system. *Nature Ecology & Evolution*, 8: 1654-1666 (2024).
39. https://www.ebsco.com/research-starters/social-sciences-and-humanities/hunter-gatherer, consultado el 9 de julio de 2025.
40. Smithsonian Natural History Museum, https://humanorigins.si.edu/evidence/human-fossils/species/homo-habilis, consultado el 9 de julio de 2025.
41. Lieberman, D. *Exercised, the science of physical activity, rest and health.* Ed. Penguin, Londres, 2020.
42. Raichlen, D. A. *et al.* Physical activity patterns and biomarkers of cardiovascular disease risk in hunter-gatherers, *American Journal of Human Biology* 29:e22919 (2017).
43. Liebenberg, L. Persistence hunting by modern hunter-gatherers. *Current Anthropology*, 47(6):1017-1026, 2006.
44. Ramón y Cajal, Santiago. *Estudios sobre la degeneración y regeneración del sistema nervioso.* Madrid: Moya, 1913.

Capítulo 4

45. https://www.who.int/es/news-room/fact-sheets/detail/physical-activity de 26 de junio de 2024, consultado el 3 de febrero de 2025.
46. Ciertamente, en los últimos años los estándares de bienestar animal han introducido la idea de que las jaulas de estabulación de roedores de laboratorio deben incluir algunos juguetes u objetos que les mantengan algo más entretenidos, alterando la homogeneidad del concepto usado en ciencia hasta la fecha. Es cada vez más frecuente que un grupo sedentario clásico se incluya en los diseños experimentales en este campo de conocimiento, no ya como grupo control, sino como grupo experimental, ya que, de lo contrario, no podríamos comparar con la eficiencia con que se hacía hasta ahora.
47. Pinto, A. J., Bergouignan, A., Dempsey, P. C., Roschel, H., Owen, N., Gualano, B., Dunstan, D. W. Physiology of sedentary behavior. *Physiol Rev.* 2023 Oct 1;103(4):2561-2622. doi: 10.1152/physrev.00022.2022. Epub 2023 Jun 16. PMID: 37326297; PMCID: PMC10625842.
48. Datos de la OMS: https://www.who.int/news/item/26-06-2024-nearly-1.8-billion-adults-at-risk-of-disease-from-not-doing-enough-physical-activity#:~:text=New%20data%20show%20that%20nearly,points%20between%202010%20and%202022, consultado el 8 de febrero de 2025.
49. Datos de la OMS: https://www.who.int/news-room/fact-sheets/detail/physical-activity, consultado el 8 de febrero de 2025.
50. Falck, R. S., Davis, J. C., Liu-Ambrose, T. What is the association between sedentary behaviour and cognitive function? A systematic review. *Br. J. Sports Med.* 51:800-811. 2017.
51. Este test fue creado por Dean Delis, Edith Kaplan y Joel Kramer en 2001 (Delis, D. C., Kaplan, E., Kramer, J. H. Delis-Kaplan executive function sys-

tem (D-KEFS). APA Psyc Tests, https://doi.org/10.1037/t15082-000), y aunque ha sufrido diversas críticas acerca de si la inversión de tiempo que requiere hacerlo merece la pena —Keifer, E., Tranel, D. A Neuropsychological investigation of the Delis-Kaplan executive function system. *J Clin Exp Neuropsychol* 35(10):1048-1059, 2013—, comparado con otros test más simples, ganó enorme popularidad y se convirtió en un referente en el campo (Homack, S., Lee, D., Riccio, C. A. Test review: Delis-Kaplan executive function system. *J Clin Exp Neuropsychol.* 2005 Jul;27(5):599-609. doi: 10.1080/13803390490918444. PMID: 16019636).

52. https://blog.fpmaragall.org/mini-mental-test, consultado el 7 de febrero de 2025. Lo desarrollaron hace medio siglo investigadores de Nueva York y Oregón —Folstein, M. F., Folstein, S. E., McHugh, P. R. «Mini-mental state». A practical method for grading the cognitive state of patients for the clinician. *J Psychiatr* Res. 1975 Nov;12(3):189-98. doi: 10.1016/0022-3956(75)90026-6. PMID: 1202204— y presenta el problema de no poder aplicarse a personas analfabetas, entre otras limitaciones relacionadas con variables socioeducativas.
53. Esta batería fue desarrollada por una empresa privada australiana que cotiza en bolsa (https://www.cogstate.com), aunque se han llevado a cabo numerosos acuerdos para que sea económicamente asequible para la investigación.
54. El test fue desarrollado por Arthur Benton en 1945 para facilitar la evaluación psicológica de los militares hospitalizados en San Diego con heridas de combate y diseñado para que no fuera influido por el examinador o por el estado emocional del sujeto. Benton, A. L. A visual retention test for clinical use. *Arch Neurol Psychiatry.* 1945 Sep;54:212-6. doi: 10.1001/archneurpsyc.1945.02300090051008. PMID: 21004267.
55. Maasakkers, C. M. *et al.* Sedentary behaviour and brain health in middle-aged and older adults: a systematic review. *Neurosci. Biobehav. Rev.* 140, 104802. 2022. Y también Machida, M. *et al.* Objectively measured intensity-specific physical activity and hippocampal volume among community-dwelling older adults. *Journal of Epidemiology* 32 (11), 489-495.
56. Collins, A. M. *et al.* Differentiating the influence of sedentary behavior and physical activity on brain health in late adulthood. *Exp. Gerontol.* 180:112246 (2023).
57. Nemoto, Y., Sato, S., Kitabatake, Y., Takeda, N., Maruo, K., Arao, T. Do the Impacts of Mentally Active and Passive Sedentary Behavior on Dementia Incidence Differ by Physical Activity Level? A 5-year Longitudinal Study. *J Epidemiol.* 2023 Aug 5;33(8):410-418. doi: 10.2188/jea.JE20210419. Epub 2022 Jul 22. PMID: 35569952; PMCID: PMC10319527.
58. Los resultados de este estudio aparecieron en numerosos artículos científicos a lo largo de muchos años, en cada uno publicándose unas u otras variables y nunca todas juntas, ya que algunos de los parámetros se evaluaron mucho después, mediante análisis *post mortem* y, obviamente, las monjas fallecieron en un rango de tiempo muy variable. Por esta razón, no citaremos ningún artículo científico concreto, sino el libro que el investigador principal publicó con la compilación de todo el estudio: Snowdon, D. *Aging*

with Grace: what the Nun Study teaches us about leading longer, healthier, and more meaningful lives. Bantam Ed. 2008.

59. Hallgren, M., Dunstan, D. W., Owen, N. Passive versus mentally active sedentary behaviors and depression. *Exerc Sport Sci Rev*. 2020 Jan;48(1):20-27. doi: 10.1249/JES.0000000000000211. PMID: 31663866.
60. La rumiación patológica se define como un proceso de pensamiento negativo repetitivo, mecanismo causal involucrado en el desarrollo y mantenimiento de diversas psicopatologías. Watkins, E. R. Constructive and unconstructive repetitive thought. *Psychol Bull*. 2008 Mar;134(2):163-206. doi: 10.1037/0033-2909.134.2.163. PMID: 18298268; PMCID: PMC2672052.
61. Estos datos fueron observados en grupos de individuos a lo largo de trece años, en los que los efectos analizados se van acumulando. Naturalmente, ni ver la televisión ni leer un libro durante unos minutos, producen efectos netos observables. El efecto es observable tras años de acumulación.
62. Zou, L., Herold, F., Cheval, B., Wheeler, M. J., Pindus, D. M., Erickson, K. I., Raichlen, D. A., Alexander, G. E., Müller, N. G., Dunstan, D. W., Kramer, A. F., Hillman, C. H., Hallgren, M., Ekelund, U., Maltagliati, S., Owen, N. Sedentary behavior and lifespan brain health. Trends Cogn Sci. 2024 Apr;28(4):369-382. doi: 10.1016/j.tics.2024.02.003. Epub 2024 Mar 1. PMID: 38431428; PMCID: PMC11778811.
63. Hay decenas de artículos que compilan esta información. Para no abrumar al lector, aconsejo remitirse a la cita 62, que los revisa todos, incluidos los que muestran evidencias positivas y negativas.
64. Cadenas-Sánchez, C., Migueles, J. H., Verdejo-Román, J., Erickson, K. I., Esteban-Cornejo, I., Catena, A., Ortega, F. B. Physical activity, sedentary time, and fitness in relation to brain shapes in children with overweight/obesity: Links to intelligence. *Scand J Med Sci Sports*. 2023 Mar;33(3):319-330. doi: 10.1111/sms.14263. Epub 2022 Nov 22. PMID: 36337011; PMCID: PMC11227654.
65. Los más reconocidos análisis en este ámbito se han llevado a cabo por grupos que incluyen a muchos investigadores españoles: Adelantado-Renau, M., Moliner-Urdiales, D., Cavero-Redondo, I., Beltran-Valls, M. R., Martínez-Vizcaíno, V., Álvarez-Bueno, C. Association Between Screen Media Use and Academic Performance Among Children and Adolescents: A Systematic Review and Meta-analysis. *JAMA Pediatr*. 2019 Nov 1;173(11):1058-1067. doi: 10.1001/jamapediatrics.2019.3176. PMID: 31545344; PMCID: PMC6764013, y destacamos especialmente este trabajo: Sánchez-Oliva, D., Leech, R. M., Esteban-Cornejo, I., Cristi-Montero, C., Pérez-Bey, A., Cabanas-Sánchez, V., Grao-Cruces, A., Castro-Piñero, J. Sedentary behaviour profiles and longitudinal associations with academic performance in youth: The UP&DOWN study. *J Sports Sci*. 2023 Jan;41(2):181-189. doi: 10.1080/02640414.2023.2204584. Epub 2023 May 1. PMID: 37125866.
66. Sobre mortalidad por cualquier causa: Ekelund, U., Steene-Johannessen, J., Brown, W. J., Fagerland, M. W., Owen, N., Powell, K. E., Bauman, A., Lee, I. M.; Lancet Physical Activity Series 2 Executive Committe; Lancet Sedentary Behaviour Working Group. Does physical activity attenuate, or even eliminate, the detrimental association of sitting time with mortality? A

harmonised meta-analysis of data from more than 1 million men and women. *Lancet.* 2016 Sep 24;388(10051):1302-10. doi: 10.1016/S0140-6736(16)30370-1. Epub 2016 Jul 28. Erratum in: *Lancet.* 2016 Sep 24;388(10051):e6. doi: 10.1016/S0140-6736(16)31677-4. PMID: 27475271. Y sobre demencia de cualquier tipo: Raichlen, D. A., Aslan, D. H., Sayre, M. K., Bharadwaj, P. K., Ally, M., Maltagliati, S., Lai, M. H. C., Wilcox, R. R., Klimentidis, Y. C., Alexander, G. E. Sedentary behavior and incident dementia among older adults. *JAMA.* 2023 Sep 12;330(10):934-940. doi: 10.1001/jama.2023.15231. PMID: 37698563; PMCID: PMC10498332.

67. Islam, H., Gibala, M. J., Little, J. P. Exercise Snacks: A Novel Strategy to Improve Cardiometabolic Health. *Exerc Sport Sci Rev.* 2022 Jan 1;50(1):31-37. doi: 10.1249/JES.0000000000000275. PMID: 34669625.
68. Feter, N. et al. & Pindus DM. Effects of reducing sedentary behaviour by increasing physical activity, on cognitive function, brain function and structure across the lifespan: a systematic review and meta-analysis. British J. Sports Med. 58(21)-1295-1306. 2024.
69. Zhen, Y., Hotterveex, P., Marent, P.-J., Cerin, E., Thomis, M., van Uffelen, J. *Ageing Res. Rev.* 97:102283. 2024.
70. Chandrasekaran, B., Pesola, A. J., Rao, C. R., Arumugam, A. Does breaking up prolonged sitting improve cognitive functions in sedentary adults? A mapping review and hypothesis formulation on the potential physiological mechanisms. *BMC Musculoskelet. Disord.* 22(1):274. 2021.
71. Francois, M. E., Baldi, J. C., Manning, P. J., Lucas, S. J., Hawley, J. A., Williams, M. J., Cotter, J. D. «Exercise snacks» before meals: a novel strategy to improve glycaemic control in individuals with insulin resistance. *Diabetologia.* 2014 Jul;57(7):1437-45. doi: 10.1007/s00125-014-3244-6. Epub 2014 May 10. PMID: 24817675.
72. Rafiei, H., Omidian, K., Myette-Côté, É., Little, J. P. Metabolic Effect of Breaking Up Prolonged Sitting with Stair Climbing Exercise Snacks. *Med Sci Sports Exerc.* 2021 Jan;53(1):150-158. doi: 10.1249/MSS.0000000000002431. PMID: 32555024.
73. Valga aquí decir que se apuntan algunas evidencias que implican ciertos mecanismos celulares, genéticos y moleculares, entre los que merece la pena citar a los transportadores de apolipoproteína-E (que están implicados en el desarrollo de la enfermedad de Alzheimer), o la circulación sanguínea en la corteza frontal, mediotemporal y el giro frontal. Otros estudios han señalado directamente a una alteración de ciertas moléculas muy usualmente encontradas en relación con la plasticidad, como el BDNF, alteraciones del volumen del hipocampo y del metabolismo cerebral, o marcadores funcionales típicos de la espectroscopía magnética de resonancia. Como vemos, es muy pronto aún para sacar conclusiones a este respecto. Una cosa sí llama la atención en estos primeros resultados, y es que los mecanismos propuestos son, en muchos casos, similares (pero opuestos, naturalmente) a los mecanismos asociados a los efectos beneficiosos del ejercicio físico.

Capítulo 5

74. Katz, L. C., Rubin, M. *Keep your brain alive*. Ed. Workman Publishing Company, 1998.
75. MacCarthy, F. *Byron. Vida y Leyenda*. Editorial Debate, 2024.
76. Walter, G. *Poe*. Ed. Anaya & Mario Muchnik, 1995.
77. Poe, E. A. *El Dominio de Arnheim o el Paisaje del Jardín*. SAMPI Books, 2024.
78. Babyoglu, S., Kutlu, I., Demirhan, G. Studies conducted on physical activity and brain: a bibliometric analysis. *Turkish J. Sports Med* 58(4):193-199. 2023.
79. Yang, Z., Hotterbeex, P., Marent, P. J., Cerin, E., Thomis, M., Van Uffelen, J. Physical activity, sedentary behaviour, and cognitive function among older adults: A bibliometric analysis from 2004 to 2024. *Ageing Res Rev*. 2024 Jun;97:102283. doi: 10.1016/j.arr.2024.102283. Epub 2024 Mar 28. PMID: 38552882.
80. Burpee, R. H. & Stroll, W. Measuring reaction time of athletes. *Res. Quart*. 7, 110-118 (1936).
81. Beise, D. & Peaseley, V. The relationship of reaction time, speed, and agility of big muscle groups and certain sport skills. *Res. Quart*. 8, 133-142 (1937).
82. Elkhooly, M., di Stadio, A., Bernitsas, E. Effect of aerobic exercise versus non-invasive brain stimulation on cognitive function in multiple sclerosis: a systematic review and meta-analysis. *Brain Sci* 14(8):771. 2024.
83. Hillman, C. H., Erickson, K. I., Kramer, A. F. Be smart, exercise your heart: exercise effects on brain and cognition. *Nat Rev Neurosci*. 2008 Jan;9(1):58-65. doi: 10.1038/nrn2298. PMID: 18094706.
84. En jóvenes en edad escolar, veáse, por ejemplo, Sibley, B. A. & Etnier, J. L. The relationship between physical activity and cognition in children: a metaanalysis. *Ped. Exerc. Sci*. 15, 243-256 (2003). En adultos y mayores, Etnier, J. L. *et al*. The influence of physical fitness and exercise upon cognitive functioning: a meta-analysis. *J. Sport Exerc. Psychol*. 19, 249-274 (1997).
85. No se usa un grupo sedentario que permanece sedentario sin más, sino que se usa un grupo sedentario al que se le informa de que está en lista de espera para hacer la intervención (el programa de ejercicio, en este caso), por cuestiones fundamentalmente éticas.
86. Hawkins, H. L., Kramer, A. F. y Capaldi, D. Aging, exercise, and attention. *Psychol. Aging* 7, 643-653 (1992).
87. Dos buenos ejemplos: Colcombe, S. y Kramer, A. F. Fitness effects on the cognitive function of older adults: a meta-analytic study. *Psychol. Sci*. 14, 125–130 (2003). También Etnier, J. L., Nowell, P. M., Landers, D. M. y Sibley, B. A. A meta-regression to examine the relationship between aerobic fitness and cognitive performance. *Brain Res. Rev*. 52, 119-130 (2006).
88. El electrocardiograma es esencialmente lo mismo, pero midiendo la actividad eléctrica del corazón, que también funciona gracias a impulsos eléctricos, solo que en este caso, en lugar de circular a través de las prolongaciones de las neuronas o entre astrocitos y neuronas, como sucede en el cerebro, circula a través de fibras musculares especiales que, en respuesta, se contraen generando el latido cardiaco.
89. Las ondas delta son las más lentas y se generan durante el sueño profundo o la meditación, y su aumento se asocia con el síndrome de déficit de aten-

ción e hiperactividad. A continuación, las ondas *theta* se producen en situaciones de vigilia tranquila, meditación o durante el sueño REM, pero también algunas regiones del cerebro exhiben típicamente ondas *theta* durante actividades como el aprendizaje y la memoria. Las ondas alfa se producen en vigilia relajada, asociándose a baja actividad cerebral o relajación, y se alteran notablemente en algunas situaciones patológicas o en personas adictas. Las ondas beta se producen en períodos de gran actividad mental, y las ondas gamma en situaciones de alta excitación cerebral, pero también con el estrés.

90. López-Madrona, V. J., Pérez-Montoyo, E., Álvarez-Salvado, E., Moratal, D., Herreras, O., Pereda, E., Mirasso, C. R., Canals, S. Different theta frameworks coexist in the rat hippocampus and are coordinated during memory-guided and novelty tasks. *Elife*. 2020 Jul 20;9:e57313. doi: 10.7554/eLife.57313. PMID: 32687054; PMCID: PMC7413668.
91. Li, G., Xia, H., Teng, G., Chen, A. The neural correlates of physical exercise induced general cognitive gains: A systematic review and meta-analysis of functional magnetic resonance imaging studies. *Neurosci Biobehav Rev*. 2025 Feb;169:106008. doi: 10.1016/j.neubiorev.2025.106008. Epub 2025 Jan 10. Erratum in: *Neurosci Biobehav Rev*. 2025 Feb;169:106025. doi: 10.1016/j.neubiorev.2025.106025. PMID: 39798632.
92. Trejo, J. L., Carro, E., Núñez, A., Torres-Alemán, I. Sedentary life impairs self-reparative processes in the brain: the role of serum insulin-like growth factor-I. *Rev Neurosci*. 2002;13(4):365-74. doi: 10.1515/revneuro.2002.13.4.365. PMID: 12542262.
93. Baguette, M., Blanchet, S., Legrand, D., Stevens, V. M., Turlure, C. Individual dispersal, landscape connectivity and ecological networks. *Biol. Rev*. 88:310-326 (2013).
94. Matthysen, Erik. Density-dependent dispersal in birds and mammals. *Ecography* 28:403-416, 2005.
95. Harestad, A. S., Bunnell, F. L. Home range and body weight. A reevaluation. *Ecology* 60(2):389-402, 1979.
96. Wang, Z., Ying, Z., Bosy-Westphal, A., Zhang, J., Schautz, B., Later, W., Heymsfield, S. B., Müller, M. J. Specific metabolic rates of major organs and tissues across adulthood: evaluation by mechanistic model of resting energy expenditure. Am J Clin Nutr. 2010 Dec;92(6):1369-77. doi: 10.3945/ajcn.2010.29885. Epub 2010 Oct 20. PMID: 20962155; PMCID: PMC2980962.
97. Padamsey, Z., Rochefort, N. L. Paying the brain's energy bill. *Curr Opin Neurobiol*. 2023 Feb;78:102668. doi: 10.1016/j.conb.2022.102668. Epub 2022 Dec 24. PMID: 36571958.
98. Gleeson, M., Bishop, N. C., Stensel, D. J., Lindley, M. R., Mastana, S. S., Nimmo, M. A. The anti-inflammatory effects of exercise: mechanisms and implications for the prevention and treatment of disease. *Nat Rev Immunol*. 2011 Aug 5;11(9):607-15.
99. Las citoquinas son proteínas señalizadoras con múltiples funciones, que se encuentran en numerosos órganos y tejidos de nuestro cuerpo y se producen en respuesta a variados estímulos. El interferón es una de ellas. En general, su característica principal es que ejercen acciones tanto en el órgano

que las produce (acciones autocrinas), en los adyacentes (paracrinas) y en otros distantes de su origen (endocrinas), y casi siempre relacionadas con la inflamación y la inmunización.

100. Además de neuronas, astrocitos y oligodendrocitos, el cerebro tiene otras células, la microglía, con función fagocítica y de defensa inmune, así como de retirada de residuos. En los últimos años se han acumulado más y más evidencias del importante papel que las células con función inmune tienen dentro del cerebro, entre las que destacan tanto las que residen en él (por ejemplo, la microglía) como aquellas que residen justo en el exterior del cerebro, pero pueden tener efecto dentro de él, a distancia, precisamente gracias a que controlan citoquinas como el interferón. Este es el caso, por ejemplo, de los linfocitos Treg (Marin-Rodero, M., Cintado, E., Walker, A. J., Jayewickreme, T., Pinho-Ribeiro, F. A., Richardson, Q., Jackson, R., Chiu, I. M., Benoist, C., Stevens, B., Trejo, J. L., Mathis, D. The meninges host a distinct compartment of regulatory T cells that preserves brain homeostasis. *Sci Immunol.* 2025 Jan 28:eadu2910. doi: 10.1126/sciimmunol.adu2910. Epub ahead of print. PMID: 39873623).
101. Jessen, N. A., Munk, A. S., Lundgaard, I., Nedergaard, M. The Glymphatic System: A Beginner's Guide. *Neurochem Res.* 2015 Dec;40(12):2583-99. doi: 10.1007/s11064-015-1581-6. Epub 2015 May 7. PMID: 25947369; PMCID: PMC4636982.
102. Yoo, R. E., Kim, J. H., Moon, H. Y., Park, J. Y., Cheon, S., Shin, H. S., Han, D., Kim, Y., Park, S. H., Choi, S. H. Long-term physical exercise facilitates putative glymphatic and meningeal lymphatic vessel flow in humans. *Nat Commun.* 2025 Apr 9;16(1):3360.
103. De Miguel, Z., *et al.* y Wyss-Coray, T. Exercise plasma boosts memory and dampens brain inflammation via clusterin. Nature 600:494-499, 2021.
104. Revisados en Memon, A. A., Coleman, J. J., Amara, A. W. Effects of exercise on sleep in neurodegenerative disease. *Neurobiol. Dis.* 140:104859. 2021.
105. Conocido como el circuito de la recompensa, recorre varias regiones del cerebro, desde el área tegmental ventral hasta el estriado ventral, donde conecta con el núcleo accumbens y el tubérculo olfatorio. Es muy conocido en el ámbito neurocientífico por ser el que media el refuerzo (la recompensa) en muchos procesos de aprendizaje, y, precisamente por ello, cuando se regula inadecuadamente, está involucrado en la adicción, lo que lo convierte en objeto de gran número de investigaciones.
106. Basso, J. C., Suzuki, W. A. The Effects of Acute Exercise on Mood, Cognition, Neurophysiology, and Neurochemical Pathways: A Review. *Brain Plast.* 2017 Mar 28;2(2):127-152.
107. Garrett, J., Chak, C., Bullock, T., Giesbrecht, B. A systematic review and Bayesian meta-analysis provide evidence for an effect of acute physical activity on cognition in young adults. *Commun Psychol.* 2024 Aug 28;2(1):82.
108. Barnes, J. N., Pearson, A. G., Corkery, A. T., Eisenmann, N. A., Miller, K. B. Exercise, arterial stiffness, and cerebral vascular function: Potential impact on brain health. *J Int Neuropsychol* Soc. 2021 Sep;27(8):761-775. doi: 10.1017/S1355617721000394. Epub 2021 May 6. PMID: 33952365; PMCID: PMC8496967.

109. Carek, P. J., Laibstain, S. E., Carek, S. M. Exercise for the treatment of depression and anxiety. *Int J Psychiatry Med.* 2011;41(1):15-28. doi: 10.2190/PM.41.1.c. PMID: 21495519.
110. Schuch, F. B., Vancampfort, D., Firth, J., Rosenbaum, S., Ward, P. B., Silva, E. S. *et al.* Physical activity and incident depression: a meta-analysis of prospective cohort studies. *Am J Psychiatry.* 2018;175:631–48. Véase también Dishman, R. K., McDowell, C. P., Herring, M. P. Customary physical activity and odds of depression: a systematic review and meta-analysis of 111 prospective cohort studies. *Br J Sports Med.* 2021;55:926-34.
111. Ross, R. E., VanDerwerker, C. J., Saladin, M. E., Gregory, C. M. The role of exercise in the treatment of depression: biological underpinnings and clinical outcomes. *Mol Psychiatry.* 2023;28:298–328.
112. Habitualmente, el paciente depresivo tiende a mostrar muy baja motivación para el ejercicio, además de manifestar fatiga, poco ánimo y de enfrentarse a falta de apoyo, baja confianza en la intervención y mayor temor a sufrir lesiones.
113. Noetel, M. *et al.* y Lonsdale, C. Effect of exercise for depression: systematic review and network meta-analysis of randomized controlled trials. *British Medical Journal* 384:e075847. 2024.
114. Un análisis detallado de este metaanálisis (realizado por el autor) muestra que la variación del tamaño del efecto sobre la sintomatología de la intensidad del programa de ejercicio es solo de un 14 %. Dicho de otro modo, hacer ejercicio vigoroso produce un 14 % más de efecto que el producido por el ejercicio ligero.
115. Wipfli, B. M., Rethorst, C. D., Landers, D. M. The anxiolytic effects of exercise: a meta-analysis of randomized trials and dose-response analysis. *J Sport Exerc Psychol.* 2008 Aug;30(4):392-410. doi: 10.1123/jsep.30.4.392. Erratum in: *J Sport Exerc Psychol.* 2009 Feb;31(1):128-9. PMID: 18723899.
116. https://pubmed.ncbi.nlm.nih.gov/?term=neuroprotection&filter=pubt.review&timeline=expanded, consultado el 12 de febrero de 2025.
117. Novelli, G., Calcaterra, G., Casciani, F., Pecorelli, S., Mehta, J. L. «Exerkines»: A comprehensive term for the factors produced in response to exercise. *Biomedicines.* 2024 Sep 1;12(9):1975. doi: 10.3390/biomedicines12091975. PMID: 39335489; PMCID: PMC11429193.
118. Chow, L. S. et al. Exerkines in health, resilience and disease. *Nature Rev. Endocrinol.* 18:273-289, 2022.
119. Algo válido para todas estas moléculas es que, además de conocerse como exerquinas por secretarse por acción del ejercicio, todas ellas son citoquinas por moverse por todo el organismo (véase la nota 99). Sin embargo, solo algunas se secretan en el músculo y, por tanto, son además mioquinas. A los científicos nos encanta ponerle nombres y números a todo. Así, las exerquinas producidas por el corazón son cardioquinas, por el hígado, hepatoquinas, por el tejido adiposo, adipoquinas, o por las neuronas, neuroquinas, etc. Y todas son exerquinas.
120. Islam, M. R., Valaris, S., Young, M. F., Haley, E. B., Luo, R., Bond, S. F., Mazuera, S., Kitchen, R. R., Caldarone, B. J., Bettio, L. E. B., Christie, B. R., Schmider, A. B., Soberman, R. J., Besnard, A., Jedrychowski, M. P., Kim, H.,

Tu, H., Kim, E., Choi, S. H., Tanzi, R. E., Spiegelman, B. M., Wrann, C. D. Exercise hormone irisin is a critical regulator of cognitive function. *Nat Metab.* 2021 Aug;3(8):1058-1070. doi: 10.1038/s42255-021-00438-z. Epub 2021 Aug 20. Erratum in: *Nat Metab.* 2021 Oct;3(10):1432. doi: 10.1038/s42255-021-00476-7. PMID: 34417591; PMCID: PMC10317538.

121. Stern, Y. Cognitive reserve in ageing and Alzheimer's disease. Lancet Neurol. 11(11):1006. 2012.
122. Véase la nota 58.
123. Pettigrew, C., Soldan, A. Defining Cognitive Reserve and Implications for Cognitive Aging. *Curr Neurol Neurosci Rep.* 2019 Jan 9;19(1):1. doi: 10.1007/s11910-019-0917-z. PMID: 30627880; PMCID: PMC7812665.
124. Song, S., Stern, Y., Gu, Y. Modifiable lifestyle factors and cognitive reserve: A systematic review of current evidence. *Ageing Res Rev.* 2022 Feb;74:101551. doi: 10.1016/j.arr.2021.101551. Epub 2021 Dec 21. PMID: 34952208; PMCID: PMC8794051.
125. Sujkowski, A., Hong, L., Wessells, R. J., Todi, S. V. The protective role of exercise against age-related neurodegeneration. *Ageing Res Rev.* 2022 Feb;74:101543. doi: 10.1016/j.arr.2021.101543. Epub 2021 Dec 17. PMID: 34923167; PMCID: PMC8761166.
126. Véase la nota 92.

Capítulo 6

127. Julian Offray de La Mettrie, *El hombre máquina* de 1747, puede consultarse en la edición en castellano de la Editorial El Cuenco de Plata SRL de 2017.
128. Esta es la única excepción que encontrará el lector en esta obra a las citas bibliográficas exactas y las fuentes originales de las que se habla en el texto. El «Elogio Fúnebre» de Federico el Grande a La Mettrie es citado sobradamente por muchas fuentes (como por ejemplo http://www.alcoberro.info/planes/mettrie.htm), pero nos ha sido imposible citar la fuente original, de la Real Academia de Berlín. Mantenemos su mención en el texto debido a su originalidad y porque aporta una pieza de conocimiento reconocido como parte esencial de la filosofía materialista francesa del siglo XVIII.
129. Barde, Y. A., Edgar, D., Thoenen H. Purification of a new neurotrophic factor from mammalian brain. EMBO J. 1982;1(5):549-53. doi: 10.1002/j.1460-2075.1982.tb01207.x. PMID: 7188352; PMCID: PMC553086.
130. Como se deduce de los cambios estructurales y funcionales que tienen lugar cuando se examinan los órganos de modelos animales de experimentación que, o bien no tienen esta molécula, o bien carecen de sus receptores (y, por tanto, la molécula no puede ejercer su acción, aunque esté presente).
131. Las acciones del BDNF en el cerebro en respuesta al ejercicio han sido revisadas en decenas de artículos. Sirva este reciente como ejemplo: Cefis, M., Chaney, R., Wirtz, J., Méloux, A., Quirié, A., Leger, C., Prigent-Tessier, A., Garnier, P. Molecular mechanisms underlying physical exercise-induced brain BDNF overproduction. *Front Mol Neurosci.* 2023

Oct 5;16:1275924. doi: 10.3389/fnmol.2023.1275924. PMID: 37868812; PMCID: PMC10585026.

132. Khan, M. Z., Zugaza, J. L., Torres Aleman, I. The signaling landscape of insulin-like growth factor 1. *J Biol Chem.* 2025 Jan;301(1):108047. doi: 10.1016/j.jbc.2024.108047. Epub 2024 Dec 3. PMID: 39638246; PMCID: PMC11748690.
133. Llorens-Martín, M., Torres-Alemán, I., Trejo, J. L. Mechanisms mediating brain plasticity: IGF1 and adult hippocampal neurogenesis. *Neuroscientist.* 2009 Apr;15(2):134-48. doi: 10.1177/1073858408331371. PMID: 19307421.
134. Llorens-Martín, M., Torres-Alemán, I., Trejo, J. L. Growth factors as mediators of exercise actions on the brain. *Neuromolecular Med.* 2008;10(2):99-107. doi: 10.1007/s12017-008-8026-1. Epub 2008 Feb 20. PMID: 18286390.
135. Roy, C. S., Sherrington, C. S. On the regulation of the blood-supply of the brain. *J. Physiol.* 11:85-108 (1890).
136. Nishijima, T., Piriz, J., Duflot, S., Fernandez, A. M., Gaitan, G., Gomez-Pinedo, U., Verdugo, J. M., Leroy, F., Soya, H., Nuñez, A., Torres-Alemán, I. Neuronal activity drives localized blood-brain-barrier transport of serum insulin-like growth factor-I into the CNS. *Neuron.* 2010 Sep 9;67(5):834-46. doi: 10.1016/j.neuron.2010.08.007. PMID: 20826314.
137. Nishijima, T., Torres-Alemán, I., Soya H. Exercise and cerebrovascular plasticity. *Progress in Brain Research*, 225:243-268 (2016).
138. Véase la nota 120.
139. Brooks, G. A. The Science and Translation of Lactate Shuttle Theory. *Cell Metab.* 2018 Apr 3;27(4):757-785.
140. Magistretti, P. J. Neuron-glia metabolic coupling and plasticity. *J Exp Biol.* 2006 Jun;209(Pt 12):2304-11.
141. Siebenmann, C., Sørensen, H., Bonne, T. C., Zaar, M., Aachmann-Andersen, N. J., Nordsborg, N. B., Nielsen, H. B., Secher, N. H., Lundby, C., Rasmussen, P. Cerebral lactate uptake during exercise is driven by the increased arterial lactate concentration. *J Appl Physiol* (1985). 2021 Dec 1;131(6):1824-1830.

Capítulo 7

142. En cuanto al número de neuronas en el cerebro de las distintas especies a lo largo de la evolución, el lector debe tener presente que, en neurobiología, no pasa ni un solo año en que no se revise de manera sustancial el número de neuronas, de células neurales totales, de sinapsis y de todo tipo de parámetros cerebrales. Los números aquí representados en este capítulo no pretenden ser datos definitivos, sino meras indicaciones aproximadas de lo que, a la fecha de cierre de esta edición, se considera válido. Es muy probable que, en muy pocos años, estos números sean revisados. El lector sabrá entender la rápida obsolescencia de estas cifras con el paso de los años.

143. Cárdenas, A., Borrell, V. Molecular and cellular evolution of corticogenesis in amniotes. *Cell Mol Life Sci.* 2020 Apr;77(8):1435-1460. doi: 10.1007/

s00018-019-03315-x. Epub 2019 Sep 28. PMID: 31563997; PMCID: PMC11104948.

144. La primera demostración de cualquier cosa siempre es un tema escurridizo. A mi parecer, la primera indicación de la existencia de neurogénesis adulta en el hipocampo de una rata fue en Altman, J., Are new neurons formed in the brains of adult mammals? *Science.* 1962 Mar 30;135(3509):1127-8. doi: 10.1126/science.135.3509.1127. PMID: 13860748. Poco después ya se acumulaban nuevas evidencias, como en Altman, J. Autoradiographic investigation of cell proliferation in the brains of rats and cats. Anatomical Record, 1963 Apr;145:573-91. doi: 10.1002/ar.1091450409. PMID: 14012334, aunque suele reconocerse la siguiente como la primera que de verdad lo demostraba fehacientemente: Altman, J., Das GD. Autoradiographic and histological evidence of postnatal hippocampal neurogenesis in rats. *J Comp Neurol.* 1965 Jun;124(3):319-35. doi: 10.1002/cne.901240303. PMID: 5861717.
145. Kempermann, G. *Adult Neurogenesis.* Oxford University Press, 2005.
146. Por si alguien duda de la utilidad de estas nuevas neuronas, véase Kempermann, G. What Is Adult Hippocampal Neurogenesis Good for? *Front Neurosci.* 2022 Apr 15;16:852680. doi: 10.3389/fnins.2022.852680. PMID: 35495058; PMCID: PMC9051245.
147. Alshebib, Y., Hori, T., Goel, A., Fauzi, A. A., Kashiwagi, T. Adult human neurogenesis: A view from two schools of thought. *IBRO Neurosci Rep.* 2023 Jul 31;15:342-347. doi: 10.1016/j.ibneur.2023.07.004. PMID: 38025659; PMCID: PMC10665662.
148. Eriksson, P. S., Perfilieva, E., Björk-Eriksson, T., Alborn, A. M., Nordborg, C., Peterson, D. A., Gage, F. H. Neurogenesis in the adult human hippocampus. *Nat Med.* 1998 Nov;4(11):1313-7. doi: 10.1038/3305. PMID: 9809557.
149. La BrdU se introduce en la doble hélice del ADN, interfiriendo con sus funciones. Y esto se hace porque la característica más obvia de las células cancerosas es que se dividen descontroladamente y, de este modo, este tratamiento ataca directamente a estas células.
150. Spalding, K. L., Bergmann, O., Alkass, K., Bernard, S., Salehpour, M., Huttner, H. B., Boström, E., Westerlund, I., Vial, C., Buchholz, B. A., Possnert, G., Mash, D. C., Druid, H., Frisén, J. Dynamics of hippocampal neurogenesis in adult humans. *Cell.* 2013 Jun 6;153(6):1219-1227. doi: 10.1016/j.cell.2013.05.002. PMID: 23746839; PMCID: PMC4394608.
151. Sorrells, S. F., Paredes, M. F., Cebrian-Silla, A., Sandoval, K., Qi, D., Kelley, K. W., James, D., Mayer, S., Chang, J., Auguste, K. I., Chang, E. F., Gutierrez, A. J., Kriegstein, A. R., Mathern, G. W., Oldham, M. C., Huang, E. J., Garcia-Verdugo, J. M., Yang, Z., Alvarez-Buylla, A. Human hippocampal neurogenesis drops sharply in children to undetectable levels in adults. *Nature.* 2018 Mar 15;555(7696):377-381. doi: 10.1038/nature25975. Epub 2018 Mar 7. PMID: 29513649; PMCID: PMC6179355.
152. En una serie de elegantes trabajos, María Llorens-Martín publicó: 1) Moreno-Jiménez, E. P., Flor-García, M., Terreros-Roncal, J., Rábano, A., Cafini, F., Pallas-Bazarra, N., Ávila, J., Llorens-Martín, M. Adult

hippocampal neurogenesis is abundant in neurologically healthy subjects and drops sharply in patients with Alzheimer's disease. *Nat Med.* 2019 Apr;25(4):554-560. doi: 10.1038/s41591-019-0375-9. Epub 2019 Mar 25. PMID: 30911133. 2) Terreros-Roncal, J., Moreno-Jiménez, E. P., Flor-García, M., Rodríguez-Moreno, C. B., Trinchero, M. F., Cafini, F., Rábano, A., Llorens-Martín, M. Impact of neurodegenerative diseases on human adult hippocampal neurogenesis. Science. 2021 Nov 26;374(6571):1106-1113. doi: 10.1126/science.abl5163. Epub 2021 Oct 21. PMID: 34672693; PMCID: PMC7613437. 3) Moreno-Jiménez, E. P., Terreros-Roncal, J., Flor-García, M., Rábano, A., Llorens-Martín, M. Evidences for Adult Hippocampal Neurogenesis in Humans. *J Neurosci.* 2021 Mar 24;41(12):2541-2553. doi: 10.1523/JNEUROSCI.0675-20.2020. PMID: 33762406; PMCID: PMC8018741.

153. Terreros-Roncal, J., Flor-García, M., Moreno-Jiménez, E. P., Rodríguez-Moreno, C. B., Márquez-Valadez, B., Gallardo-Caballero, M., Rábano, A., Llorens-Martín, M. Methods to study adult hippocampal neurogenesis in humans and across the phylogeny. *Hippocampus.* 2023 Apr;33(4):271-306. doi: 10.1002/hipo.23474. Epub 2022 Oct 18. PMID: 36259116; PMCID: PMC7614361.
154. Véase la nota 133.
155. Sin pretender recopilar extensivamente la literatura existente, absolutamente inabarcable en una obra como esta, el lector encontrará aquí una selección personal del tema: 1) Lieberwirth, C., Pan, Y., Liu, Y., Zhang, Z., Wang, Z. Hippocampal adult neurogenesis: Its regulation and potential role in spatial learning and memory. *Brain Res.* 2016 Aug 1;1644:127-40. doi: 10.1016/j.brainres.2016.05.015. Epub 2016 May 10. PMID: 27174001; PMCID: PMC5064285. 2) Overall, R. W., Walker, T. L., Fischer, T. J., Brandt, M. D., Kempermann, G. Different Mechanisms Must Be Considered to Explain the Increase in Hippocampal Neural Precursor Cell Proliferation by Physical Activity. Front Neurosci. 2016 Aug 3;10:362. doi: 10.3389/fnins.2016.00362. PMID: 27536215; PMCID: PMC4971098. 3) Micheli, L., Ceccarelli, M., D'Andrea, G., Tirone, F. Depression and adult neurogenesis: Positive effects of the antidepressant fluoxetine and of physical exercise. *Brain Res Bull.* 2018 Oct;143:181-193. doi: 10.1016/j.brainresbull.2018.09.002. Epub 2018 Sep 17. PMID: 30236533. 4) Schoenfeld, T. J., Swanson, C. A Runner's High for New Neurons? Potential Role for Endorphins in Exercise Effects on Adult Neurogenesis. *Biomolecules.* 2021 Jul 21;11(8):1077. doi: 10.3390/biom11081077. PMID: 34439743; PMCID: PMC8392752.
156. Lan, Y., Huang, Z., Jiang, Y., Zhou, X., Zhang, J., Zhang, D., Wang, B., Hou, G. Strength exercise weakens aerobic exercise-induced cognitive improvements in rats. *PLoS One.* 2018 Oct 10;13(10):e0205562. doi: 10.1371/journal.pone.0205562. PMID: 30304037; PMCID: PMC6179267.
157. Gao, Y., Syed, M., Zhao, X. Mechanisms underlying the effect of voluntary running on adult hippocampal neurogenesis. *Hippocampus.* 2023 Apr;33(4):373-390. doi: 10.1002/hipo.23520. Epub 2023 Mar 9. PMID: 36892196; PMCID: PMC10566571.

158. Khalil, M. H. The Impact of Walking on BDNF as a Biomarker of Neuroplasticity: A Systematic Review. *Brain Sci.* 2025 Feb 27;15(3):254. doi: 10.3390/brainsci15030254. PMID: 40149776; PMCID: PMC11940261.
159. Bolijn, S., Lucassen, P. J. How the Body Talks to the Brain; Peripheral Mediators of Physical Activity-Induced Proliferation in the Adult Hippocampus. *Brain Plast.* 2015 Oct 9;1(1):5-27. doi: 10.3233/BPL-150020. PMID: 29765833; PMCID: PMC5939189.
160. Trejo, J. L., Carro, E., Torres-Alemán, I. Circulating insulin-like growth factor I mediates exercise-induced increases in the number of new neurons in the adult hippocampus. *J Neurosci.* 2001 Mar 1;21(5):1628-34. doi: 10.1523/JNEUROSCI.21-05-01628.2001. PMID: 11222653; PMCID: PMC6762955.
161. Maguire, E. A., Gadian, D. G., Johnsrude, I. S., Good, C. D., Ashburner, J., Frackowiak, R.S.J. y Frith, C.D. Navigation-related structural change in the hippocampi of taxi drivers, *Proc. Natl. Acad. Sci. U.S.A.* 97 (8) 4398-4403, https://doi.org/10.1073/pnas.070039597 (2000).
162. Wilckens KA et. al. & Erickson KI. Exercise interventions preserve hippocampal volume: a meta-analysis *Hippocampus* 31(3): 335-347 (2021).
163. Balbim, G. M. *et al.* y Liu-Ambrose, T. Aerobic exercise training effects on hippocampal volume in healthy older individuals: a meta-analysis of randomized controlled trials. *GeroScience* 46:2755 (2024).
164. Dhahbi, W., Briki, W., Heissel, A., Schega, L., Dergaa, I., Guelmami, N., Omri, A. E., Chaabene, H. Physical Activity to counter age-related cognitive decline: benefits of aerobic, resistance, and combined training-A narrative review. *Sports Med Open.* 2025 May 17;11(1):56. doi: 10.1186/s40798-025-00857-2. PMID: 40381170; PMCID: PMC12085549.
165. Gage, F. H. Adult Neurogenesis in the Human Dentate Gyrus. *Hippocampus.* 2025 Jan;35(1):e23655. doi: 10.1002/hipo.23655. PMID: 39648699.

Capítulo 8

166. Diógenes Laercio. *Vidas de los filósofos más ilustres.* Circa primera mitad del siglo III d. C. Tecnibook Ediciones, 2015.
167. Montaigne, M. de, *Ensayos*. Biblioteca Aurea. Editorial Cátedra, 2003.
168. Hobbes, T. *Leviatán.* De 1651, consultada la edición de Marxists Internet Archive, 2015, en https://www.marxists.org/espanol/hobbes/1651/leviatan/lev.htm.
169. Aubrey, J. *Vidas Breves.* Escrita por Aubrey (entre 1669 y 1696), no se publicó completa hasta 1949. Esta cita procede de *Colección Vidas Ajenas.* Ediciones Universidad Diego Portales. 2013.
170. Moreno Klemming, J. *Evolución por selección sexual según Darwin. La vigencia de una idea.* Ed. Síntesis, 2013.
171. Darwin, C. *El origen de las especies mediante selección natural.* Alianza Editorial, 2023 (traducción de Dulcinea Otero-Piñeiro).
172. Levit, G. S., Hossfeld, U., Olsson, L. From the «Modern Synthesis» to cybernetics: Ivan Ivanovich Schmalhausen (1884-1963) and his research program for a synthesis of evolutionary and developmental biology. *J Exp*

Zool B Mol Dev Evol. 2006 Mar 15;306(2):89-106. doi: 10.1002/jez.b.21087. PMID: 16419076.

173. Un artículo (en ruso) titulado «La selección estabilizadora y su lugar entre los factores de la evolución» en 1941 —Adams, M. B. A missing link in the evolutionary synthesis. «Factors of evolution: the theory of stabilizing selection». By I. I. Schmalhausen. Essay review. *Isis.* 1988 Jun;79(297):281-4. doi: 10.1086/354706. PMID: 3049441— y una monografía *Factores de la evolución: la teoría de la selección estabilizadora* en 1945 (escrito en ruso y que tradujo al inglés Theodor Dobzhansky, el padre de la síntesis moderna de la teoría de la evolución).
174. Podríamos sorprendernos de lo vigente que sigue hoy día esta ley de Schmalhausen, pero así es. Filion, A., Sundaram, M., Stephens, P. R. Preliminary Investigation of Schmalhausen's Law in a Directly Transmitted Pathogen Outbreak System. *Viruses.* 2023 Jan 22;15(2):310. doi: 10.3390/v15020310. PMID: 36851523; PMCID: PMC9961160.
175. Para algunos autores, Paracelso dijo: «Solo de la dosis depende si un veneno es veneno o no» en la sección «De la fuerza curativa del veneno», según la traducción de Carlos Fortea de *Paracelsus. Arzt und gottsucher and der Zeitenwende*, Edición de Jolande Jacobi, titulada *Textos esenciales de Paracelso*, para editorial Siruela, 1995, 2001. Para los más curiosos, llama poderosamente la atención que traducciones muy eruditas de las obras de Paracelso refieren de formas increíblemente variadas la famosa frase, siendo muy difícil saber en estas obras si es que Paracelso dijo lo mismo muchas veces de diferentes maneras o si la traducción alberga semejantes variaciones. Se pueden encontrar referencias a «Todas las sustancias son venenos, no existe ninguna que no lo sea. La dosis diferencia un veneno de un remedio», que en la traducción arriba citada se transcribe como «En todas las cosas hay también un veneno, y nada carece de él. Solo de la dosis depende si un veneno es veneno o no». Nótese que la diferencia entre «todas las cosas son venenos» y «en todas las cosas hay también un veneno» es notable e indicativa de una connotación muy diferente e importante.
176. Antman, E. M., *et al.* Treatment of 150 cases of life-threatening digitalis intoxication with digoxin-specific Fab antibody fragments. *Circulation*, 81(6):1744. 1990.
177. De Micheli Serra, A., Pastelín Hernández, G. Breve historia de la digital y los digitálicos. *Gac Med Mex* 151:660, 2015.
178. Withering, W. *An account of the floxglove and some of its medical uses*, 1785. Puede consultarse el trabajo en la página de The Project Gutenberg eBook, https://www.gutenberg.org/cache/epub/24886/pg24886-images.html (consultado el 21 de febrero de 2025).
179. Sanz-Rosa, D. Los receptores beta adrenérgicos en la enfermedad cardiovascular. *Hipertensión*, 28(2):55-62, 2011.
180. Sangüesa, G. *et al.* y Guasch, E. Intense long-term training impairs brain health compared with moderate exercise: Experimental evidence and mechanisms. *Ann. N.Y. Acad Sci.* 1518:282-298 (2022).
181. Cintado, E. *et al.*, y Trejo, J. L., Gut microbiota regulates exercise-induced

hormetic modulation of cognitive function. *eBioMedicine* 2025;119: 105876. https://doi.org/10. 1016/j.ebiom.2025. 105876.

182. Freund et al. Regionally accentuated reversible brain grey matter reduction in ultramarathon runners detected by voxel-based morphometry. *BMC Sports Science, Medicine and Rehabilitation* 6:4 (2014).
183. Ramos-Cabrer, P. *et al.* y Matute, C., Reversible reduction in brain myelin content upon marathon running. *Nature Metabolism*, 7(4):697-703 (2025).
184. https://es.euronews.com/viajes/2025/02/06/que-es-el-turismo-de-maratones-y-por-que-esta-ganando-popularidad, consultado el 7 de julio de 2025.
185. Blackmore, D. G. *et al.* y Bartlett, P. F., Long-term improvement in hippocampal-dependent learning ability in healthy, aged individuals following high intensity interval training. *Aging and Disease*, doi:10.14336/AD.2024.0642 (2024).
186. Lucas, S. J., Cotter, J. D., Brassard, P., Bailey, D. M. High-intensity interval exercise and cerebrovascular health: curiosity, cause, and consequence. *J Cereb Blood Flow Metab.* 2015 Jun;35(6):902-11. doi: 10.1038/jcbfm.2015.49.
187. Revisado en Trejo J. L., SanFeliú, C. (2024). *El cerebro en movimiento,* Editorial Catarata.
188. Tongtako, W., Klaewsongkram, J., Jaronsukwimal, N., Buranapraditkun, S., Mickleborough, T. D., Suksom, D. The effect of acute exhaustive and moderate intensity exercises on nasal cytokine secretion and clinical symptoms in allergic rhinitis patients. *Asian Pac J Allergy Immunol.* 2012 Sep;30(3):185-92.
189. Gleeson, M. Immune function in sport and exercise. *J Appl Physiol* (1985). 2007 Aug;103(2):693-9.

Capítulo 9

190. Weismann, A. *The Germ-Plasm: A theory of heredity.* London: Charles Scribner's Sons. 1893. La traducción es del autor.
191. Rachel Yehuda dijo esta frase, que resume muchos de los resultados obtenidos en su laboratorio durante décadas, en el pódcast «On being with Krista Tippett» (transcrito en https://onbeing.org/programs/rachel-yehuda-how-trauma-and-resilience-cross-generations-nov2017/).
192. Lamarck, Jean-Baptiste. *Filosofía zoológica.* Ed. Txalaparta, 2017.
193. Véase la nota 171.
194. Mendel enunció por primera vez sus leyes de la herencia en sendas conferencias en Brno en 1865, tituladas «Versuche über Pflanzen-Hybriden» («Experimentos en híbridos de plantas»). Fueron publicadas en la revista *Verhandlungen des naturforschenden Vereines in Brünn* en 1866. Desgraciadamente, no fueron muy conocidas hasta 1900, en que se tradujeron al inglés por William Bateson. El lector interesado puede consultar dicha traducción al inglés en http://www.esp.org/foundations/genetics/classical/gm-65.pdf, y una traducción al español en https://www.buscalibre.es/libro-experimentos-sobre-hibridos-en-las-plantas/9788483671399/p/16497178.

195. Excepto para el régimen soviético del período de Stalin, como se menciona en el capítulo 8.
196. Darwin, C. (1868) *The variation of animals and plants under domestication.* London, UK: John Murray
197. Liu, Y. Like father like son. A fresh review of the inheritance of acquired characteristics. *EMBO Rep.* 2007 Sep;8(9):798-803. doi: 10.1038/sj.embor.7401060. PMID: 17767188; PMCID: PMC1973965.
198. https://www.elsevier.es/es-revista-revista-del-laboratorio-clinico-282-articulo-sobre-el-fraude-cientifico-S1888400815000148.
199. Una manera sencilla de iniciarse en este fascinante (e inabarcable) problema es «La polémica en la biología del siglo XX. N. I. Vavílov y T. D. Lysenko». De Juan Talledo Gutiérrez, en *Pluriversidad* 3: 215-238, 2019.
200. Nos ha sido imposible encontrar las publicaciones originales de Waddington, pero bien merece la pena leer esta revisión del propio Waddington, resumiendo lo más importante de ambos trabajos, pocos años después: Waddington, C. H. Genetic assimilation of an acquired character. Evolution, Vol. 7, No. 2, pp. 118-126 (1953), consultado el 21 de junio de 2025 en https://inters.org/files/waddington1953.pdf.
201. «[...] la rama de la biología que estudia las interacciones causales entre los genes y sus productos que dan lugar al fenotipo», según Dupont, C., Armant, D. R., Brenner, C. A. Epigenetics: definition, mechanisms and clinical perspective. *Semin Reprod Med.* 2009 Sep;27(5):351-7, citando a Waddington, C. H. *Towards a Theoretical Biology.* Edinburgh, Scotland: Edinburgh University Press; 1968. *The Basic Ideas of Biology*; pp. 1-32.
202. De Castro Barbosa, T., Ingerslev, L. R., Alm, P. S., Versteyhe, S., Massart, J., Rasmussen, M., Donkin, I., Sjögren, R., Mudry, J. M., Vetterli, L., Gupta, S., Krook, A., Zierath, J. R., Barrès, R. High-fat diet reprograms the epigenome of rat spermatozoa and transgenerationally affects metabolism of the offspring. *Mol Metab.* 2015 Dec 25;5(3):184-197.
203. McGreevy, K. R., Tezanos, P., Ferreiro-Villar, I., Pallé, A., Moreno-Serrano, M., Esteve-Codina, A., Lamas-Toranzo, I., Bermejo-Álvarez, P., Fernández-Punzano, J., Martín-Montalvo, A., Montalbán, R., Ferrón, S. R., Radford, E. J., Fontán-Lozano, Á., Trejo, J. L. Intergenerational transmission of the positive effects of physical exercise on brain and cognition. *Proc Natl Acad Sci USA.* 2019 May 14;116(20):10103-10112.
204. Lambert H. Lumey, uno de los pioneros en el estudio reciente de las consecuencias biológicas del Invierno del Hambre en Holanda *(Dutch Hunger Winter)* ha publicado innumerables trabajos a lo largo de los últimos treinta años. Esta ingente labor no puede resumirse adecuadamente en una obra como esta. Sirva, pues, como homenaje y referencia uno de sus primeros trabajos: Lumey, L. H., Van Poppel, F. W. The Dutch famine of 1944-45: mortality and morbidity in past and present generations. *Soc Hist Med.* 1994 Aug;7(2):229-46.
205. Zhou, J., Indik, C. E., Kuipers, T. B., Li, C., Nivard, M. G., Ryan, C. P., Tucker-Drob, E. M., Taeubert, M. J., Wang, S., Wang, T., Conley, D., Heijmans, B. T., Lumey, L. H., Belsky, D. W. Genetic analysis of selection bias in a natural experiment: Investigating in-utero famine effects on elevated

body mass index in the Dutch Hunger Winter Families Study. *Am J Epidemiol.* 2024 Oct 2:kwae376.

206. Lumey, L. H., Van Poppel, F. W. The Dutch Famine of 1944-45 as a human laboratory: Changes in the early life environment and adult health. En: Lumey, L. H., Vaiserman, A. (Eds.) *Early life nutrition and adult health and development*; Nova Science Publishers, 2013.
207. Rudahindwa, S., Mutesa, L., Rutembesa, E., Mutabaruka, J., Qu, A., Wildman, D. E., Jansen, S., Uddin, M. Transgenerational effects of the genocide against the Tutsi in Rwanda: A post-traumatic stress disorder symptom domain analysis. *AAS Open Res.* 2020 Jan 14;1:10. doi: 10.12688/aasopenres.12848.2. PMID: 40078965; PMCID: PMC11231627.
208. Musanabaganwa, C., Wani, A. H., Donglasan, J., Fatumo, S., Jansen, S., Mutabaruka, J., Rutembesa, E., Uwineza, A., Hermans, E. J., Roozendaal, B., Wildman, D. E., Mutesa, L., Uddin, M. Leukocyte methylomic imprints of exposure to the genocide against the Tutsi in Rwanda: a pilot epigenome-wide analysis. *Epigenomics*. 2022 Jan;14(1):11-25.
209. Yehuda, R., Lehrner, A. Intergenerational transmission of trauma effects: putative role of epigenetic mechanisms. *World Psychiatry*. 2018 Oct;17(3):243-257.

Capítulo 10

210. Gros, F. *Andar, una filosofía*. Taurus, 2014.
211. «Carta a su madre, Niza, 1888», tomado de Gros *(op. cit.)*.
212. «Carta a Heinrich Köselitz, Naumburgo, 1879», tomado de Gros *(op. cit.)*.
213. Según https://elblogdefarina.blogspot.com/2021/05/la-saludable-costumbre-de-caminar.html.
214. Thoreau, H. D. Walking. *The Atlantic Monthly* 1862, p. 659, consultado en https://books.google.es/books?id=ymICAAAAIAAJ&q=editions:_xoir3wwRZkC&pg=PA657&redir_esc=y#v=onepage&q=editions%3A_xoir3wwRZkC&f=false.
215. Oppezzo, M., Schwartz, D. L. Give your ideas some legs: the positive effect of walking on creative thinking. *J Exp Psychol Learn Mem Cogn.* 2014 Jul;40(4):1142-52. doi: 10.1037/a0036577. Epub 2014 Apr 21. PMID: 24749966.
216. Larson, M. J., LeCheminant, J. D., Hill, K., Carbine, K., Masterson, T., Christenson, E. Cognitive and typing outcomes measured simultaneously with slow treadmill walking or sitting: implications for treadmill desks. *PLoS One*. 2015 Apr 15;10(4):e0121309. doi: 10.1371/journal.pone.0121309. PMID: 25874910; PMCID: PMC4398464.
217. Larson, M. J., LeCheminant, J. D., Carbine, K., Hill, K. R., Christenson, E., Masterson, T., LeCheminant, R. Slow walking on a treadmill desk does not negatively affect executive abilities: an examination of cognitive control, conflict adaptation, response inhibition, and post-error slowing. *Front Psychol.* 2015 May 27;6:723. doi: 10.3389/fpsyg.2015.00723. PMID: 26074861; PMCID: PMC4444606.

218. https://www.rae.es/drae2001/deporte#:~:text=Actividad%20física%2C%20ejercida%20como%20juego,lo%20común%20al%20aire%20libre, consultado el 24 de marzo de 2025.
219. Robles Rodríguez, J., Abad Robles, M. T., Giménez Fuentes-Guerra, F. J. *Concepto, características, orientaciones y clasificaciones del deporte actual,* 2009, https://www.efdeportes.com/efd138/concepto-y-clasificaciones-del-deporte-actual.htm, consultado el 24 de marzo de 2025.
220. *citius, altius, fortius*, lema pronunciado por primera vez por Henri Didon en 1891 y que en su enunciado ya incluye la semilla del efecto que aquí discutimos, *«entrenando más duro»* —(sic) Villegas-Estrada, C. E., *Citius, Altius, Fortius - Communis.* Citius, Altius, Fortius 14(1): 1-8 2021—, y que poco después se convirtió en el lema olímpico de Cubertain.
221. Ward, T., Stead, T., Mangal, R., Ganti, L. Prevalence of stress amongst high school athletes (v2). *Health Psychol Res.* 2023 Feb 21;11:70167. doi: 10.52965/001c.70167. PMID: 36844646; PMCID: PMC9946800.
222. Neal, T. L. *et al.* Interassociation recommendations for developing a plan to recognize and refer student-athletes with psychological concerns at the secondary school level. *J. Athletic Training*, 2015 50(3):231.
223. Etzel, E. F., Ferrante, A. P., Pinkney, J. W. Counseling College student-Athletes: issues and interventions. En Morgantown, W. V., *Fitness Information Technology*. 2nd edition, 1996.
224. Padaki, A. S., Ahmad, C. S., Hodgins, J. L., Kovacevic, D., Lynch, T. S., Popkin, C. A. Quantifying parental influence on youth athlete specialization: A survey of athletes' parents. *Orthop J Sports Med.* 2017 Sep 21 ;5(9):2325967117729147. doi: 10.1177/2325967117729147. PMID: 28975135; PMCID: PMC5613852.
225. Coakley, J. *Sports in Society. Issues and Controversies.* 13.ª ed. McGraw Hill, 2021.
226. https://everythingcrossfit.com/athletes-skipping-the-2025-crossfit-games/, consultado el 25 de marzo de 2025.
227. Morentin, B. *et al.* Muerte súbita relacionada con la actividad deportiva en España. Estudio poblacional multicéntrico forense. *Revista Española de Cardiología* 74(3):225. 2021.
228. https://secardiologia.es/comunicacion/notas-de-prensa/notas-de-prensa-sec/12418-el-96-de-las-muertes-subitas-asociadas-al-deporte-ocurren-en-deportistas-recreativos, consultado el 25 de marzo de 2025.
229. *Anuario Estadístico de Accidentes 2021.* Dirección General de Tráfico, Ministerio del Interior. https://www.dgt.es/export/sites/web-DGT/.galleries/downloads/dgt-en-cifras/publicaciones/Anuario-Estadistico-de-Accidentes/Anuario-Accidentes-2021_vf.pdf, consultado el 25 de marzo de 2025.
230. https://www.ine.es/dyngs/INEbase/es/operacion.htm?c=Estadistica_C&cid=1254736176951&menu=ultiDatos&idp=1254735572981, consultado el 25 de marzo de 2025.
231. Egger, F. *et al.* FIFA sudden death registry, a prospective, observational study of sudden death in worldwide football from 2014 to 2018. *British Journal of Sports Medicine* 56(2):80-87, 2022. Y 607 fallecidos entre los 265 millones de futbolistas en dicho período en todo el mundo, según FIFA,

https://digitalhub.fifa.com/m/55621f9fdc8ea7b4/original/mzid0qm-guixkcmruvema-pdf.pdf, consultado el 25 de marzo de 2025.

232. Rice, S. M., Purcell, R., De Silva, S., Mawren, D., McGorry, P. D., Parker, A. G. The mental health of elite athletes: A narrative systematic review. *Sports Med.* 2016 Sep;46(9):1333-53. doi: 10.1007/s40279-016-0492-2. PMID: 26896951; PMCID: PMC4996886.

233. Werner, C., Parrish, D., McIngvale, E. The future of mental health in sport: CBT and athletes. *Sport Social Work Journal* 4(1) 2023.

234. Decker, W. Some aspects of sport in ritual and religion in ancient Egypt. *Arys* 15:11-20, 2017.

235. Rodríguez López, J. *Historia del Deporte.* Ed. Inde Publicaciones, Barcelona, 2008.

236. Frazer, J. G. *La Rama Dorada.* Fondo de Cultura Económica, Madrid 1944, octava reimpresión 1995. La obra original en inglés es de 1890, y la traducción mencionada se generó a partir de la impresión de McMillan Co., Nueva York, 1922.

237. Martín Gusinde, «El mundo espiritual de los selk'nam». En: *Los Indios de Tierra del Fuego.* Volumen I. Ed. ONG Comunidad Ser Indígena, Chile 2008. La obra original es de 1931, y se ha consultado en http://www.serindigena.org/archivosdigitales/libros/selknam_1_bibliotecavirtual.pdf el 5 de agosto de 2025.

238. Ramírez Macías, G., Fernández Truán, J. C. El ejercicio físico en el siglo XV a través de la crónica del condestable Iranzo. *Apunts, Educación Física y Deportes*, 102:9-15, 2010.

239. Tomado de: "*Las fiestas populares en España. Siglos XVI-XVIII*", García Martín P. & Mora Cañada A. Il tempo libero: Economia e società. Secc. XIII-XVIII. Prato: Fondazione Istituto Internazionale di Storia Economica "Francesco Datini", 1995, pp. 257-270. https://hdl.handle.net/10016/10255.

240. Anónimo, *The sick-man's rare jewel, wherein is discovered a speedy way by which every man may recover lost health, and prolong life*, London: Printed by T.R. and N.T., 1674, 154-5, tomado de https://reademed.mpiwg-berlin.mpg.de/book/r222542#:~:text=The%20sick%2Dmans%20rare%20jewel%2C%20wherein%20is%20discovered,signs%20and%20syptoms%20[sic]%20of%20those%20diseases a partir de los comentarios de https://dralun.wordpress.com/2016/08/19/gymnasticks-and-dumbbells-exercise-in-early-modern-britain/.

241. Fuller, F. *Medicina gymnastica: or, a treatise concerning the power of exercise, with respect to the animal oeconomy and the great necessity of it in the cure of several distempers.* Robert Knaplock Ed., London, 1711, puede consultarse escaneado en https://wellcomecollection.org/works/k6zkjs4k y el documento es una auténtica joya para degustar despacio, incluso aunque sea una imagen escaneada y no un texto digital (no se ha empleado OCR, reconocimiento óptico de caracteres).

242. Aunque aún faltaban veinte años para la publicación del principio de Bernouilli en 1734, en la época ya era conocido el concepto de que, en un circuito cerrado sin variación en el diámetro de la tubería, un fluido solo podía variar su velocidad de flujo mediante fuentes o sumideros, de ahí

que Fuller argumente que si el ejercicio incrementa la velocidad de la sangre en su circulación a lo largo del cuerpo es porque hay más secreción de fluidos desde los órganos, especialmente desde el cerebro.

243. Fuller *(op. cit.)*, páginas 20-23. La traducción es del autor, a partir del texto escaneado de la nota 241, es decir, a partir de una imagen de escáner del texto original de 1711, en una edición (la cuarta) que utilizó una fuente de letra en la que, por citar solo algunos ejemplos, las «s» parecen «f», y se emplea el inglés de la época con signos de puntuación y giros lingüísticos en desuso hoy día. El lector sabrá perdonar los defectos de mi traducción.
244. Roth, C. *The amazing clan of Buzaglo*. Jewish Historical Society of England 23:11-21 1970. Consultable en https://www.jstor.org/stable/29778782.
245. Durkheim, É. *De la division du travail social*. Texto original en francés que puede consultarse en https://web.archive.org/web/20090626171136/http://www.efm.bris.ac.uk/het/durkheim/divtrav.htm del Instituto Nacional de la Lengua Francesa, y traducido al español en https://aulavirtual4.unl.edu.ar/pluginfile.php/7100/mod_resource/content/1/Durkheim%2C%20Emile%20-%20Division%20del%20trabajo%20social.pdf.

Capítulo 11

246. Eurostat. *Sport participation – practicing sport and physical activity*. Datos de 2019, artículo actualizado en 2022, consultado el 24 de julio de 2025 en https://ec.europa.eu/eurostat/statistics-explained/index.php?title=Sport_participation_-_practicing_sport_and_physical_activity.
247. Calculada por el autor para este libro a partir de los datos publicados en *IMF WEO April* 2025 Edition GDP (PPP) per cápita, consultado en https://www.imf.org/en/Publications/WEO/weo-database/2025/April/ el 24 de julio de 2025 y los datos de la referencia en la cita 246. Test t-Student para el coeficiente de correlación de Pearson.
248. Eurobarómetro - *Sport and physical activity* 2022, https://europa.eu/eurobarometer/surveys/detail/2668, consultado el 24 de julio de 2025.
249. Demografía de Europa. https://www.ine.es/prodyser/demografia_UE/img/pdf/Demograhy-InteractivePublication-2021_es.pdf?lang=es, consultado el 24 de julio de 2025.
250. Eurobarómetro - *Sport and physical activity* 2018, https://sport.ec.europa.eu/sites/default/files/special-eurobarometer-472_en.pdf, consultado el 24 de julio de 2025.
251. Strain, T., Flaxman, S., Guthold, R., Semenova, E., Cowan, M., Riley, L. M., Bull, F. C., Stevens, G. A. Country Data Author Group. National, regional, and global trends in insufficient physical activity among adults from 2000 to 2022: a pooled analysis of 507 population-based surveys with 5·7 million participants. *Lancet Glob Health*. 2024 Aug;12(8):e1232-e1243.
252. https://www.who.int/es/news/item/26-06-2024-nearly-1.8-billion-adults-at-risk-of-disease-from-not-doing-enough-physical-activity.
253. Singh, B., Olds, T., Curtis, R., Dumuid, D., Virgara, R., Watson, A., Szeto, K., O'Connor, E., Ferguson, T., Eglitis, E., Miatke, A., Simpson, C. E., Maher, C. Effectiveness of physical activity interventions for improving

depression, anxiety and distress: an overview of systematic reviews. *Br J Sports Med.* 2023 Sep;57(18):1203-1209.

254. Santos, A. C., Willumsen, J., Meheus, F., Ilbawi, A,, Bull, F. C. The cost of inaction on physical inactivity to public health-care systems: a population-attributable fraction analysis. *Lancet Glob Health.* 2023 Jan;11(1):e32-e39.

255. Health inequalities: dietary and physical activity-related determinants. Health promotion knowledge gateway, European Commission, 2024. https://knowledge4policy.ec.europa.eu/health-promotion-knowledge-gateway/health-inequalities-dietary-physical-activity-related_en, consultado el 25 de julio de 2025.

256. Además de la nota 255 recién mencionada, véase también Swimming pool support fund, *Sport England*, https://www.sportengland.org/guidance-and-support/facilities-and-planning/swimming-pool-support-fund#:~:text=funding%20is%20available.-,About%20the%20fund,was%20split%20into%20two%20phases, consultada el 25 de julio de 2025.

257. Estrategia Nacional de Fomento del Deporte contra el Sedentarismo y la Inactividad Física 2025-2030. Ministerio de Educación, Formación Profesional y Deportes. España, 2022. https://www.csd.gob.es/sites/default/files/media/files/2024-12/ESTRATEGIA%20FOMENTO%20DEPORTE%20Definitiva.pdf, consultado el 25 de julio de 2025.

258. Neubauer, A. El Deporte como vector para la integración social de los colectivos vulnerables en la Unión Europea. *Cuadernos de Trabajo Social.* Ediciones Complutense. 2022.

259. Ley del Deporte. Consejo Superior de Deportes. Ministerio de Educación, Formación Profesional y Deportes, 2023, https://www.csd.gob.es/es/csd/legislacion-deportiva/ley-del-deporte, consultado el 25 de julio de 2025. *Informe sobre el impacto de la Ley del Deporte 39-2022 en el deporte de personas con discapacidad*, https://www.aransbur.org/informe-sobre-el-impacto-de-la-ley-del-deporte-39-2022-en-el-deporte-de-personas-con-discapacidad/, consultado el 25 de julio de 2025.

260. Resolución CSD sobre informes anuales de igualdad entre hombres y mujeres en Federaciones deportivas españolas y Ligas Profesionales, https://ferugby.es/wp-content/uploads/2025/03/Informe-Anual-de-igualdad.pdf, consultado el 25 de julio de 2025.

261. Informe de la Comisión Europea al Parlamento Europeo, al Consejo, al Comité Económico y social Europeo y al Comité de las regiones, relativo a la aplicación de la Recomendación del Consejo sobre la promoción de la actividad física beneficiosa para la salud. Bruselas, 2016. https://eur-lex.europa.eu/legal-content/ES/TXT/PDF/?uri=CELEX%3A52016DC0768&from=ES, consultado el 25 de julio de 2025.

262. Llopis Goig, R., Sola Espinosa, I. *Inclusión social, voluntariado y clubes deportivos en Europa. Nau LLibres*, 2017. Proyecto cofinanciado por el programa Erasmus+ de la Unión Europea.

263. *El Estado de la Pobreza. Seguimiento de los indicadores de la Agenda UE 2030 (2015-2023).* European Anti-Poverty Network (EAPN) 14.º Informe 2024, https://www.eapn.es/estadodepobreza/ARCHIVO/documentos/infor-

me-AROPE-2024-pobres-con-empleo-v2.pdf, consultado el 25 de julio de 2025.

264. Sfm, C., Van Cauwenberg, J., Maenhout, L., Cardon, G., Lambert, E. V., Van Dyck, D. Inequality in physical activity, global trends by income inequality and gender in adults. *Int J Behav Nutr Phys Act.* 2020 Nov 26;17(1):142.
265. Buhas, S. *et al.* The impact of local public policies on sports performance. *Baltic Journal of Health and Physical Activity*, 2021, https://www.balticsportscience.com/cgi/viewcontent.cgi?article=1097&context=journal, consultado el 25 de julio de 2025.
266. Bundgaard Ivesen, E., Cuskelly, G. Effects of different policy approaches on sport facility utilization strategies. *Sport Management Review* 18(4):529-541. 2015.
267. Kumar, H. *et al.* Sport participation: From policy, through facilities, to users' health, wellbeing, and social capital. *Sport Management Review*, 21(5):549-562. 2018.
268. Mental health in the EU, European Parliamentary Research Service, 2023. Consultado en https://www.europarl.europa.eu/RegData/etudes/BRIE/2023/751416/EPRS_BRI(2023)751416_EN.pdf el 5 de agosto de 2025.
269. *Psychosocial risk exposure and mental health outcomes of European workers with low socioeconomic status.* European Agency for Safety and health at work, 2023. Consultado en https://osha.europa.eu/sites/default/files/documents/psychosocial_risks_low_socioeconomic_status_report_en.pdf el 5 de agosto de 2025.
270. Rim, S. J., Hahm, B. J., Seong, S. J., Park, J. E., Chang, S. M., Kim, B. S., An, H., Jeon, H. J., Hong, J. P., Park, S. Prevalence of mental disorders and associated factors in korean adults: National Mental Health Survey of Korea 2021. *Psychiatry Investig.* 2023 Mar;20(3):262-272.
271. *State of the Global Workplace Report* 2025. Gallup. Consultado en https://www.gallup.com/workplace/349484/state-of-the-global-workplace.aspx#ite-659738 el 5 de agosto de 2025.
272. *EMEA White paper* (varios autores, incluido el de este libro), *Exercise adherence for wellbeing: barriers, practices and strategies.* Noviembre 2024. https://euromed-economists.org/?wpdmdl=18721, consultado el 25 de julio de 2025.

Capítulo 12

273. «Exercise is Medicine®» (EIM) es una iniciativa global para la salud, del Colegio Americano de Medicina del Deporte —https://www.exerciseismedicine.org—, lanzada en 2007, que a fecha de hoy (febrero de 2025) cuenta con una expansión en 43 países, se ha implementado en 145 universidades de todo el mundo y no para de crecer.
274. Zhu, W., Geng, W., Huang, L., Qin, X., Chen, Z., Yan, H. Who could and should give exercise prescription: Physicians, exercise and health scientists, fitness trainers, or ChatGPT? *J Sport Health Sci.* 2024 May;13(3):368-372. doi: 10.1016/j.jshs.2024.01.001. Epub 2024 Jan 3. PMID: 38176646; PMCID: PMC11116978.

275. Nauta, J., van Nassau, F., Bouma, A. J., Krops, L. A., van der Ploeg, H. P., Verhagen, E., van der Woude, L. H. V., van Keeken, H. G., Buffart, L. M., Dierck s, R., de Groot, V., de Jong, J., Kampshoff, C., Stevens, M., van den Akker-Scheek, I., van der Leeden, M., van Mechelen, W., Dekker, R.; PIE=M consortium. Facilitators and barriers for the implementation of exercise are medicine in routine clinical care in Dutch university medical centres: a mixed methodology study on clinicians' perceptions. *BMJ Open.* 2022 Mar 15;12(3):e052920. doi: 10.1136/bmjopen-2021-052920. PMID: 35292491; PMCID: PMC8928323.

276. Kyei-Frimpong, J., Blood-Siegfried, J., Wijetilaka, R., Gendler, A. Exercise as medicine: Providing practitioner guidance on exercise prescription. *Prev Med Rep.* 2021 Feb 4;22:101323. doi: 10.1016/j.pmedr.2021.101323. PMID: 33659155; PMCID: PMC7895835.

277. Artículo de opinión https://www.zfort.com/blog/Fitness-AI-vs-Human-Trainers, consultado el 1 de marzo de 2025. Investigaciones académicas al respecto: Dergaa *et al.*, Chamari, K. Using artificial intelligence for exercise prescription in personalised health promotion: A critical evaluation of OpenAI's GPT-4 model. *Biol Sport.* 2024 Mar;41(2):221-241. doi: 10.5114/biolsport.2024.133661. Epub 2023 Dec 13. PMID: 38524814; PMCID: PMC10955739. La más reciente en la fecha de redacción de este libro: Canzone, A., Belmonte, G., Patti, A., Vicari, D. S. S., Rapisarda, F., Giustino, V., Drid, P., Bianco, A. The multiple uses of artificial intelligence in exercise programs: a narrative review. *Front Public Health.* 2025 Jan 31;13:1510801. doi: 10.3389/fpubh.2025.1510801. PMID: 39957989; PMCID: PMC11825809.

278. https://www.who.int/health-topics/physical-activity#tab=tab_1 Infografía «Every move counts».

279. Webster, A. L., Aznar-Laín, S., Intensity of physical activity and the «talk test». A brief review and practical application. *ACSM Health & Fitness Journal* 12:3, 2008.

280. El primer análisis validatorio, en sujetos adultos sanos, Recalde, P. T., Foster, C., Skempt-Arlt, K. M. et al. The talk test as a simple marker of ventilatory threshold. *South African Journal of Sports Medicine* 9:5-8, 2002. Una reputada confirmación posterior en Rotstein, A., Meckel, Y. y Inbar, O. Perceived speech difficulty during exercise and its relation to exercise intensity and physiological responses. *European Journal of Applied Physiology* 92(4Y5):431Y436, 2004.

281. Bok, D., Rakovac, M., Foster, C. An examination and critique of subjective methods to determine exercise intensity: the talk test, feeling scale, and rating of perceived exertion. *Sports Med.* 2022 Sep;52(9):2085-2109. doi: 10.1007/s40279-022-01690-3. Epub 2022 May 4. PMID: 35507232.

282. Publicado en la revista oficial de la Sociedad Americana de Fisiólogos del Ejercicio (ASEP), Norman, J. F., J. Kracl, D. Parker *et al.* Comparison of the counting talk test and heart rate reserve methods for estimating exercise intensity in healthy young adults. *Journal of Exercise Physiology online* 5:15Y22, 2002.

283. https://www.who.int/news-room/fact-sheets/detail/physical-activity hoja informativa de la OMS de 26 de junio de 2024.

284. https://www.etsu.edu/exercise-is-medicine/guidelines.php.

285. McGurk, S. R. *et al*. A randomized controlled trial of exercise on augmenting the effects of cognitive remediation in persons with severe mental illness. *J. Psychiatr. Res.* 139:38-46 (2021).

286. Min, J., Cao, Z., Duan, T., Wang, Y., Xu, C. Accelerometer-derived «weekend warrior» physical activity pattern and brain health. *Nat Aging*. 2024 Oct;4(10):1394-1402. doi: 10.1038/s43587-024-00688-y. Epub 2024 Aug 21. PMID: 39169268.

287. Arciero, P. J. *et al.* Morning exercise reduces abdominal fat and blood pressure in women; evening exercise increases muscular performance in women and lowers blood pressure in men. *Front Physiol.* 2022 May 31;13:893783. doi: 10.3389/fphys.2022.893783. PMID: 35711313; PMCID: PMC9194552.

288. Maeneja, R., Ferreira, I. S., Silva, C. R., Abreu, A. M. Cognitive benefits of exercise: Is there a time-of-day effect? *Healthcare (Basel).* 2022 Sep 14;10(9):1766. doi: 10.3390/healthcare10091766. PMID: 36141378; PMCID: PMC9498776.

289. Takahashi, T., Haitani, T., Tanaka, F., Yamagishi, T., Kawakami, Y., Shibata, S., Kumano, H. Effects of the time-of-day (morning vs. afternoon) of implementing a combined physical and cognitive exercise program on cognitive functions and mood of older adults: A randomized controlled study. *Adv Gerontol.* 2020;33(3):595-599. PMID: 33280348.

290. Kang, J., Ratamess, N. A., Faigenbaum, A. D., Bush, J. A., Finnerty, C., DiFiore, M., García, A., Beller, N. Time-of-day effects of exercise on cardiorespiratory responses and endurance performance-A systematic review and meta-analysis. *J Strength Cond Res.* 2023 Oct 1;37(10):2080-2090. doi: 10.1519/JSC.0000000000004497. Epub 2023 Apr 5. PMID: 37026733.

291. Dighriri, A., Timraz, M., Rosaini, N. D., Aba Alkhayl, F. F., Boyle, J. G., Logan, G., Gray, S. R. The impact of the time of day on metabolic responses to exercise in adults: A systematic and meta-analysis review. *Chronobiol Int.* 2024 Nov;41(11):1377-1388. doi: 10.1080/07420528.2024.2419867. Epub 2024 Oct 24. PMID: 39445650.

292. Janssen, I., Campbell, J. E., Zahran, S., Saunders, T. J., Tomasone, J. R., Chaput, J. P.. Timing of physical activity within the 24-hour day and its influence on health: a systematic review. *Health Promot Chronic Dis Prev Can.* 2022 Apr;42(4):129-138. doi: 10.24095/hpcdp.42.4.02. PMID: 35481335; PMCID: PMC9116725.

293. Korkutata, A., Korkutata, M. y Lazarus, M. The impact of exercise on sleep and sleep disorders. *npj Biol Timing Sleep* 2, 5 (2025). https://doi.org/10.1038/s44323-024-00018-w.

294. Frühauf, A. *et al.* Acute effects of outdoor physical activity on affect and psychological well-being in depressed patients. *Mental Health and Physical Activity.* 10:4-9, 2016.

295. Lawton, E., Brymer, E., Clough, P., Denovan, A. The relationship between the physical activity environment, nature relatedness, anxiety, and the

psychological well-being benefits of regular exercisers. *Front Psychol.* 2017 Jun 26;8:1058. doi: 10.3389/fpsyg.2017.01058. PMID: 28694788; PMCID: PMC5483473.

296. Wicks, C., Barton, J., Orbell, S., Andrews, L. Psychological benefits of outdoor physical activity in natural versus urban environments: A systematic review and meta-analysis of experimental studies. *Appl Psychol Health Well Being.* 2022 Aug;14(3):1037-1061. doi: 10.1111/aphw.12353. Epub 2022 Mar 8. PMID: 35259287; PMCID: PMC9544808.
297. Boere, K., Lloyd, K., Binsted, G., Krigolson, O. E. Exercising is good for the brain but exercising outside is potentially better. *Sci Rep.* 2023 Jan 20;13(1):1140. doi: 10.1038/s41598-022-26093-2. PMID: 36670116; PMCID: PMC9859790.
298. Mutsch, B. *et al.* Aerosol particle emission increases exponentially above moderate exercise intensity resulting in superemission during maximal exercise. *PNAS* 119(22):e2202521119. 2022.
299. Ramos, C. A., Wolterbeek, H. T., Almeida, S. M. Exposure to indoor air pollutants during physical activity in fitness centers. *Building and Environment*, 82:349-360, 2014.